Organic Agriculture
Concept and Practice

有機農業の技術と考え方

中島紀一　金子美登　西村和雄　編著
編集協力　有機農業技術会議

コモンズ

はじめに

　有機農業への社会の関心は高まっている。有機農産物を食べたいと思う消費者も、有機農業に取り組んでみたいと考える農家も、増えてきた。いまは農家ではないが有機農業にチャレンジしようとする人や、市民農園・市民耕作という形で農業に手を染める人も多い。

　しかし、「有機農業とはどんな農業か、有機農産物とはどんな食べものなのか」と問われると、なかなかはっきりした答えに出会えない。有機農業の全体像を体系的に論じた書籍もほとんどない。

　本書は有機農業に長く取り組んできた専門家の立場から、こうした疑問や状況に主として技術面から答えたものである。スタンダードなテキストの刊行が当初の意図だったが、紋切り型の教科書ではなく、有機農業のプロたちの実践を踏まえて、本格的論考を満載した本に仕上げることができた。

　有機農業は自然との共生を求める農業であり、JAS規格などの特別な基準を満たすための特殊農法ではないというのが、本書を貫く立場である。この視点に立ったとき、有機農業の展開の多様性や未来を拓く可能性が見えてくる。

　ところで、農業とはそもそも何だろうか。それは、自然と人為のバランスのうえに成立する、人びとの生存のための営みである。農業の発見・獲得によって人類は食べものの安定した確保が可能となり、それをふまえて現在につながる人類史が形成されてきた。

　有機農業では、こうした農業における自然と人為のバランスにおいて、人為ではなく自然を基礎として位置づける。そのうえで、土と作物のいのちの営みに適切な人為が「手入れ」という形で加わる、というあり方が追求されてきた。地域の自然を基盤として、営みの主役として田畑と作物の生命力の安定した展開があり、それに人の労働と技術が寄り添って、有機農業の実践が積み重ねられてきたのである。そして、そうした取り組みを軸として、地域に食と環境と文化とコミュニティの連鎖がつくられていくというのが、有機農業をとお

して構想されてきた地域社会像である。

　考えてみれば、これは農業の本来のあり方にほかならない。また、そこで構想されてきた社会像は、地球温暖化対策の言い方で言えば「低炭素化社会」「地域共存型社会」にほかならない。

　他方、1961年に制定された旧農業基本法(1999年に廃止され、食料・農業・農村基本法が制定された)を大きな転機として国をあげて推進してきた農業近代化政策においては、化学肥料と農薬の大量使用など工業生産に依存した人為優先の技術が追求され、自然を尊重するという視点は著しく弱い。そうした技術政策の結果として、環境と食べものは化学物質によって汚染され、生物多様性は失われ、地域の自然は壊された。現代の農業は炭酸ガスの排出産業となってしまっている

　本書では、このような自然と離反した近代農業から、自然と共生した有機農業への移行と転換の道筋について、具体的な技術に則して多彩に描き出した。また本書は、有機農業とは技術である前に心であり、考え方であり、生き方であり、暮らし方であるという認識に立脚している。そこで、技術論に入る前に、いわばプロローグとして、第Ⅰ部に〈現場からの提言〉をおいた。

　ここでは、日本を代表する有機農業の実践家6名と有機農業を重視する医療者1名が、有機農業への思いを自らの取り組みを踏まえたエッセーとしてまとめている。読者の皆さんには、まずこれらをとおして、有機農業の世界の全体性を知っていただきたい。

　第Ⅱ部以下が、技術書としての本書の本論である。

　第Ⅱ部「有機農業の基本理念と技術論の骨格」は本書の序論であり、有機農業の社会的・時代的背景を整理したうえで、有機農業技術の骨格とその展開方向を提起した。有機農業技術の基本は「低投入＝低栄養と内部循環」の追求であり、それには技術と時間の蓄積が必要で、しだいに豊かな自然共生の世界へと成熟していく「だんだんよくなる有機農業」という展望が示されている。

　第Ⅲ部「有機農業の基礎技術」は総論で、作物栽培、家畜飼育、土づくりと肥料、品種改良(育種)の4領域について、幅広い視野からの論考を掲載した。

いずれも有機農業だけにかかわる技術論ではなく、農業全般についての本格的な基礎技術論として論述されている。読者はここから、農業原論を読み取ることができるだろう。
　第Ⅳ部「有機農業の栽培技術」は技術の各論である。水田作と畑作に大別すれば、ページ数としては畑作の記述に多くを費やしている。
　これは、水田作（イネ）を軽視しているからではない。水田作は有機農業の基本である。ただし、これについてはすでに多くの書籍が刊行され、本書の担当執筆者・稲葉光國氏も入門書や専門書を多く書かれている。それに対して野菜を含む畑作は、作物種としてもきわめて多彩であるが、まとまった参考書は少ない。そのため、本書では紙数の制約もあって畑作に力を入れることにした。とくに、野菜については、栽培の考え方だけでなくノウハウも含めてかなり詳しく記述している。なお、この項の執筆者・金子美登氏の農場は埼玉県にあり、その地域性も考慮してお読みいただきたい。
　また、本書では、特別企画として「西村和雄の辛口直言コラム」と「有機農業を理解するためのブックガイド」も掲載した。それぞれ中身の濃いもので、この部分だけをまず拾い読みするのも、本書の読み方の一つかもしれない。
　日本の有機農業には、すでに70年余の長い歩みがある。先駆的な農業者の実践と本物の食べものを求める消費者の支援がその歩みを支えてきたが、たくさんの苦労もあった。そうした民間の取り組みの実績を踏まえて、2006年12月に議員立法によって有機農業推進法が制定された。この法律によって、国や自治体は現在、有機農業の推進に責務を負っている。
　日本の有機農業はこれを期に、新しい歴史的ステージに移行した。一部の特別な有志の取り組みから、今後は多くの国民が幅広く参加する取り組みへと発展していくだろう。実際、「地域に広がる有機農業」「有機の里つくり」などを共通テーマとして、いま全国各地で新しい活動が急速に広がりつつある。本書の刊行が、こうした新しい有機農業のうねりを後押しし、その推進に役立つことを願っている。その意味で、有機農業関係者のみならず、自治体や国で農業技術や農政に携わる人たち、新たに環境を守る農業を仕事として志す人たち、

暮らしの一部に農を取り入れようとする人たち、そして食べものや農業のあり方に関心をもつ多くの人たちに、本書を手に取っていただきたい。

　なお、「あとがき」でもふれられているように、本書はNPO法人有機農業技術会議の企画として編まれた。有機農業技術会議の活動紹介や技術についての考え方は、巻末に収録した資料に述べられている。簡単に言えば、有機農業技術は画一的なものではなく多様性があり、つねに広がり深化していく取り組みであるというものである。

　そこでは、教科書のような完成形の技術は想定されていない。かといって、それらの取り組みはバラバラではなく、相互に共鳴・共振しながら一つの時代の流れをつくり出している。そして、それぞれの取り組みを尊重し、互いに学び合う気持ちが大切にされている。有機農業技術会議のこうした考え方も、本書をとおしてお伝えできれば幸いである。

　　　2010年6月

　　　　　　　　　　　　　　　　　　　　　　　　　　　中　島　紀　一

contents ●有機農業の技術と考え方

はじめに ⅱ

第Ⅰ部 第Ⅱ世紀の有機農業 1

現場からの提言

1. 小利大安の世界を地域に広げる　　金子美登　2
2. 有機農業のロマンと力　　星　寛治　14
3. 種採りが生み出す世界　　岩崎政利　21
4. 農の面白さとアジアに広がる合鴨農法　　古野隆雄　28
5. 農業が面白い職業と知らない人はかわいそう！　　本田廣一　38
6. 農は食べ物・健康の源　　須永隆夫　46
7. カネにならない世界を大切にする　　宇根　豊　54
　―「消極的な価値」で支えられている人生―

第Ⅱ部 有機農業の基本理念と技術論の骨格　中島紀一　61

1. 日本の有機農業は第Ⅱ世紀へ　62
2. 食と農と環境をめぐる新しい時代状況　62
3. 身土不二と食料自給、そして有機農業　67
4. 自然と離反する近代農業、自然との共生を求める有機農業　71
5. 有機農業技術の骨格―低投入・内部循環の技術形成―　72
6. 有機農業技術展開の基本原則　78
7. 有機農業推進の視点から見た有機JAS制度の問題点　81

第Ⅲ部　有機農業の基礎技術

第1章　健康な作物を育てる —植物栽培の原理—　　明峯哲夫　86

1　植物が生きる世界　86
- （1）人間は植物なしに生きられない　86
- （2）植物はなぜ動かないか　87
- （3）生産者－消費者－分解者　89
- （4）植物と動物の相互作用　90
- （5）植物と分解者の相互作用　92

2　植物栽培の永続性　94
- （1）農業は「庭」で発見された　94
- （2）永続する栽培方式　98
- （3）畑作の困難性　100
- （4）植物が植物を支える　101
- （5）複合型農業の再構築　103

3　植物の生の原理　104
- （1）動物と植物の環境との付き合い方　104
- （2）植物の環境応答能力　106
- （3）植物はどのように進化してきたか　109

4　低投入型の栽培を　111
- （1）多投入型技術の落とし穴　111
- （2）多様な遺伝子　113
- （3）低投入型栽培へ　114

5　小さな庭から　115

第2章　健康な家畜を育てる —日本型畜産の原理—　　岸田芳朗　120

1　戦後の日本が選択した加工型畜産の光と影　120
- （1）食の洋風化を支えてきた畜産業　120
- （2）近代畜産が生産現場にもたらした数々の弊害　122
- （3）近代畜産が人びとの暮らしにもたらした弊害　124

2　農と食を取り巻く世界の動き　125
- （1）止まらない地球温暖化　125
- （2）世界の農と食を急変させる中国やインドなどの台頭　126
- （3）方向転換を迫られる日本の農と食　128

3 畜産関係者と生活者が再生させる日本型畜産　*129*
　　（1）全国で引き継がれている、ほどよい畜産への礎　*129*
　　（2）日本に存在する、人類の食料と競合しない飼料基盤　*130*
　　（3）ほどよい畜産経営は規模の見直しから　*132*
　　（4）日本の畜産を変革させる生活者の肉質評価　*133*

4 日本型畜産の再構築　*134*
　　（1）家畜の品種に多様性を　*134*
　　（2）鴨飼育と水稲栽培を結合させた合鴨農法　*135*
　　（3）国内にある未利用資源を活用した家畜生産システムへの大転換　*136*

第3章　健康な土をつくる
　　―有機農業における土と肥料の考え方―　　　　　藤田正雄　*140*

1 有機農業の土は何が違うのか　*134*
　　（1）土がよくなったと感じるとき　*134*
　　（2）有機農業と慣行農業の土の比較　*135*

2 土の生成、変化、発展　*142*
　　（1）土から土壌へ―植物が育つ土壌が生成される過程―　*142*
　　（2）土の生き物と栽培管理　*143*

3 有機質肥料の特徴と使い方　*147*
　　（1）肥料の種類　*147*
　　（2）堆肥化の効用　*148*
　　（3）窒素の無機化と有機化　*149*
　　（4）堆肥と厩肥　*150*
　　（5）堆肥とボカシ肥料の特徴とつくり方　*151*

4 作物にとって肥料とは何か　*152*
　　（1）施肥を基本とする慣行農業　*152*
　　（2）土の生き物と作物の共生関係　*153*
　　（3）養分を"生み出す"土壌の仕組み　*154*

5 作物が健康に育つ環境―土づくりの基本―　*156*
　　（1）健康な作物とは　*156*
　　（2）作物が健康に育つ土壌　*157*

6 いのち育む農　*158*
　　（1）風土に根ざした農　*158*
　　（2）土づくりは生き物との共同作業　*160*

第4章　有機農業の育種論
　　　―作物の一生と向き合う― 　　　　　　　　　　　　中川原敏雄　*164*

1　種採りのすすめ　*164*
　（1）自生する作物　*164*
　（2）自然生えキュウリから学ぶ　*166*
　（3）作物にも意思や感情がある　*169*
　（4）自家採種は作物と人間による共同育種　*170*

2　種採りから野菜の本性を知る　*171*
　（1）種類によって異なる収穫時期　*171*
　（2）野菜の一生　*173*
　（3）栄養生長と生殖生長　*176*
　（4）作物の個性を活かす　*177*

3　生命力の強い種を育てる　*179*
　（1）種の力を引き出す　*179*
　（2）育種の目標と方法　*182*
　（3）自然生えを活かす　*184*
　（4）自然力を活かす栽培方法　*185*
　（5）作物からのメッセージ　*190*

第Ⅳ部　有機農業の栽培技術　　　　　　　　　　　　　　　　　　　*191*

第1章　作物・野菜栽培の考え方

① 畑地利用の基礎　　　　　　　　　　　　　　　　　　　明峯哲夫　*192*

1　「畑作」の衰退　*192*
2　「畑地」の造成　*194*
3　畑地の特徴　*195*
　（1）水系からの隔離　*195*
　（2）地力の消耗　*196*
　（3）風雨による影響　*196*
　（4）生育障害　*197*
　（5）多様な作付け　*197*

4　畑地利用の原則　*197*
　　　　（1）里山・家畜とのつながり　*197*
　　　　（2）土壌流失への対策　*198*
　　　　（3）田畑輪換　*199*
　　　　（4）"耕作放棄"という切り札　*200*
　　5　畑地の高度利用　*201*

② "雑草""病害虫"とどうつきあうか　　　　明峯哲夫　*205*

　　1　"雑草""害虫""病原菌"とは何者か　*205*
　　2　"皆殺し"は幻想　*206*
　　3　病気と健康　*208*
　　4　パラダイムを越えて　*210*

③ 雑草・病害虫対策の実際　　　　根本　久　*212*

　　1　雑草対策　*212*
　　　　（1）物理的除草　*212*
　　　　（2）植生の管理　*214*
　　2　病害対策　*215*
　　　　（1）耕種的防除　*215*
　　　　（2）物理的防除　*216*
　　3　害虫対策　*217*
　　　　（1）物理的防除　*217*
　　　　（2）植生管理による害虫の抑制　*220*

第2章　作　　物

① イ　ネ　　　　稲葉光國　*224*

　　1　日本は世界一生物生産力の豊かな国　*224*
　　2　水田生物の多様性を活かした抑草技術　*224*
　　3　健康なイネは苗づくりから　*227*
　　4　内部循環型の肥培管理　*230*
　　5　太陽の恵みを活かし、健康なイネを育てるために　*231*

2 ムギ　　　　　　　　　　　　　　　　　　　　石綿　薫 234

1　有機農業における重要性 **234**
2　作付け体系 **234**
　　(1) 畑地二毛作・輪作 *235*
　　(2) 水田裏作 *235*
　　(3) 間　　作 *236*
3　品種と栽培管理 **238**
　　(1) 品　　種 *238*
　　(2) 栽培管理 *238*
4　収　　穫 **240**

3 ダイズ　　　　　　　　　　　　　　　　　　石綿　薫 242

1　栽培する意義 **242**
2　作付け体系 **242**
　　(1) 畑地二毛作・輪作 *242*
　　(2) 水田輪作 *243*
　　(3) ムギ類との間作 *243*
　　(4) 野菜との輪作・野菜の裏作 *243*
3　品種と栽培管理 **244**
　　(1) 品　　種 *244*
　　(2) 栽培管理 *244*

第3章　野　菜

1 有機農業と野菜栽培　　　　　　　　　　　明峯哲夫 248

1　人のつごう **248**
2　土のつごう **249**
3　野菜のつごう **250**

2 果　菜　類　　　　　　　　　　　　　　　金子美登 252

トマト(ナス科) **252**
ナス(ナス科) **256**
ピーマン(ナス科) **258**
キュウリ(ウリ科) **260**
カボチャ(ウリ科) **264**

③ 根菜類　　　　　　　　　　　　　　　　　金子美登　266

　　ニンジン（セリ科）266
　　ダイコン（アブラナ科）268
　　ジャガイモ（ナス科）270
　　サトイモ（サトイモ科）274

④ 葉菜類　　　　　　　　　　　　　　　　　金子美登　274

　　キャベツ（アブラナ科）274
　　ホウレンソウ（アカザ科）276
　　コマツナ（アブラナ科）278
　　レタス（キク科）280

⑤ 鱗茎類　　　　　　　　　　　　　　　　　金子美登　282

　　ネギ（ユリ科）282
　　タマネギ（ユリ科）284

有機農業を理解するためのブックガイド　　　　谷口吉光　286

あとがき　294
資料有機農業技術会議の紹介　296
さくいん　299

▶西村和雄の辛口直言コラム◀

水田の除草　37

液体資材とは何なのだ　37

有機農業って何？　84

土の軽重と野菜　119

隔年結果の是正　119

リンの過剰蓄積が起きた理由　163

リンの過剰による影響　163

アブラナ科はぜいたく好き　204

トマトの適期はいつ？　222

オクラの栽培と調理の工夫　223

トウモロコシは追い播きを　223

臭くない堆肥をつくるには？　233

よい堆肥は臭くない　233

落花生を多収するコツ　241

南北畝と東西畝　247

発酵は匂いでわかる　247

第Ⅰ部

第Ⅱ世紀の有機農業

現場からの提言 1

小利大安の世界を地域に広げる

金子　美登
（埼玉県小川町）

1　苦労の末に確立した提携スタイル

　私が生まれ育った埼玉県小川町で有機農業を始めたのは農業者大学校を卒業した1971年3月で、22歳のときである。当時まだ有機農業という言葉はなく、生態学的農業と呼んでいた。有機農業という言葉が生まれたのは、日本有機農業研究会が結成された71年の10月だ。小川町は東京の北西約65kmに位置し、池袋から急行電車で1時間10分程度である。

　有機農業を始めるきっかけは、1970年の減反政策だった。田んぼに草をはやしてお金がもらえるような政策は農民のやる気をなくし、やがて消費者は主食の米を大切にしなくなるだろう。その結果、輸入農産物に依存する社会になるのではないかという危機感を強くもった。

　一方で、安全で、安心できる、美味しいものをいろいろ作れば、それを支えてくれる消費者もいるはずだと直感した。それは、私が父親の搾った生乳の味で育ち、市販の美味しくない牛乳の味との違いを痛感していたからである。無意識のうちに、舌が本物と偽物をわかっていたわけだ。同時に、農業者大学校で一流の先生たちの話を聞いて勉強したことも、農薬や化学肥料を使わない農業を選択した理由となっている。

　私の父は酪農と養蚕で生計を立て、自給用の米や野菜を母が作っていた。父は私に酪農を継いでほしいと思っていたはずである。だが、自らが果樹、薬草、酪農とやりたいことを取り入れてきていたので、私の気持ちを尊重してくれたのだろう。母は、自らが担ってきた自給的農業のようなスタイルを私がめざすことを応援した。

　折から1972年にはローマクラブが『成長の限界』を発表し、73年には第一次オイルショックが起きる。いずれは枯渇する化石燃料や鉱物資源に依存する

社会と農業の脆弱さが明確に示されたのである。それは私に、地域に豊かに存在する草・森・水・土・太陽を活かした、食を自給する社会と農業が正しいことを確信させた。そして、**まず自らが自給**し、その延長に近隣地域の消費者と結びついて、**地域単位で豊かな自給を実現**しようと構想する。農場の名称は、地元の集落名の下里から名づけた「霜里農場」だ。

　しかし、私の考えを理解する消費者を見つけるのは容易ではなかった。食と健康、野菜の流通、身土不二などの勉強会を重ねていき、ようやく4年目の1975年4月に、10軒の消費者との米を基本とした提携がスタートする。当時の米の生産量は年間50俵弱で、1軒が1カ月20kg食べるとすると、1年間で240kgすなわち4俵となるので、10軒にした。田んぼの水を引いている槻川の上流に住み、自転車で来れる範囲に住む人たちである。

　彼らと豊かな自給空間を創ろうと私は提案し、全力を傾ける。1戸の農家が10軒の消費者を支える会費制自給農場という理想に燃えていた。会費は1カ月あたり2万7000円。米を主体に、野菜、卵、牛乳などを届けた。

　だが、消費者の農業への理解不足や強い権利意識のために、まもなく行き詰まってしまう。農業は天候に左右されるから、予定どおりの品物や量が届けられない場合がある。それが不満な消費者がいた。私は10年間のスパンで考えてほしいと言ったが、わかってもらえない。また、週1回の草取りの援農を求めた。忙しいときは助かったが、毎朝来る人から「手伝えば手伝うほど、会費を安くしてほしい」と言われた。さらに、2人はこう言い放ったのだ。

　「金子さんを含めて11軒なのだから、田んぼも畑も山林も11分の1にしてほしい」

　私はとまどい、悩んだ。うつ状態になった。そのとき支えてくれた母親には心から感謝している。結局、2年後の1977年4月にこの提携関係を解消する。

　お陰で精神的には楽になったが、収入はゼロになった。農業を止めることさえ頭に浮かんだこともある。だが、収入がなくなっても、食卓の豊かさは変わらない。私は自給的農業の意義と素晴らしさを再認識した。

　そして、東京に住む知り合いや『複合汚染』を書いた有吉佐和子さんの紹介で、3カ月後に10軒弱の消費者と新たに**提携**を開始する。今度は1対1の関係で、価格は消費者に決めていただく「**お礼制**」とした。その後、「いいものを安くほしい」と考える人たちとの関係性は切れたが、農業の大切さを理解す

る消費者とは長く続いている。なかでも、1977年からの2軒は親戚同様の付き合いだ。そのお子さんたちは「東京で大地震があっても、金子さんのところへ行けばなんとかなるよね」と言っている。

このお礼制提携は、いまも変わらない。また、1981年には野菜と卵を中心にしたセットを始めた。最近の消費者数は約30軒。東京都内が約10軒で、米と野菜を1カ月に1回、私たち夫婦か研修生が届ける。残りの約20軒は埼玉県内で、野菜と卵。こちらは1週間〜10日に1回届け、取りに来られる方もある。ジャガイモ・玉ネギ・人参など保存がきくものに加えて、旬の野菜が10〜15品入る。お礼の代金は1カ月あたり、前者が2〜3万円、後者が8000〜1万円だ。

こうした消費者とは、農薬の空中散布中止やゴルフ場建設の阻止など地域の環境を守る住民運動にもいっしょに取り組んできた。本当に信頼できる仲間であり、支え合う関係である。また、新しく加わりたいと言われる方も多い。けれども、供給に限りがあるので、我が家で研修を終えて有機農業で独立をめざす生産者を紹介している。

このほか、野菜や卵は小川町の有機農業の仲間が開く直売所や隣のときがわ町でNPOが運営する直売所にも出荷し、米・小麦・大豆は後述する地場産業にも提供する。

これらを組み合わせて、我が家はほどほどに食べていける。ふるさとの大地に根を張って生きる有機農業は、利益は少なくても大きな安心がある"小利大安"の世界だとつくづく思う。

2010年3月現在の耕作面積は水田150a、畑140a、山林300a、果樹園10a。栽培品目は、米（食用米・酒米）120a、小麦120a、大豆100a、ジャガイモ15a、サツマイモ8a、野菜（約60品目）100aだ。野菜は季節を問わず、最低20品目は作っている。果樹はブドウ、柿、梅、プラム、栗など。家畜は乳牛4頭、採卵鶏約200羽、合鴨約50羽である。労働力は、私たち夫婦と常時4〜5名の研修生だ。

2　有機農業技術の基本は土づくり

有機農業を成功させる技術的な最大のポイントは、よい土をつくることだ。

よい土には有益な微生物やミミズなどの小動物が多く、ふかふかと柔らかい。こうした土は、水はけがよいうえに、保温効果も高い。自然の山では、落ち葉を微生物が分解し、ほぼ100年かけて約1cmの腐葉土がつくられる。この自然界の循環を手本にして、よい土をつくっていく。土ができれば、農作物の味もよくなる。

　有機農業を始めた当初は、牛糞を中心とした堆肥を10aあたり約5t投入していた。3年程度で、小動物や微生物があふれる生きた土ができていった。以後はしだいに堆肥施用量を減らし、現在は10aあたり1〜2tである。

　農薬や化学肥料を使っていた畑では、堆肥をたっぷりすき込む必要がある。だいたい3年で微生物や小動物が戻り、5年で**天敵**が定着し、10年経てばよい土に生まれ変わる。だから私は、有機農業に転換する農業者に対して、10年頑張るようにアドバイスしている。私自身も、有機農業で安定した生産を維持し、自信がつくまでに約10年かかった。

　1985年ごろからは、**植物質の堆肥**に切り替えていく。これは、有機農業研究者の土壌診断を受けたところリン酸過剰の傾向が明らかとなったからである。現在は牛糞は後述するバイオマスプラントに活用し、所有する山林などの**落ち葉**と、**チョッパーで粉砕した植木業者の剪定枝**などを混ぜて**発酵させた堆肥**を使用している。剪定枝は、鉛やカドミウムなどの重金属が含まれず、廃材でない質のよいものを、無償で提供していただける。この剪定枝粉砕堆肥は、下里集落の仲間たちも利用している。

　植物質主体の堆肥への切り替えと堆肥投入量の減少によって、**病害虫の被害は大きく減った**。地上・地中ともに多様性のある生態系が形成されたためだろう。肥料は、米ぬか・おから・モミ殻燻炭を基本としたボカシ、鶏糞、液肥だ。土壌が乾燥している場合には液肥を、湿っている場合はボカシや鶏糞を追肥する。

　なお、輪作、病害虫・雑草対策、品種選定などの詳細は、霜里農場を調査した中島紀一氏らが的確にまとめているので、参照していただきたい（鈴木麻衣子・中島紀一・長谷川浩「地域の自然に根ざした安定系としての有機農業の確立―埼玉県小川町霜里農場の実践から―」日本有機農業学会編『有機農業研究年報 Vol.7 有機農業の技術開発の課題』コモンズ、2007年）。また、おもな野菜の栽培技術については本書第Ⅳ部第3章②〜⑤（252〜285ページ）で述べる。

3　地場産業との連携

　私は有機農業と地場産業とをつなげたいと考えてきた。1988年になって、それが実現する。
　初めは日本酒だ。声をかけてくれたのは、明治時代から続く造り酒屋の晴雲酒造である。小川町は水がきれいで、いいお酒ができるが、そのころ日本酒の需要が停滞していた。そこで社長は無農薬のお米で日本酒を造ろうと考え、町役場に勤めていた私の同級生が私を紹介したのだ。早速、有機農業の仲間に呼びかけて酒米にも適した月の光を作付け、約20俵納めた。ただし、それでも量が足りず、有機農業で著名な星寛治さん（第Ⅰ部2参照）にお願いして、高畠町（山形県）から無農薬のコシヒカリを20俵提供していただいた。
　こうして、月の光とコシヒカリをブレンドした純米吟醸の「おがわの自然酒」が誕生する。ちょっと辛口の、少し冷やしたりぬる燗で飲むと非常にうまい純米酒だ。ラベルは、小川町に近い越生町に工房をもつ手漉き和紙作家兼版画家のリチャード・フレイビンさんが漉いた和紙と版画である。
　当時、通常の酒米の買取価格は1 kg 550円だったが、私たちのグループは有機農業に転換して3年以上が経過した米を600円で買い取ってもらえた。これをきっかけに有機農業へ転換する勇気と自信を得た仲間は多い。現在は5戸の農家が無農薬で米を作り、約40俵を納めている。
　同じ1988年の秋から、小川製麦が霜里農場の無農薬小麦を使って、うどんを作り始めた。小川製麦では70年代なかばから石臼で小麦を挽き、味が評価されていたという。石臼はゆっくり少しずつ挽くので熱をもたず、味に深みが出て、香りがとばないからだろう。現在は4戸が10俵を納め、「石臼挽き地粉めん」として製品化されている。ただし、こちらも量が足りず、やはり有機農業が盛んな八郷（茨城県石岡市）の無農薬小麦とのブレンドである。小麦の買取価格は通常1 kg 20円（国の支援を受けられる大規模な集団および個人は120円前後）だが、私たちの場合は250円だ。
　さらに、1994年には近くの神川町にあるヤマキ醸造の依頼に応えて、醬油に使う大豆と小麦を出荷した。それを仕込んだ三年醸造の醬油「夢野山里」は、まさに本物の醬油である。味は好評だったようで、97年からは小麦と大

豆を2tずつ出してほしいと言われ、現在は4戸の有機農家で納めている。価格は通常の約2倍である。こちらのラベルは、小川町在住の絵本作家・菊池日出夫さんにお願いした。

1999年には隣接する都幾川村(ときがわむら)(当時、現在はときがわ町)のとうふ工房わたなべが、地元に古くから伝わる大豆「おがわ青山在来」を使った**豆腐**づくりを始める。無農薬大豆は1kg 500円と通常の2倍以上なので、豆腐価格も高い。当初は売れ行きが鈍かったが、この豆腐が生まれた背景を理解する人たちが増えるにつれて人気が高まっていく。いまでは土曜・日曜には約1000人が訪れ、豆腐・油揚げ・納豆など一人平均1500円程度を買い求めるという。4カ所ある駐車場は車でいっぱいだ。働いている人は35人にのぼる。

これらに共通するのは、農家が再生産できる価格で買い取られていることだ。それは、地場産業の方々が本物をきちんと見分ける目と心意気をもっているからだろう。また、安全で、安心できて、美味しい加工品は、きちんと消費者に評価される。有機農業には農民としてのほこりと喜びがあり、しかも経営的にも慣行農業より収益が上げられる。

このほか、1995年には霜里農場で研修して小川町で就農した若者たちが中心となって小川町有機農業生産グループを結成し、日曜日の午後に直売所を開いた。ここで売られる野菜や卵の人気は高く、開店後30分ぐらいは奪い合いの状態だ。遠くから買いに来る常連もいる。このグループは現在35戸、そのうち33戸が小川町以外の出身の新規就農者だ。彼らは、有機農業の地域への広がりと有機農業を軸とした地域づくりの原動力になっている。

加えて、最近になって新たな動きが起きた。それは、小川町駅から歩いて2分のところに2009年秋にオープンした「ベリカフェ つばさ・游」である。これは日替わりのシェフが野菜を中心としたランチを提供するレストランだ。小川町のNPO「生活工房つばさ・游」が企画運営し、霜里農場と、初期の研修生で町内で独立した風の丘ファームも週1回ずつ、料理を提供する。

「ベリ」はおしゃべりの「ベリ」で、地元産有機野菜を食べながらおしゃべりする、たまり場であり、情報交換の場だ。つばさ・游を主宰する高橋優子さんは「自分たちの住む町を有機的な人と人と自然のつながりで自分らしく染めていきたい」と言っており、私も共感している。町内には、こうした有機農産物を食材とするレストランがすでに4軒ある。今後10軒ぐらいになれば、有

機レストランによる地域おこしができると期待している。

4　有機農業の地域への広がり

　私は長い間「変わり者」と呼ばれてきた。1980年代以降は有機農業に共感する人たちが徐々に増え、見学者もよく訪れるようになったが、地元の下里集落（約60戸、農家は10戸。通常ムラと呼んでいる）には有機農業は広がっていかない。それでも、私は常にムラを基盤に考え、ムラを大切にしてきた。農薬の共同防除があったころは、無用な波風をたてたくなかったので、農薬の袋に堆肥を入れて「参加」した経験もある。

　農薬の空中散布は止めるまでに16年かかった。「美登ちゃんがそこまで言うなら1年休んでみようか」と1987年に話し合いがまとまったときの感慨は、いまも忘れられない。その年、問題になるような病気や害虫の発生はなく、翌年から中止された。そのころから、堆肥づくりを復活させた人が現れるなどムラに少しずつ変化が起きていく。ただし、有機農業に踏み出す人はいなかった。

　ところが、21世紀に入って大きな変化が訪れる。ムラのリーダーである安藤郁夫さん（1932年生まれ）が「仲間に加えてもらえないか」とおっしゃったのである。土地改良組合の話し合いで、「慣行農業に未来はないだろう。多くの人が訪れて、楽しそうにやっている霜里農場に相談してみよう」という結論になったそうだ。私が快諾したのは、言うまでもない。

　まず、もともと農薬をあまり使っていない大豆から始めることにする。2 ha以上の面積を栽培すれば10 aあたり約5万円の産地づくり交付金が支給されることも大きかった。2003年から、4.3 haの転作田で無農薬大豆の栽培を開始。前述のとうふ工房わたなべと小川町の清水豆腐店が**全量を買い上げて**くれた。共同購入した選別機で選別し、1 kg 260円の買取価格からスタート。50円ずつ引き上げてもらい、現在はA品は私たちと同じ1 kg 500円、B品も400円だ。あるとき安藤さんは私にこう言った。感極まって泣きながら。

　「この歳になって初めて、農業が面白くなった。有機をやってみると、思いもよらなかったことが実現できる。手間暇かけたことが無駄にならないし、楽しいし、仲間もできる。何より薬漬け農業から解放され、自分の作ったものを

胸を張って売れる。これまでの2倍くらいの収入になって、夢を見ているようだ。自分でも驚くほど張り合いが出てきた」

現在は、大豆はほぼ無農薬になった。この取り組みはムラ以外にも広がり、2008年の栽培面積は4集落で約14 ha、生産量は約20 t だ。

ムラの水田は約17 ha だが、いまでは有機農業が普通になった。**米・小麦・大豆のローテーション**が定着している。2008年には3分の2が完全無農薬、残りは減農薬・減化学肥料になり、農協へ農薬購入を申し込んだのは1戸だけだった。2007年の有機米は、東京・銀座のレストラン饘饘(けけ)(09年3月に閉店)が玄米 1 kg 400 円で買い支えてくれた。

2008年秋に収穫された有機米は、さいたま市の住宅・マンションのリフォーム会社オクタが、有機栽培に転換した4戸が販売を希望した 1.8 t を全量購入。「こめまめプロジェクト」と名づけて社員向けに宅配を始めた。さらに、09年産米には 3.6 t の購入希望が出された。これが決定打となり、集落全体で有機農業に転換しようという動きにつながっていく。

こうして2010年には、**10戸すべてが米も小麦も大豆も無農薬で作った**。1971年から足掛け40年、ムラの変化は著しい。田の畦にはみんなで彼岸花を植えてきた。彼岸花の球根には毒があるので、モグラ対策にもなる。数年後には、埼玉県で彼岸花が有名な巾着田きんちゃくでん(日高市)に匹敵する景観が出現するだろう。私にとっては、ムラがすべて有機農業になったことが何よりの喜びだ。

1999年から私は、小川町の町会議員もつとめている。最初の選挙のときは、ムラではまだ有機農業という言葉は前面に出せなかった。最近は違う。ムラの寄り合いのときに「かあちゃんに、有機のおにぎり持って帰りたい」と先輩たちが言うようになった。役場でも、有機農業モデルタウン事業や地域づくりをいっしょにやりたいという意識をもつ職員が増えている。

5　有機農業者の育成

有機農業を生涯の仕事にしたいという非農家出身者は、いまでは珍しくなくなった。しかし、有機農業を本格的に学べる公的機関はほとんどない。私は1979年から毎年、**研修生を受け入れてきた**。これまでの合計は約110人。そのほとんどは非農家出身だ。学歴が高いのも特徴で、大学卒業者が多い。ただ

し、農学部出身者は少なく、社会科学系が中心だ。年齢は14歳から60歳までと幅広い。

研修期間は1年が基本である。農業は四季のサイクルによって仕事の内容が異なる。それを身につけるために1年間は必要と考えているからだ。堆肥づくりを行う冬から始めるのがベターだろう。

夏は朝5時から、冬は6時半からが作業時間。種播き、栽培管理、収穫はもちろん、家畜の世話、配送の手伝い、農場訪問者への対応に至るまで、あらゆることを体得していく。有機農業は作物を作って終わりではないし、だまって作るだけでは、消費者は買ってくれない。さまざまな人たちとの付き合いをとおして学ぶことも多い。**コミュニケーション力**がなければ、有機農業は成功しない。

有機農業で生きていくという強い意志をもっていることが受け入れの条件である。自給自足でやりたいという人には、全国農村青少年教育振興会が主催する就農準備校の小川町有機農業専門コースを薦めている。ここでは、霜里農場のほか、風の丘ファームと河村農場（ともに私の研修生出身）で有機農業の基礎が学べる（隔週土曜日、半年間）。

また、農業は体力を必要とする。体をついていかせるためにも就農は若いほどよく、20代がベストだろう。非農家出身者の場合は、力を入れながら、うまく抜く技術をマスターしなくてはならない。これが意外にむずかしく、農具を使いこなす重要なポイントである。

研修費も食費も無料だが、給料はない。敷地内の2階（2人用が3部屋）に住み込む、近くにアパートを借りる、1週間に1回通うなどスタイルはさまざま。これらをあわせると、この数年は毎年6〜8人の研修生がいる状態だ。

研修終了後は、ほぼ9割が有機農業で頑張っている。北海道から沖縄県まで全国に散らばり、海外での活躍者も見られる。すでに数人は自らも研修生を受け入れて教える側にまわっており、心強いかぎりだ。有機農業にもっとも積極的なのは非農家出身者で、次が農家、有機農業の意義に最後に気づくのが行政ではないだろうか。また、後継者が必ずしも血縁家族である必要はない。有機農業で生きていきたいと考える信頼できる人が後継者になるというパターンも、今後は生まれてくるだろう。

なお、不登校などいまの教育や社会になじめなかった若者が通ってくる場合

もある。初めは言葉が少なく、体も動かない。それでも、作業を手伝ううちに、徐々にあいさつができるようになっいく。彼らは「ここは、みんながやさしい」と言う。勝つか負けるかという過度な産業社会には適応できなくても、農にかかわることで心が開かれるのだろう。有機農業という場は、農場であるだけでなく、学校であり、病院でもある。

6　自然エネルギーの活用

　有機農業技術がほぼ確立してからは、**自然エネルギーの活用**を重視してきた。エネルギーを消費する農業から創造する農業への転換である。

　最初は 1994 年に、牛の糞尿を原料に、嫌気性発酵技術を利用した**バイオガスプラント**を造った。バイオガス技術は、農産物の残渣、家畜の糞尿、おからなどの有機物からガスと有機質肥料（液体肥料）を製造する。現在は、ガスを調理（湯沸し）に使うほか、畑の**液肥**として野菜の弁当肥（植え付け前に与える肥料）や、米と麦の追肥に利用している。小川町には 2010 年 3 月現在、合計 6 基のバイオガスプラントがある。

　液肥は発酵中に有害な病原菌や寄生虫が死滅するので安全なうえ、効き目が速い。臭いはほとんど気にならない。小川町の NPO ふうどが造ったバイオガスプラントから得られた液肥を施した米の栽培試験（東北農業研究センターと埼玉県農林総合研究センターが実施）では、化学肥料より高い収量が得られた。重金属や病原菌の含量も非常に低い。

　1996 年からは、廃食油を化学処理してからグリセリン成分を 2 割程度除いた **VDF**（Vegetable Diesel Fuel）をトラクターの燃料に使ってきた。しかし、原料は外部に頼らなければならない。そこで 2008 年以降は、ともに未来を創ろうとする有機的な関係で知り得た工の匠（たくみ）の力を借りて遠心分離機を導入し、農場で廃食油をろ過して不純物を取り除くことにした。一日で 10〜20 ℓ がろ過できる。こうして得られた **SVO**（Straight Vegetable Oil）を、ディーゼル自動車やトラクターの燃料に使っている（ただし、熱交換器を取り付ける必要がある）。廃食油は、小川町内や近隣の飲食店や豆腐店から回収する。

　また、2004 年の初めに仲間の有機農家の指導を受け、近くの山の間伐材で苗作りなどに利用する**ガラス温室**を造った。解体された家のガラスを再利用

し、ビニールは使っていない。ビニールは数年ごとに張り替えなければならず、焼却処理する際にダイオキシンを発生させる。ガラスは有害物質を発生させない。柿渋や木酢液（ともに自家製）を防腐剤として間伐材に塗り、補修をきちんとすれば、20〜25年はもつという。

2005年以降は、太陽電池を活用して電気をバッテリーにためるようにした。そして、畑の水撒き用の水揚げポンプ、水田の除草用に放している合鴨をキツネや野犬から守る電気柵などに利用している。さらに、06年に新築した住宅は、祖父母が植林した80年生のヒノキとスギが材料だ。そこにウッドボイラーを導入し、床暖房や台所の給湯と温水に活用している。

仮に大地震でライフラインが途切れたとしても、我が家と農場には食もエネルギーも水も手の届く範囲にある。**身近な水・土・太陽・家畜・山林などの資源を活用した食・エネルギー自給循環型の暮らし・農業・まちづくり**を、地域に、日本に、そしてアジアに広げていきたい。

7　21世紀の新たな文化を創る

日本は資源小国といわれる。ところが、工業から農業に目を転じると、日本は資源に恵まれている。一年で、米と麦と大豆ができる。都市部を除けば、エネルギーの自給も決して不可能ではない。こうした農的資源・自然資源を大切にしていくなかで、新たな未来が見えてくる。

21世紀の豊かな暮らしとは、たとえば週3日有機農業で食べものを作って自給し、残りは別の仕事をするというライフスタイルではないだろうか。別の仕事は、木工でも陶芸でもいいし、公共を支える仕事でもいい。いわゆる**半農半X**であり、購入資源に依存しない暮らしである。足りない部分を交換する仕組みを工夫していけば、半農半Xが成り立つ可能性は低くないだろう。

同時に、有機農業が個別に達成してきたことを面的に広げ、流通産業や外食産業との協働も考えていく必要がある。農業・農村の文化を土台にし、食べもの共同体のような価値観を伝えつつ、都市の利益社会ともつながっていけば、新しい形が生み出せる。アメリカやフランスなどの**CSA**(Community Supported Agriculture、地域に支えられた農業、地域と支え合う農業)に集う人びとを見ても、都市生活者は共同体を再構築したいと思っているのではないだろうか。

日本でも、同様な発想をもつ若者が増えてきた。こうした流れを確実にしていくためには、地域に根付いた農家のリーダーが生まれてこなければならない。

　先進国では農薬と化学肥料の過剰使用への反省、途上国では真の自立への有力な手段として、有機農業はますます重要な位置を占めている。霜里農場にはこれまで40カ国の人びとが訪れ、長い人は1年間滞在した。寝食をともにすれば、仲良くなる。母国に戻った彼らを訪ねていけば、家族のように迎えてくれる。こうした積み重ねなしに、平和は達成できない。

現場からの提言 2

有機農業のロマンと力

星　寛治
（山形県高畠町）

1　食料危機が見えてきた

　2008年の前代未聞のガソリン国会の最中に、食品の値上げが相次いだ。トウモロコシなど穀物を潰してバイオエタノールを製造するアメリカの動きが、世界中に波及した結果である。温暖化を抑止するためという大義名分があるにせよ、人間の食料や家畜の飼料としてかけがえのない穀物を車の燃料にして燃やしてしまう発想自体が、倒錯している。輸出大国の功利主義がもたらした落とし穴である。途上国の人びとの飢餓がさらに深刻になりそうで、心が痛んだ。

　一方、先進国といっても、日本のような輸入大国はどうであろうか。胃袋の3分の2近くを外国に託している食卓は、値上げと欠品に脅かされる。輸出国が自国の食料確保を優先して次々と禁輸を打ち出す動きは、当然とはいえ他力依存の危うさを露呈させていく。

　これまで、私たちの食べ物に関する問題意識は、食の安全・安心に集約されてきた。にもかかわらず、グローバリゼーションのなかで引き起こされてきたBSE、鳥インフルエンザ、中国製冷凍ギョウザの農薬混入などに表れる不安は底知れない。それを根絶する目途すら立たないまま、私たちは暮らさねばならない。

　加えて今日、私たちの足元へひたひたと寄せてくるのは、食料の量的不足の津波のように見える。その根源をなす温暖化は、予測をはるかに超える速度で進み、地球環境問題を激化させつつある。とりわけ、気象ステージを狂わせ、自然を相手に生命生産を行う農業に深甚なダメージを与えるようになった。たとえば、熱波による大旱魃（かんばつ）や超大型台風による風水害、開発に伴う農地の喪失、水資源の枯渇などは、食料の減産に拍車をかける。施設園芸などの工業的

手法にも、原油高がブレーキをかける。さらには、地域紛争などの社会的要因が立ちはだかり、食料の生産、流通、消費の構造が著しく公正さを欠くようになった。その背景には、WTO(世界貿易機関)体制に象徴される市場原理主義一辺倒のグローバリズムや、多国籍企業の巨大な支配の構造が存在する。

　そういう俯瞰図からすれば、国内自給力を極度に低落させた日本においては、明日の食卓はほんとうに大丈夫なのかと心配である。これまで、食の安全に傾注してきた耳目を、量的な確保についても真剣に働かせる時代がきたようだ。

　刻々と現実味を増してきた食料有事に備えるには、自給力を向上させるほかはない。国全体の自給率の低さを嘆くだけではなしに、我が家の暮らし方や、地域の自給の現状に目を注ぐ必要がある。自分はさて置いて食構造の矛盾を論ずるだけでは、すまない時代になった。かねてから私は「**我が家の自給、地域の自給、そして国の自給**」という下から上への自給論を唱えてきた。それも、農業を生業として捉える有機農業の理念に基づくものである。だから、欧米型のモノカルチャーではなく、**多品目少量生産のアジア的循環農業を家族経営**で営むかたちにこだわってきた。そこでは、環境に配慮した適正技術が投入される。

　私は、ほんとうの活力ある農村とは、一握りの担い手によって大規模なビジネスとしての経営体が成立する姿を指すのではなく、地域社会のなかに可能なかぎり数多くの農家を許容しているかどうかだと考えてきた。それは、暮らしに必要なモノを自らつくり出す力が満ちあふれ、**お互いに支え合う共の力**が機能する社会である。その力は、地域の垣根を越えて、心ある都市市民と結びつく。その提携の人間的な絆は、市場原理一辺倒の冷たい競争と格差社会を変えていく世直しの力をもつだろう。

2　35年の実践から見えるもの－多面的価値の小世界－

　1973年。「沈黙の春」を乗り超えようと、東北の草深い田舎町に若い農民集団が誕生した。高畠町有機農業研究会(山形県)である。その創設期のめあては、5つの柱に集約される。すなわち、①安全な食べ物づくり、②生きた土づくり、③自給を回復する、④環境を守る、⑤人間の自立をめざす、であった。

しかし、化学肥料、農薬、除草剤を使わず、堆肥と天然の資材だけで生産に取り組むことは、時代錯誤とみなされ、その手探りの実践は困難を極めた。志をもった若者たちが、近代化の潮流に抗して、自分自身とたたかい、地域の風圧とたたかい、さらには国の農政と対峙する厳しさは、想像を超えるものがあった。個人的な取り組みや小グループでの挑戦であれば、とうに挫折していたかもしれない。そこは若さと集団の力で、直面する課題を一つひとつ乗り切ることができたのだと思う。

　土がしだいに甦り、異常気象にも克って作物の安定生産に至るまでに、ほぼ10年の歳月を要した。併せて、めざめた消費者と出会い、提携のネットワークが形成され、小さな有機農業でも経営として自立できる目途が立つようになっていく。そこで、ようやく地域社会から市民権を得られるようになった。

　1980年代は、運動を点から面へと広げ、**地域に根を張る有機農業**をめざした時代である。上和田(かみわだ)有機米生産組合をはじめ、いくつもの環境農業の集団が誕生し、新しい村づくりに取り組む機運が高まった。安全な食料生産と流通だけにとどまらず、環境問題、健康づくり、教育、文化の領域にも強い関心をもち、新たな地域創造の原動力となったのである。あれから20年、上和田有機米は食味日本一の折紙をつけられるまでに成長した。

　1990年には自前の学習集団「たかはた共生塾」が発足し、都市と農村の多様な交流の拠点となった。とりわけ「まほろばの里農学校」は、農的生活に関心を抱く都市住民に発信し、有機農業体験の場を提供し、2010年で19回目を数える。その間さまざまなドラマが生まれ、**移住する人びとが相次いだ**。ゆたかな感性と優れた技能、そして新しい価値観とライフスタイルを併せ持った新まほろば人は、高畠の風土に定着し、まちづくりの原動力になっている。

　また、有機農業団体は長く積み上げてきた消費者との交流に加えて、首都圏の十数校に及ぶ大学のゼミのフィールドワークや、小・中・高校生の修学旅行の受け皿をつくり、それぞれに楽しく充実した交流を行ってきた。近年では、宿泊・体験交流施設「ゆうきの里・さんさん」を窓口に、グリーンツーリズムや外国人の研修機会をつくり、さらには学会開催の場を提供するなど、農村が人間交流の舞台として機能するようになった。

　2000年代、私たちは何をめざして歩き続けるのか、先の見えない時代の水先案内が求められているように思う。私見だが、草の根からの実践で一定の広

がりを見せた有機農業は、成熟社会の価値を実現する小さな**共生社会**の創造に、行政と連携しながら踏み込む段階に入ったのではなかろうか。

　折しも国レベルで有機農業推進法が 2006 年に制定され、自治体においては「有機農業推進計画」策定の動きが急である。いわば、歴史的な追い風が吹いてきた。この機会を捉え、積み上げてきた主体的な力を発揮して、さらなる躍進をとげ、新たな地平を拓きたい。

3　到達点から未来へ―農を文化に高める―

　有機農業 37 年の風景は、いわば産業を超える農のゆたかさに満ち満ちる。まず**環境**面では、小さな生き物たちの楽園が復活した。**生産**については、生きている土の贈り物のように、本物の食べ物が生み出されるようになった。**生活**については、自給・自営の営みが戻り、手づくりの暮らしのゆたかさをかみしめつつある。**提携**に関しては、顔の見える関係から共に生きる関係へと高まった。**地域経済**については、地場産業と結ぶことによって内発的発展を促している。**資源**の面では、堆肥センターなどの循環システムが作動し、持続する社会への一端を示している。

　教育については、**耕す教育**からいのちの**教育**へと深まり、とりわけ食農教育や環境学習が重視されている。**文化**については、カルチャーの語源が示すように大地に根ざす芸術活動が活発で、農そのものが文化であるという認識も生まれている。**福祉**については、農のもつ癒しの効果が注目され、地域ケアの大事な要素になりつつある。**保健医療**に関しては、体によい食べ物の機能性が明らかになり、有機の食材の優位性に確信が生まれている。**地域**については、移住者が相次ぎ、帰農の里の表情を見せるようになった。**自治**に関しては、住民活動と行政の共働によって、さらには各地のサポーターの力が加わって、厳しい財政事情のなかで元気な美しいまちづくりに力を注ぐ。

　このように長い有機農業の実践が、地域社会のさまざまな領域に影響を及ぼし、しだいにその内実を変えてきた。農のもつ多面的価値の生成と相互のコラボレーションが、成熟社会の明日を垣間見せてくれるようだ。とりわけ、公と私の間にある共のエリアの大事さを自覚し、主体的にかかわっていくとき、地域社会は変容を見せ始める。いわば、**柔らかい地縁社会**が生まれ、さらに自立

した地域間のネットワークが形成される。そのための息の長いボランティア活動が、公正な住みよい社会の実現のために大きな役割を担うことを、改めて知らされる。

とはいえ、小さな地域社会における試行錯誤の実践とささやかな成果が、国家や人類社会の大きなテーマの解決に直結するとばかりは、言い切れない。現代の政治経済の基本構造をそのままにして、拡大する矛盾を打開できるはずもないし、激化する地球破壊を抑止できないのは自明である。たとえば、科学技術の革新によって、とりわけバイオテクノロジーやITの進化が、人間をほんとうに幸せにしてくれるかどうか、その陰の部分を厳しく検証する必要がある。

持続可能な成長などという身勝手な発想は、幻想にすぎない。真に永続する社会を望むなら、先進国の物的水準を抑え、途上国の人間らしいインフラの整備に力を注ぎ、格差を是正する基本姿勢が求められる。同じく国内の大都市と地方の格差をそのままにしては、公正な社会の実現にはほど遠い。

有機農業の理念からすれば、**簡素に心ゆたかに生きる**ことに喜びと幸せを見出し、可能なかぎり消費文明からの脱却を志向したい。自給自活の生活をめざし、足らないところは補い合い、生身の人間の実感を大切にして生きたい。有機農業者は、地べたを這う虫の目で暮らしを創り、併せて空を飛ぶ鳥の目で地球の運命を考えることが求められると思う。

4 農のゆたかさ

私は有機農業をライフワークとするなかで、農のよろこびを体現できたと感じている。そこには、何よりも育てるよろこびがある。まるで農芸作家のような面持ちで、土や作物に向かうことができる。いのちを育むモノづくりは、生命の神秘や尊厳への終わりのない旅のようである。そこに注がれた汗の結晶の産物は、商品ではなく作品だと自負している。

次に、手塩にかけた作物のみのりを収穫するよろこびがある。そして、天地に感謝していただくときの充実感は、たとえようがない。

さらに、手にしたみのりを他に分かち合うよろこびがある。互助とか共生を実感する場面だ。有機農業における提携は、相互の信頼感を基軸に、いのちが

つながるよろこびをもたらしてくれる。そこから広がる多様な人間関係は、充実した人生へと誘ってくれる。

　生命を育て、果実を収穫し、分かち合い、生かし生かされる日常性は、いつしか感性を養ってくれる側面をもつ。有機農業は文化の土壌をゆたかに耕してくれる。すこぶる息の長い営みによって生成された生きた土を、次世代につなぎ、そこに希望を託すとき、地べたを這うような人生は報われると信じたい。

5　農のもつ公共性・普遍性

　いのちの糧の食べ物まで、丸腰で市場経済の土俵に押しやった結果、急激に日本の農業は衰退し、自給率は落ち込んだ。そして、迫りくる食料パニックに脅える羽目に陥ろうとしている。その瀬戸際で私たちはめざめられるだろうか。いのちの糧を産む農業は、他の産業と同じ物差しで経済効率やコスト競争の場に追い込むべきではないのだと。

　人は誰でもよい食べ物を得て、健康に生きる権利がある。だから、その生産と流通と消費は公正でなければならない。いわば、教育や医療・福祉と同じく、**社会の公共的な役割を担う**営みとして位置づける必要がある。今日のように資本主義経済のシステムに委ねていけば、然るべきところに収まってうまくいくと考えるのは、幻想にすぎない。現実にWTO体制の下で、経営規模が小さく、競争力の弱い日本の農業は年を追って衰退し、安楽死寸前のところまで追い込まれてしまった。自給力を高めることが大事だと叫んだところで、農業生産の担い手は平均年齢70歳に近づき、再生の余力を残していない。若者が就農できる社会的条件の整備が、国や自治体行政の責務であろう。

　国民の基本食料の米をはじめとする穀物については、市場システムを調整する公的な機能が不可欠である。そうでなければ、安定生産と供給はおぼつかない。ときあたかも、国が放棄した主食の管理機構を市民が草の根で取り戻そうとする運動が京都から起こった。長い実践を積む市民集団「使い捨て時代を考える会」と、その流通組織「安全農産供給センター」が主唱する"縁故米運動宣言"の取り組みである。生産者と消費者が基金をつくり、地域の田んぼと市民の食卓を守ろうとしている。規模は小さいが、私たちが30余年続けてきた有機農産物の提携においても、市場価格に左右されない適正な価格で消費者に

直接届けてきた。いわば、**小さな食管システム**が機能してきた。生産者・消費者の合意に基づく契約栽培と公正取引の実現といえよう。

6　明日を創造するために

　私が有機農業にめざめて37年、アジア的な小農複合経営を家族労働で持続できたのは、農法における生命との親和性と、提携における脱市場性のおかげだと思っている。その足場から、さらなる明日を創造するために、私見を述べて結びに代えたい。

　まず何よりも、ゆたかな自然こそ最大の財産である。人間の都合のままに、これ以上の汚染や破壊は許されない。文化遺産というべき農的自然を、しっかりと護り伝える責務がある。また、長い歳月をかけてそこに貯えられた地域資源を十分に活かし切る智恵と技が求められる。風土に根ざした農法や加工技術も、その一つであろう。さらに、地域全体の環境レベルを向上させることに力を注ぎ、失われた生物相なども取り戻す。美しい景観は、地域と住民の品格を表すバロメーターである。

　新しい地域創造のキーワードは、**健康**、**安全**、**文化**だと思う。庄内地方(山形県鶴岡市黒川地区)の農民芸術"黒川能"がパリのオペラ座で市民を魅了する時代である。そうした文化的感性を養うために、食と農の教育を核心にすえていきたい。

　今世紀は、人間が再び大地に還る時代だと思う。すでにゆとりを求めて人は動き始めた。成熟社会の価値を共有し、簡素で心ゆたかに生きる幸せを求めようとしている。その根底のところに農のよろこびがある。いのちの連鎖に希望を託し、ゆっくりと、しなやかに生き続けたいものである。

現場からの提言 3

種採りが生み出す世界

岩崎　政利
(長崎県雲仙市)

1　種を播く

　9月は、野菜の栽培で1年にもっとも多く種を播く時期です。かぶ、白菜、大根……。そして、キャベツやブロッコリー、レタスの苗もトレイの中で大きくなって、定植を待っています。

　私の農園には、**在来種、固定種、伝統野菜**など種を守り続けている野菜たちがたくさんあります。風が吹けば飛んでいきそうな、小さな人参やアブラナ科の種。少し大きめな大根の種。個性あるほうれん草や春菊の種。いろいろな野菜の種が休眠からめざめました。これから自らを表現していくために頑張っていかなければと、種も播く農民もやる気いっぱいの瞬間です。

　発芽は、野菜の一生に大きくかかわります。やや乾燥した土の中で、発芽して大きくなっていきます。けれども、土が乾燥しすぎては発芽しません。理想的なのは、雨が降った後で土が少し乾いたときに播くこと。また、土がとても乾燥している状態で播き、数日後に雨が降ってくれたときも、いいですね。ただし、種はたいへん微妙です。たとえば、播いてすぐに強い雨が降ると、土の表面が固くなり、発芽がとても悪くなってしまいます。

　農民は、自然と一体になって暮らしていますから、こうした判断には優れています。風、雲、虫、温度などによって気象を判断して、農作業を考えていくのです。

　種が土の中に入っていくと、多くの野菜たちはすぐに発芽します。最初はやや多めに播くので、本葉が出始めたら間引き作業が欠かせません。間引き野菜がもったいないと感じるときです。そして、雑草に負けないように、草を手で取ったり、中耕したり、小型管理機で培土を繰り返したりして、愛情こめて育てていきます。このときは、**野菜たちが喜んでいる姿**に感動します。

やがて、いろいろな野菜たちが畑いっぱいに広がっていきます。秋から冬は、播いた種がどんな野菜たちになるのか期待が大きく膨らんでいくときです。しかし、自然が相手ですから台風などが大きく作用して、種播きを何回も繰り返さなければならない場合もあります。また、9月の終わりからは、播き直しがきかないものが多くなります。どうなるかは天候任せですが、それでも農民は種を播く。それが農の始まりだからです。

2　畑いっぱい昔の野菜

農園が冬を迎えるころ、秋に播いた野菜たちが次々に収穫を迎えます。とくに、いろいろな在来種、固定種、地方の伝統野菜、いわゆる昔ながらの野菜たちの収穫時期です。名前をいくつかあげましょう。松ヶ崎浮菜かぶ、長崎赤かぶ、雲仙赤紫大根、五木赤大根、壬生菜、大和真菜、杓子菜、雲仙こぶ高菜、日本ほうれん草、あぶら菜……。

最近は伝統野菜が一部では見直され、注目を浴びています。ところが、種苗会社のカタログからこうした昔ながらの野菜たちを見つけ出していくのは、簡単ではありません。ブームになると、交配種になっていくからです。

昔ながらの野菜たちが少なくなったのには、いくつかの原因があります。まず、現在の主流の交配種に比べて見栄えがかなり悪いし、大きさが不ぞろいなことです。さらに、交配種に比べてとても安いので、種苗会社が販売しても、儲けが多くはありません。だから、こうした野菜の種はますます少なくなっていくのです。生産者にとっても、見栄えが悪ければ高くは売れません。

けれども、昔ながらの野菜たちは実に多様性に富んでいます。いまの交配種の野菜たちに比べて、畑に生育している一つひとつが個性をもって生きているのです。それは、私たち人間の社会によく似ているのではないでしょうか。そして、昔ながらの野菜たちを可愛がって育てていけば、すぐになついてくれます。ちょうど可愛い子犬や子猫のように。地域のほんとうの食の文化は、こうした野菜たちを守り育てるなかで生まれていくでしょう。そんな野菜たちは、一生懸命に自らを絶やさないように、風土に合おうと、育てている生産者に嫌われないようについていこうと、頑張っています。

たくさんの昔ながらの野菜たちと付き合っていくなかで、多様性豊かな野菜

たちこそが、植物の当たり前の姿だと思うようになりました。いま失われつつあるこの野菜たちは、次世代も、さらに次の世代も、自らの姿をそのまま残していけます。いまでは家庭菜園ぐらいしか生きるところがなくなりつつある昔の野菜たちを大切に守っていこうとしているのが、私の農園です。そして、豊かな多様性は、美味しさにつながっているでしょう。

3　20年目の人参

　11月ごろに収穫が始まる五寸人参は、我が家に20年も住みついています。
　種は3年前のもので、あまり選抜する必要がないぐらい、まとまっています。なぜ、種が切れることなく、いまに至るまでつながっているのでしょうか。それは、この人参が私の農園の原点であるという想いが強いため、大切に守ってきたからでしょう。畑の場所によっては根が悪いところもありますが、全般的には、すらりと伸びて、とてもまろやかな感じです。イノシシが何度かやって来てはいるものの、大きな被害はありません。
　20年間付き合うなかで、この人参から多くを学んできました。もちろん、人間と野菜という関係ですが、大きく表現すれば、自分の嫁さんみたいな存在かもしれません。30年も付き合っている嫁には悪いかなあ。
　私は毎年、この人参の長所と欠点を知らされてきました。だからこそ、どうやって長所を活かし、短所をかばっていくかを考えます。人間と風土になじんだ野菜は、畑で最高に活かせます。この人参に、代わりはありえません。
　農業におけるブランドづくりとは、このようにして長い間にわたってより風土に合わせていくなかで、種を地域で守り続けることだと思います。手軽な短期間でのブランドなんて、ありえません。風土になじまなければ、できばえも不安定です。こうした大切なものをつくりあげていく想いは、他人にも伝わるのではないでしょうか。
　一方で、市販の種を買って栽培すれば、よりつくりやすい、多収品種に目が向いていくでしょう。毎年のように品種を変えるのは、気楽なんですね。でも、それでは風土や文化が非常に軽いものになってしまいます。
　20年間の経験をとおして、自らの手で育てあげた種で栽培していけば、その野菜と語り合えるようになると思いました。人参が自分の後からついてくる

んです。野菜農家として、つくづく感動しました。

4　同じ場所で育て、種を採る

　同じ場所で、松ヶ崎浮菜かぶの種を採り続けています。同じ場所に、**種採り用のロマネスク**（カリフラワーの仲間。無数の花蕾が渦を巻きながら円錐形を描き、美しい）や五木赤大根を定植しました。同じ場所での種採りをするために、花を咲かせています。まったく無肥料で、収穫した場所で種採りを繰り返してきました。そこから学んだのは、それが本来の自然の農法であるということです。その場所で生きているから、そこにもっとも向いた野菜になっていく。

　松ヶ崎浮菜かぶは、肥料のまったくないところで、小さいながらも立派に生きてきました。一方、少し有機肥料を与えた別の畑では病気が発生して、収穫がもう終わろうとしています。ロマネスクも、私なりに見栄えがよくなってきました。来年からは、栽培面積を広げていけます。私がいまもっとも気に入っているのが、このロマネスクです。より生命力を高めて、なるべく有機肥料を与えずに栽培していきたいと思っています。五木赤大根は私の農園の定番野菜で、やはり同じ場所で繰り返し生きてきました。

　このように同じ場所で繰り返し育てるなかで、これまで考えられなかった世界が見え始めています。以前は、同じ場所での連作はよくないと考えていました。しかし、同じ場所で花を咲かせて、次の種を採り、そこでまた種を播いて育てるなかで、感じたことがあります。実は、連作すればするほど野菜はよくなっていくのではないでしょうか。野菜たちが同じ場所で生きるというのは、環境に最大限に対応して、いつもどおりに育つことを意味しています。土もそれによく対応できているのではないでしょうか。ある意味で、とても幸せな野菜たちです。

　同じ場所で繰り返し育てるなかで、**野菜たちの生命力が向上し**、有機肥料もいらない、無の栽培に向かっていくと思います。私はそれに期待しているのです。こぼれ種の生命力や荒れ地で生きる素晴らしさを、自らの畑で再現したい。だから、同じ場所で繰り返し栽培していきます。単純に、自然界の当たり前の姿として。聖護院大根も、杓子菜も、雲仙こぶ高菜も、あぶら菜も、畑

菜も、これに続いていきます。

5　野菜の花から鞘へ

　道端の近くのとても小さな畑に、山の畑で育っていた大和真菜から私が好きな姿を選んで持ってきて、定植しました。種採り用です。早くからきれいな黄色の花をいっぱいに咲かせていたのですが、雨と強い風で花がほとんど落ち、鞘に変わってしまいました。一晩の雨や風で、突然に花から鞘に変わるのですね。そもそも野菜の花の満開は、ほんの瞬間です。満開に出会えるのは、生産者の特権でしょう。

　花がすべて落ちて、鞘となった瞬間の野菜たち。それは、すべてを捨てて次世代の種のためだけに、最後の力を振りしぼってエネルギーを使い果たしていく姿です。自らの体を支え続けてきた緑の葉は枯れています。この姿を見ていると、人間社会にも活かしたいと感じます。自らを捨てて次世代の種を残す枝と鞘の単純な姿は、実に美しい。この姿になると、いったいどんな野菜なのか、私にしかわかりません。野菜の生命力は、このときの姿に表れます。生命力が強い野菜は、**すべての鞘に種が入り、たくさんの種が採れる**のです。

　本来なら、植え替えずに花を咲かせるほうが、より多くの種をもたらしてくれますが、不ぞろいになってしまいます。だから、選抜して植え替えて、種を採るわけです。野菜にとっては大きなダメージがあるので、種はやや少なくなるけれど、それは仕方ありません。種がだんだん悪くなっていくとしたら、こうした選抜をしない場合でしょう。

　鞘だけになった野菜たちを見ていると、新たな次元に進んだと感じます。鞘の中には、次世代の種がいっぱい詰まっています。次はどんな姿に変わっていくのか。私の願いを少し聞いてくれるのか。花から鞘への変化は、野菜の一生で一番に神秘性を感じるときです。

6　種を守る意味

　収穫を待つ野菜には次々と小鳥が寄って来て、鞘の種を食べています。トゲがいっぱいついていて、収穫していると痛いほうれん草の種にも寄って来るほ

ど、種は小鳥にとって素晴らしい餌なのでしょう。私が鞘を収穫していると、すぐ近くの木に逃げた小鳥が「少しは残して」と言っているように鳴き騒いでいます。でも、大切に育てた野菜の種ですから、私も譲れません。

　野菜を刈り倒すと食べにくくなるのか、寄って来ないようです。刈り倒して少し乾燥させてから、次々にあやして種にしていきます。25種類もの野菜が集中して収穫を迎えるのが、5月下旬から6月中旬です。一般の農業では、まずありえません。一年中でもっとも忙しい時期、収入を上げるために大切な時期に、種たちと遊んでしまう。それは、種を守り続ける意味がまさっているからです。

　一つひとつの野菜の種たちをあやして遊んでいくと、長く付き合う野菜たちが増えてきます。農業に経済性だけを求めれば、種を守る意味などすぐに吹き飛んでしまうでしょう。なにしろ、多様性を失った限られた種、世界共通の種、そして遺伝子組み換えの種へと進んでいこうとしているのですから。

　けれども、そんな農業になってしまわないようにするために、種を守って次世代に伝える大切な意味があります。いま大半の野菜の種は高度の交配を重ね、自らの姿を残すことができません。種を守り続けていなければ、本来の農業に戻ることができません。**種を守るとは、失われつつある農業らしさや、農民としての自立を取り戻すことです。**

　そして、種を守り続ける先に素敵な食の文化が見えてきました。次世代の「新しい伝統野菜」をつくっていけると思っています。いまは普通の野菜たちであったとしても、それを守るなかで、人や風土になじみ、いつしか風土にもっとも適した野菜に変わるのです。工場的な野菜の生産から、人と風土と多様性と自然の環境を守る野菜と農業への発展といってもいいでしょう。それは、**遺伝資源の多様性の保全**にもつながっていきます。

　たとえば、私の農園には、自家青首大根、雲仙赤紫大根、五木赤大根、聖護院大根、源助大根、中国紅芯(こうしん)大根、横川ツバメ大根、島大根などの大根があります。松ヶ崎浮菜かぶ、壬生菜、大和真菜、杓子菜、あぶら菜、畑菜、水菜、福立菜(ふくたちな)、長崎唐人菜などの青菜があります。それらはよく似ていても、料理した味は違うし、それぞれの植物としての大切な役割があるでしょう。こうした在来種が姿を消していけば、生物の多様性は失われます。

　こうした多様性を守っていくのが農業であるはずです。最近は、有機農業と

いうより、むしろ生物多様性農業と表現したいと思うようになりました。生物の多様性豊かな農園づくりが、私のこれからの目標です。

7　想いをもった種の交流

　フランスのニース市で有機農業を長年実践されてきた方から、「日本でつくられている南瓜の種がほしい」という依頼が私の農園にありました。イタリアで自然農法で野菜をつくっているレストランのオーナーシェフからも、「日本の大根、人参、ねぎの種がほしい」と言われました。そこで、私の農園の種をヨーロッパとの交流の旅に出したのです。そして、このときやって来た種が私の農園に定着しようとしています。生産者同士が顔を知っていくなかで、**種の国際交流**ができるとは思ってもいませんでした。

　私たちは長く種苗交換会を行ってきましたが、ともすれば単なる種の交換になっていたかもしれません。これからは、想いが伝わり、ほんとうに大切にしてくれる方のところへ種を旅に出していくような交流を行っていきたいというのが、いまの気持ちです。

　アメリカのカリフォルニア州の有機農業者との種の交流では、その地の畑で、長年にわたって我が家で守られてきたマクワウリがとても元気に育っている光景を、メールの映像で見ました。嫁いだ先が素晴らしい場所で、マクワウリが喜んでいるように感じたものです。種は人の愛情に応えて、どこに行っても、いつかはなついて育っていくのでしょう。もちろん、日本国内でもこうした種の交流の必要性を感じています。

　自らの大切な種、自らの好みに合わせてきた種、生命力と多様性豊かな種を守っていく。そして、種を大切に守る人に出会っていく。そんな想いのこもった種の交流を、大切に進めていきたいですね。種とは、風土のなかで守られると同時に、人の想いや愛情によって守られるものだと、野菜たちが教えているようです。

現場からの提言 4

農の面白さとアジアに広がる合鴨農法

古野　隆雄
（福岡県桂川町）

1　百姓百作

　私は完全無農薬有機農業を33年間、続けている。私の有機農業は「**百姓百作**」。家族が安全で美味しいものを食べるために、我が家の農場で栽培できる作物は可能なかぎり自給してきた。そして、同じものを消費者へ届けている。
　図Ⅰ-4-1は、古野農場の有機農業の循環構造である。2008年の経営は、稲作（合鴨水稲同時作）7 ha、露地野菜（60種類）約1 ha、小麦（水田裏作）1 ha、自然

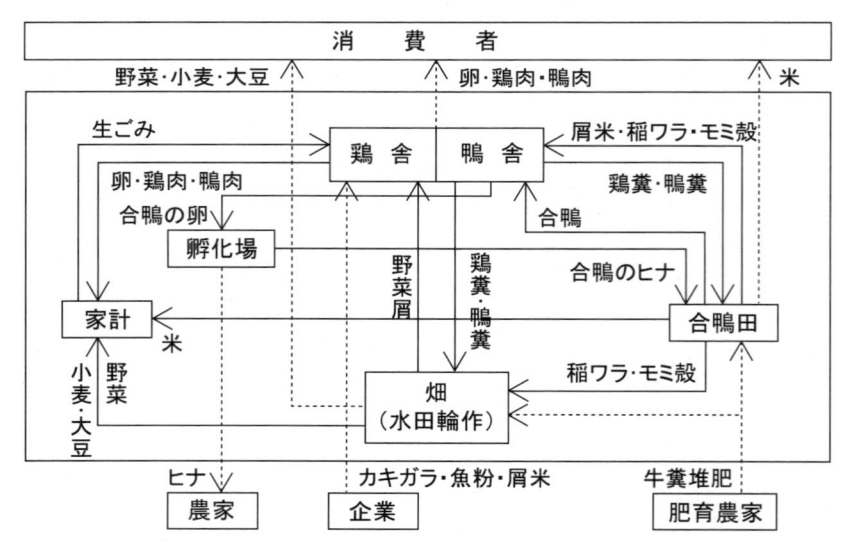

（出典）古野隆雄『アジアの伝統的アヒル水田放飼農法と合鴨水稲同時作に関する農法論的比較研究―囲い込みの意義に焦点を当てて―』九州大学博士論文、2007年。
（注）──は古野農場内部の循環、……は外部との関係である。

図Ⅰ-4-1　古野農場の有機農業の循環構造

卵養鶏300羽、肉用雄鶏500羽、合鴨ヒナ4000羽（自家用1000羽、販売用3000羽）、肉用合鴨1400羽（水田から引き上げた後）、そのほかミツバチ、椎茸、山林2.5haなどだ。

　このように、**稲作と野菜と畜産を有機的に統合・循環**させるのが私の有機農業である。図Ⅰ-4-1では表示していないが、生ごみ、野菜屑、人糞尿、鶏糞、合鴨糞、購入牛糞、モミ殻などはすべて混合し、発酵させ、完熟堆肥にして、水田や畑に還元している。

　我が家は借入地も含めて水田だけで、畑がない。だから、**水田を輪換して畑**にしている。3年間野菜を栽培した後、再び水田に戻し、合鴨水稲同時作をする。近年は、トラクターに装着したサブソイラーやプラソイラー（深さ30〜40cm、幅1〜5cmの溝を掘る機械）を使用して代かき時に形成された不透水層を破砕している。これで、収穫後に水を落としたときに乾きの悪い田んぼが、見違えるように乾くようになった。

　稲を収穫した後の乾田状態の田んぼは、一般的に土壌水分が多い。有機物の分解が悪く、野菜の根が発達せず、生育がよくない。この乾きの悪さは、堆肥の投入（土づくり）だけでは根本的に改善されない。水田時に形成された不透水層を破砕する必要がある。つまり、土づくりとは別の技術的対応が求められるのだ。

2　技術創造の面白さ

　農の面白さは多様であるが、有機農業の場合は何と言っても、自分の頭で考え、創意工夫して技術を創っていく面白さであろう。私は、この20年間いくつもの壁に突き当たりながら、合鴨水稲同時作の技術を創ってきた。技術の普及には**創造→普及→受容**の3つの過程がある。創造は井戸を掘る行為に例えられる。井戸は水が出るまで掘らねばならない。100m掘ろうが200m掘ろうが、水が出なければ意味がない。普及は井戸の水の使い方の問題であり、受容は水の使い方をどう受け入れるかであろう。

　私はこの33年間、有機農業という小さな井戸を掘り続けてきた。最初の10年間は水田雑草との闘い。毎日、朝4時から夜9時ごろまで1.7haの水田の草取りをした。以下は、結婚当初、妻と交わした会話である。

「こんなことをしてて食べていけるとね」
「食べ物を作りよるから食べていけるばい」

1988年2月、富山県の置田敏雄さんが記された「アイガモ除草法」のメモを知人よりいただく。このメモを頼りに、夏、水田に網を張り、合鴨のヒナを放した。そして、合鴨の除草力に驚かされる。それまでの10年間、手押除草機、2度代かき、深水、ニシキゴイ、カブトエビ、動力除草機など、ありとあらゆる除草法を試したが、合鴨は他のどんな除草法より面白かった。

ところが8月、3匹の野犬が網を飛び越えて、合鴨のヒナを襲撃したのだ。さっそく置田さんに電話したが、「野犬が多いところでは、この方法は無理」と言われ、落胆する。それでも他に方法がなかったので気を取り直し、犬との闘いを開始した。網を畦の内側2mに張ったり、高さを2mにしたり、キュウリネットや海苔網を張ったり、知謀のかぎりを尽くしたが、連戦連敗。100羽放したヒナが翌朝90羽咬み殺されたこともあり、孤独と焦燥の3年間だった。切歯扼腕の日々が続く。

1990年6月、山間部のサトイモ畑にイノシシ避けに張られていた電気柵を偶然目撃した。即座に、これを犬対策に利用しようと思いつく。これで犬との闘いに勝利した。これを機に、水田に対照区を設けて、合鴨のイネに対する効果(雑草防除、害虫防除、養分供給、中耕濁水、ジャンボタニシ防除、刺激)の調査・解明を開始する。そして、このデータをもとに稲作と畜産の創造的統一である「合鴨水稲同時作」の理論と実際を組み立て始めた。

合鴨を水田に放して4週間もすると、雑草が目に見えて少なくなる。これは、稲作にとってはよいが、畜産にとっては困ったことである。合鴨の緑餌がなくなるからだ。

この矛盾を解決したのがアゾラである。アゾラは水性シダ植物。生育温度は15～30℃で、最適の25℃前後では3日で2倍になるほどの増殖能力をもつ。そして、1日に1haで2～5kgの空中窒素を共生藍藻類のシアノバクテリアが固定する。「アゾラを合鴨水稲同時作に使ってみませんか」という手紙を1993年に、フィリピンの国際稲研究所(IRRI)で16年間研究してこられた渡辺巌先生よりいただいた。

そこで、アゾラの導入を試みる。初期に苦労したのは、用水路や隣接する田んぼへの流出である。アゾラは水に浮くので、水の落とし口に板を立てて、下

から水を流し、浮いたアゾラを止めるようにした（図Ⅰ-4-2）。アゾラフェンスだ。アゾラの導入によって合鴨水稲同時作は格段に循環永続的になった。何よりも、合鴨の餌として空中窒素を直接に取り込む回路が水田に確立された点が面白い。

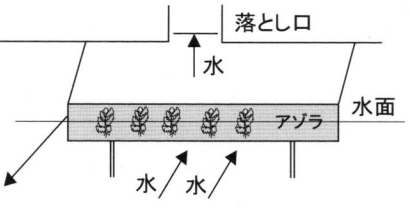

図Ⅰ-4-2　アゾラフェンス

　現代の水田に多いカブトエビ、ホウネンエビ、ジャンボタニシなどは、昔の水田にはいなかった。その代わり、ドジョウ、フナ、ナマズ、エビ、タニシなどの魚や生き物がいた。現代の水田は生物相が単純である。なかでもドジョウは、1950年代には水田にも水路にもたくさんいたが、基盤整備後はまったく見かけなくなった。

　そこでドジョウを再生するために、私は1996年以来、合鴨田に稚魚を放流している。合鴨の糞が栄養源になり、ワムシ、ミジンコ、イトミミズが大発生する。これがドジョウの餌になる。稲＋アゾラ＋合鴨＋ドジョウは、もっとも面白い合鴨水稲同時作だ。結局、私の合鴨水稲同時作は、イネ→イネ＋合鴨→イネ＋合鴨＋アゾラ→イネ＋合鴨＋アゾラ＋ドジョウと、畜産と水産を取り入れ、水田の多様な生産力を拡大する方向に発展してきたのである。

　もちろん、それは順風満帆に発展してきたわけではない。失敗を重ね、そのたびに創意工夫して、どうにか危機を乗り切ってきた。

　最大のピンチに陥ったのは2002年7月である。12年ぶりに、3日連続して合鴨が外敵に襲われた。足跡を調べてみると、侵入したのは小さな体型の生き物である。私は、外敵防御のための網は水田の周囲に張らない。畦の内側に沿って高さ35cmの畦波シートを張り、その上に5本の電柵線を張っている。外敵は通常この電柵線に触って強烈な電気ショックを受けるので、侵入しない。

　当初、体が小さいこの外敵は電柵線と電柵線の間をすり抜けて侵入したのだろうと考え、その間隔を狭くした。ところが、まったく効果がない。私は以前歩いているときに電柵線が頭にふれて、畦道に座り込んでしまったことがある。その経験から考えれば、外敵がまともに電柵線に触れたら侵入できないはずだ。電柵線の間隔を狭くしたのに、なぜ侵入したのだろうか。

普通、電気放柵器の刺激間隔は約1秒である。私はこの1秒間に小さな外敵が侵入したと判断した。そこで、電気柵の製造会社に頼んで、刺激間隔を特別に0.5秒にしてもらうと、外敵の侵入はぴたりと止まった。問題は、電柵線の間隔ではなく、刺激の間隔だったのである。現在この会社では刺激間隔を0.5秒にした電気放柵器を販売している。0.5秒のアイデアである。

3　効率的な有機農業

近代化農業は効率化を追求するために農薬や化学肥料や除草剤を多用し、機械に依存する。その結果、環境破壊、資源やエネルギーの過剰使用、残留農薬などさまざまな問題を引き起こしてきた。一方、有機農業は手間暇がかかるが、味がよく、安全な農産物が生産される。これが、近代化農業と有機農業を対置する常識的理解だ。

しかし、有機農業と効率化は、必ずしも対立概念ではない。有機農業33年の体験に照らすかぎり、効率化は常に有機農業の現場の重要な実践的課題である。私の合鴨水稲同時作は規模拡大に伴い、**省力化＝効率化**の方向へ向かっていった。規模拡大を達成するには、次の3つの方法がある。

①人海戦術、②機械化、③アイデア。

①は労働力を増やして仕事をこなしていく方法、②は機械除草など有機農業にふさわしい機械化、③は技術体系全体を考え直す方法だ。有機農業の省力化と効率化は、②と③の問題である。以下に述べる合鴨乾田直播と囲い込みによる省力化は、技術体系全体の見直しによっている。

2003年からは、超省力技術の**合鴨乾田直播**(合鴨水稲同時作＋直播)に挑戦してきた。乾田直播の技術的問題点は、播いた稲の種と雑草の種が同時に出芽する点にある。ただし、乾田で発生するすべての雑草が問題になるわけではない。畑の雑草は田に水を入れれば自然に枯れていくし、広葉の柔らかい雑草は合鴨が好んで食べる。

問題は、乾田状態でも湛水状態でも発生・生育するイネ科の雑草タイヌビエである。草薙得一氏は「タイヌビエは、水田や湿地などで気温14～15℃以上の日が続くと発生する。とくに、水深が浅い場合によく発生する。しかし、水分要求性が強いので、水分の少ない畑状態では、あまり発生しない」と述べて

いる（草薙得一編著『原色雑草の診断』農山漁村文化協会、1986年）。乾田でのタイヌビエ対策は、乾田をより乾かすことである。そのために、私はトラクターにサブソイラーを着装して、幅1 cm、深さ40 cmの溝を切っている。これで乾田はより乾きやすくなるので、タイヌビエの発生は少ない。

播種後20日目ごろ、乾田に水を入れると同時に、合鴨のヒナを放飼する。それ以降に発生する雑草はほとんどない。2007年冬からは直播のイネをムギの播種機で播いている。出芽直後の状態は、イネもコムギも変わらない。そこで、冬に出芽したコムギをイネに見立てて、乾田中耕除草機の精度と効率を上げる試験を農機具会社（オーレック）と協力して行っている。

現場で問題点を見つけて対策のアイデアを出し、改良し、再びテストする。これを何度も繰り返した末、2009年春に精密で効率的な乾田中耕除草機がほぼ完成した。イネの出芽直後に、この除草機を条間にかける。株間には土を飛ばして、少し培土する。ヒエの芽はイネに比べて小さいので、これでほぼ除草できる。合鴨乾田直播は発展途上の技術であるが、種播き、苗づくり、代かき、田植えが省力され、労働力はおよそ4分の1に削減できた。これは合鴨が創る面白省力技術である。

一般的に、合鴨水稲同時作は手間がかかる。田植え後約2週間以内に、水田の周囲を網か電気柵で囲い込み、合鴨のヒナを放飼せねばならないからだ。鹿児島大学の岩元泉教授らが2000年に鹿児島県高山町（現在は肝付町）で行った経営調査によれば、この囲い込みが合鴨水稲同時作に関する全労働時間の40％を占めている。実感的にも、囲い込みは最大の仕事である。

だが、創意工夫を発揮すれば、このネックも超えられる。私は2001年から発想を転換して、水田を囲い込む**畦波シート**と**電気柵を張りっ放し（永年設置）**にしている。その結果、これらの設置と撤収という期間限定の忙しさから解放された。

永年設置の問題点は、畦波シートの両側に発生する雑草である。水田側はトラクターで2～3回まわり、ぎりぎりまで耕せば、95％は除草できる。畦波シートがへこんでいるところなどに少しは雑草が残るが、トラクターの上部のカバーをはずして土を飛ばし、代かきのときに再び畦波シートの際を耕せば、99％は除草できる（ただし、畦波シートに凸凹がある場合はむずかしい）。また、畦側の雑草は、少し刃先の丸くなったチップソー刃の草刈機の回転を少し落とし

て刈る。こうすれば、畦波シートを傷めないで草が刈れる。さらに、2010年からは畦波シートの際にモミ殻を幅5cmぐらいで置き、モミ殻マルチをして雑草を防いでいる。

4　アジアへ広がる合鴨水稲同時作

　私は1992年に台湾と中国を訪ね、伝統的なアヒル水田放飼を調査し、合鴨水稲同時作の考え方を披露した。これが私にとって初めての海外旅行である。それ以来アジア各国の農村に招かれ、**合鴨をとおした農民交流**をする機会に恵まれた。こうして、合鴨水稲同時作がモンスーンのようにゆっくりとアジア各国へ広がっていく。

　1994年にはJVC（日本国際ボランティアセンター）から、鹿児島大学の萬田正治教授（当時）とともにベトナムへ派遣された。以来、ホーチミン市、ハノイ市、南部（メコンデルタ）のベンチェ省やドンタップ省、中部のトゥアティエン＝フエ省、北部のハイフォン市やバックカン省やホアビン省などで、合鴨水稲同時作が始まっていく。ベトナムではJVCの活動地域を中心に広がり、現在はとくにハイフォン市やホアビン省やベンチェ省で盛んだ。

　2004年には、第4回アジア合鴨シンポジウムが中国・江蘇省の鎮江市で開催される。その主催者挨拶で、中国農林部（農水省）の課長さんが「本年度、中国全土で稲鴨共作は20万haまで広がった」と報告した。「**稲鴨共作**」はアヒル（合鴨）水稲同時作の江蘇省での呼称である。安徽省と雲南省では「稲鴨共生」という。20万haは、同年の九州のイネの作付面積に匹敵する。この背景にあるのは、中国の著しい経済発展だ。

　中国の合鴨水稲同時作は、2000年前後から各省で始まった。直接のきっかけは、農山漁村文化協会が行っている日本の農業書を中国に贈る運動で、拙著『合鴨ばんざい』と『無限に拡がるアイガモ水稲同時作』が鎮江市科学技術協会の沈暁昆氏と王志強氏の目にとまったことにある。これを機にアヒル（合鴨）水稲同時作が中国各省で始まった。現在、江蘇省、浙江省、安徽省、河南省、湖北省、湖南省、広東省、四川省、遼寧省、吉林省、黒竜江省、新疆ウィグル自治区などで取り組まれている。2007年4月に招かれた安徽省安慶市望江県合成村では1334haのアヒル（合鴨）団地がつくられていた。シーズンには40

万羽のアヒルが放飼されるという。

　韓国の合鴨水稲同時作は、1992年5月に釜山日報東京支社長の崔性圭氏と義弟の全大年氏が我が家で研修されたのをきっかけに、慶尚南道で始まる。実質的に普及・定着したのは、プルム農業高校の校長(当時)だった洪淳明先生と農民リーダー朱亨魯氏を中心とする正農会の尽力によるものである。2005年の実施戸数は7400戸、面積は6300 haだった。2008年には、前大統領の盧武鉉氏が故郷の慶尚南道で取り組み、注目を集めたそうだ。私は09年3月に、亡くなる2カ月前の盧武鉉さんと彼の自宅で対談した。08年の見学者は100万人にものぼったという。いまは、ご冥福をお祈りするばかりである。

　このほか合鴨水稲同時作が取り組まれているアジア諸国は、台湾、フィリピン、カンボジア、マレーシア、インドネシア、インド、バングラデシュなどだ。各国ごとに自然条件も社会経済条件も歴史的条件も微妙に異なるので、多様な展開を見せている。一例をあげれば、中国の大規模化、韓国の集団化、ベトナムの畜産(アヒル)へのシフトなどである。日本と異なる条件で発見、発明された違いを比較し合うことで、合鴨水稲同時作はアジアの共通技術として発展していく。ここに合鴨農民交流の大きな意味がある。

　1992年に香港の博物館で、粘土板に刻まれた中国古代の水田の絵図を見た。そこには、農民、イネ、魚、水鳥(アヒル)が描かれていた。アジアの水田は、昔からイネだけでなく、多様な食べ物を生産してきたのだ。

　私が生まれた1950年代には、多くの水田にフナ、ナマズ、ドジョウ、カワエビ、タニシなどがいて、それらを食べていた。これは「生物多様性」というより「**水田の多様な生産力**」である。水田の稲作・畜産・水産という多様な生産力の展開の先に、本来の生物多様性や多面的機能が発揮されるだろう。面白いことに、合鴨田にドジョウの稚魚を放すと野生のフナが増える。フナは水路から侵入している。食用ガエルもやって来たし、シマゲンゴロウも増えた。

　昔の水田と比べると、私たちが知る近代化農業は単一栽培である。稲作、野菜、果樹、畜産のいずれも、1つのものだけを生産する技術に特化している。その意味で、いわゆる有機稲作も例外ではない。稲の単一栽培である。大切なのは**水田の多様な生産力**という視点だ。

　アジアでは昔から一般的に、水田に昼間アヒルを自由に放し、夕方になれば小屋に収容するという、伝統的アヒル水田放飼農法が行われていた。目的はア

ヒル肥育だったが、除虫・除草・中耕などのイネに対する効果は当時から認識されていたという。ところが、中国では1960年代から、ベトナムやフィリピンでは1970年ごろから、農業の近代化で農薬が多用され、伝統的アヒル水田放飼農法は激減していく。アヒルは舎飼いされるようになった。そうした状況のもとで92年以降、日本発の合鴨水稲同時作が導入され、アジアに広がっていったわけである。

では、アジアの伝統的アヒル水田放飼農法と合鴨水稲同時作は、どこが違うのだろうか。

前者はアヒルの種類、放飼羽数、放飼時期など実に多様であるが、後者との本質的相違点は、竹柵、網、電気柵などによる囲い込みの有無にある。歴史的に見ると、合鴨水稲同時作は1960〜70年代以降20〜30年にわたって農薬禍で中断を余儀なくされていた伝統的アヒル水田放飼農法を、水田の周囲を柵で囲い込むことで現代に再生し、本格的な稲作技術となった。つまり、合鴨水稲同時作は囲い込みによって、アジアの水田の水稲・水禽・水草・水田の魚などの内的関係を統合・発展させ、「輪作」に対峙しうる「同時作」というもう一つの原理を創出して、アジアの伝統農業を再発見・再生したのである。

5　輪作と同時作の関係

経験的技術である合鴨水稲同時作を深く捉え直すためには、より一般的概念である同時作に着目すればよい。同時作の面白さは、伝統農業の基本原理である輪作と対比してみると、明快になる。

作物の連作による地力の低下や病害虫の発生を回避するために、同じ耕地で違う種類の作物を一定の順序で組み合わせて通時的に栽培する方法が輪作で、伝統農業の基本原理である。これに対して同時作は、イネと合鴨と魚という植物と動物を、限定された空間で均衡と内的関連を保ちつつ**同時共栄的**に育てていく、共時的生産方法である。

同時作は、輪作と相補関係にある広い統合概念だ。伝統農業の混作や間作は、植物と植物の関係としての同時作、合鴨水稲同時作は植物と動物の関係としての同時作と考えられる。毎年、同じ時期に同じ作物を同じ土地に連続して栽培する稲作から同時作が生起した点が面白い。

▶西村和雄の辛口直言コラム◀

水田の除草

　水田を農薬なしで管理するのにもっとも障害となるのは除草。手で田の草を取るのは大変な作業です。背中はジリジリと焼けてくるし、うつむいて草取りを続けるうち、足にヒルが吸い付き、タガメがカエルと間違えて足に口針をブスッ。さらに、稲の葉が顔に刺さったり、ふやけた手が葉で切れたり……。

　有機農業のパイオニアもずいぶんと悩んできました。除草についての深い考察は、民間稲作研究所編の『除草剤を使わないイネつくり』に詳しいし、本書でも述べられていますが、少しだけふれておきましょう。

　除草剤を使わない除草方法はいくつもあります。紙マルチ・合鴨・チェーン・機械・米ぬか・アゾラ・ペレット・冬季湛水・田畑輪換などなど。でも、率直に言うと、いずれも完璧な除草方法ではありません。その事実をしっかりと受け入れて、手持ちのカードを何枚も持ち、これがだめなら次の手段と、柔軟に変えて除草するのが得策です。

液体資材とは何なのだ

　よくいろいろな質問を受けるのですが、そのなかでもっとも多いのは液体資材についてです。

　「ボカシ肥を作るときに使う液体資材とは何ですか？　どこに売っていますか？　どうすれば手に入るのですか？」

　そこで、きちんと答えようと思いますが、条件があります。特定の微生物資材を薦めるわけにはいかない、ということです。

　農業関係の雑誌には、微生物資材の広告がたくさん載っています。その広告からたどっていけば、目的の資材にたどりつけるはずです。資材メーカーに電話をかけたときの判断ポイントを申し上げておきます。

　①あれこれ万能かのように能書きを説明するのはアヤシイ。
　②資材の特徴をしっかり説明してくれるのはイイ。

　そのうえで、どういう目的で使いたいのかをハッキリさせましょう。

　また、微生物は生きものですから、生きものとしての正しい取り扱いと、生きものの特性を理解しておかなければなりません。たとえば、微生物を薄めるのに水道水をそのまま使うのは厳禁。なぜなら、塩素で滅菌されているからです。

　水道水を使うときには、必ず汲み置きをして、1日は直射日光に当てます。こうして塩素を飛ばせば安心して使えるし、微生物に影響を与えることもありません。

現場からの提言 5

農業が面白い職業と
知らない人はかわいそう！

本田　廣一
（北海道標津町）

1　農業を始めて34年

　さまざまな仕事をしてきたなかで一番長く続いているのが農業で、早くも34年だ。私は2010年で63歳だから、人生の半分以上になる。ある程度先が見えたり仕事の中身がわかると、飽きがきて、やる気がなくなる性格だが、農業だけは続いている。

　私たち2家族と独身者1人は1976年3月6日に、北海道標津郡標津町字古多糠（こたぬか）に入植した。知床半島の根室海峡側の入り口に当たり、北方領土の国後島（くなしり）まで海を挟んで26kmだ。釧路湿原、阿寒・摩周湖、根室まで車で2時間以内で行けるが、観光地ではない。いまも豊かな自然が残り、多くの野生生物の生息地でもある。歴史的には、アイヌ民族を和人が支配する最終戦争（クナシリ・メナシの戦い）が起きた悲しい歴史をもつ。

　私たちは新たに有機農業を始めるべく入植地を探していたが、なかなか見つからず、5年もかかった。1972年に当時の田中角栄首相が『日本列島改造論』を刊行し、日本中の土地の値段が上がった、いわば「国民総不動産屋の時代」である。

　そのころ、標津町を含む根釧（こんせん）地方は地元選出の中川一郎農林水産大臣のもとで、第2次農業構造改善事業（1969～81年）の真っ直中だった。73年からは「新酪農村建設事業」が始まり、「ヨーロッパに追いつけ、追い越せ」のスローガンがかかげられる。そして、一戸あたり最低乳牛頭数50頭、草地面積50 haを目標に、酪農家の規模拡大が進められた。

　その結果、新規入植希望者は締め出されてしまう。酪農家をめざした酪農実習生は根室地方だけでも約160人いたが、入植できたのは私たちを含めてわずか2名だった。古多糠はなぜかこの新酪農村建設事業の対象からはずれてい

て、そこに離農者が出たために、私たちは運よく入植できたのである。

2　入植当初は苦労の連続

　私たちは農地を選択する際に、次の二点を重視していた。ひとつは、農産物の輸入自由化が行われるという見通しにたって**100 ha以上の規模に拡大できる可能性**があることだ。もうひとつは、北海道の先人であるアイヌに学び、アイヌが集落の条件とした**海と山と川が近くにあること**だ。

　古多糠の農場はこの条件にぴったりだった。海まではわずか1.5キロ、反対側には知床連山が連なり、北に古多糠川、南に忠類川（ちゅうるい）が流れている。いずれも秋には鮭が遡上する。さらに、農場内にはポン古多糠川と呼ばれる小さい川が流れている。野生生物も多く、エゾシカ、キツネ、タンチョウヅルに日常的に遭遇する。ときには、クマにも出会う。春は山菜の宝庫である。

　寒冷地のために畑作はできないと言われていたし、標津は酪農専業地帯だったので、私たちも酪農でスタートする。もっとも、5月末から10月末まではそこそこ野菜も収穫でき、自給には十分だった。名前は興農塾（後に興農ファームと改称）。文字どおり、農を興すのが目的だった。

　入植にあたっては当然ながら研修を受けたが、なにしろ経験に乏しいから、牛を見る目がない。購入した牛は、28頭中20頭前後が悪質な乳房炎にかかっていた。そのため、子牛に初乳を飲ませられないうえに、生乳の出荷にも苦しんだ。

　また、現在は積雪はさほど多くないものの、当時は冬は毎日吹雪。ひどいときは停電し、電気を使うミルカーは何の役にも立たなくなってしまう。そうなると手搾りしかない。ところが、慣れていないので、搾り出してすぐに手に力が入らなくなり、1頭を搾り終えるのに長い時間がかかる。牛が乳を出すときには乳頭が開くが、時間がかかる間に菌が侵入して、みすみす乳房炎にさせたこともある。経験に加えて、土地の気候風土を知らなければ農業はできないと痛感したのを、いまもよく覚えている。

　さらに、都会の生活感覚は日常生活すらも危険にさらす。猛吹雪になると、しばしば3日間くらい閉じ込められた。水道は凍りついて、水は出なくなる。停電もする。食べ物は店に買いに行けばすむ生活に慣れきっていたから、当時

3歳と1歳の子どもに食べさせるものがなくなり、雪の中を文字どおり這って近くの農家に行き、分けていただいたときもある。生きていく能力がないことを思い知らされた。

3　堆肥づくりの工夫で乳量が町内トップに

それでも少しずつ酪農に慣れ、搾乳して農協に出荷するかたわら、有機農業の可能性を追求していった。牛の糞尿は水分が多く、発酵しにくい。そこで、糞尿の水分調整と、発酵を促進するための微生物の増殖を目的として、北海道で初めてバーク(木の皮)を利用した堆肥づくりに挑戦した。

入植1年目は農協との取引の関係から草地に化学肥料を入れたが、2年目以降は一切投入していない。当然、農薬もまったく使わなかった。ただし、草地は痩せに痩せていて、針金のような細くて硬い牧草しか育たない。だから牛の嗜好性も悪く、その分濃厚飼料を多く与えるので経費がかかる。おそらく、農業を少しでも知っている人であれば、ここへは入植しなかっただろう。

だが、いま思えば、こうした悪い条件が有機農業の基礎を学ばせてくれた。仮にそこそこいい農地であれば、堆肥づくりや土づくりに真剣に取り組まなかったかもしれない。なにが幸いするかわからないものだ。

化学肥料は高価だったので、1年目も草地全部には散布できず、堆肥を入れただけの草地が多かった。ところが、その草地の草を牛は喜んで食べる。放牧場所を変えても、草地を仕切る有刺鉄線を越えて化学肥料を散布しなかった草地へ行こうとする。これを目の当たりにして、すっかり堆肥づくりにのめり込んだ。

そして、経営状態が悪いという理由で農協から離農勧告された農業者たちと「古多糠土づくり研究会」を結成。「入ったお金を出さなければ儲かる」を合言葉に、無料で入手できた木の皮、処理料をもらえた魚の内臓や骨を牛糞に混ぜてバーク堆肥をつくり、仲間たちと共同で散布した。こうして金のかかる化学肥料と配合飼料を減らし、循環農業に切り替えていく。離農勧告を受けた農家は優秀な経営者に変身した。

そのころ、農協も農業改良普及所(当時)も「バーク堆肥を成分分析しても肥料成分はないから、撒いても意味がない」と言い、さらに農協は「離農勧告を

出している農家がバーク堆肥を運ぶトラックには燃料を入れない」と宣告した。そこで対応を必死に考え、魚の内臓処理で得たお金で燃料を現金払いしたことも、いまではなつかしい思い出である。

　入植 2 年目の 1977 年春に農協の土壌分析を受けたら、作物に吸収される**有効リン酸**が土壌 100 g 中 8 mg しかないと言われ、リン酸肥料を入れるように指導された。しかし、リン酸肥料を買う資金はないし、散布する機械もない。私の土づくりの師匠である滝本鈴雄は「リン酸は土の中にたくさんあり、**作物が吸いやすい状態にすれば地球の中心部から上に上がってくる。そのためには完熟堆肥を入れればよい**」と話していたので、堆肥を大量に入れるだけにした。そして、秋に再び土壌分析を受けたところ、なんと有効リン酸が 140 mg に増えているではないか。

　古多糠は火山灰地で、火山灰に含まれるアルミニウムとリン酸が結合して作物に吸収できなくなっていた。バーク堆肥の効果でその結合が切れて、有効リン酸が増えたのである。離農した農家は高価なリン酸肥料を何年間も入れていたが、作物に吸収されず、土の中で眠っていたのだろう。だが、当初は農協の職員からも農業改良普及員からも「特別なリン酸を入れたのではないか」と質問攻めにあったものだ。

　それから数年が経つと、不思議な現象が起こった。興農ファームの草地は周囲に比べて草が枯れるのが遅く、11 月初旬ごろまで青々としているのだ。そして、春には 1 週間くらい雪解けが早く、草の芽吹きも早い。そこにはさまざまな野鳥が集まり、夏にはホタルが舞う。標津町内でホタルが見られるのは興農ファームだけだ。さらに、草地にシメジが生えてきて、牧草刈りの前のシメジ採りが恒例になった。真冬の厳寒期にも堆肥の山にだけは雪が積もらない。

　発酵が順調であれば微生物が活発に活動するので、畑の中で有機物が盛んに分解する。だから、**雪解けも芽吹きも早い**。堆肥にはミミズや虫が発生するから、それを餌にする野鳥が集まる。いま考えると当たり前の現象なのだが、堆肥という言葉すらほとんど使われていなかった当時の標津町では、非常に不思議に見えただろう。

　こうしたなかで徐々に乳量が増え、1984 年には乳量出荷量が標津町内でトップになる。やることなすことすべてが面白く、こんなに楽しい仕事があったのかと思った。考えてみれば、誰からも拘束されず（農協からはいじめられた

が)、自分の意志でできるのだから、楽しくないわけがない。

4　飼料自給率は90%

　興農ファームの農場面積は現在137 haで、うち100 haで牧草を栽培している。経営規模はホルスタイン種肉牛1000頭、アンガス種母牛80頭、母豚85頭、肉豚900頭だ。アンガスは**365日放牧**され、穀物飼料はほとんど与えていない。**豚は生後90日から出荷まで放牧**する。豚が草を食べることは知っていたけれど、これほど好きだとは想像外だった。このほか、ソバ畑が20 ha、自給用野菜畑が5 haある。

　家畜飼料の大半は、**国産の農業残滓物、食品残滓物**でまかなわれ、自家配合している。国産飼料化の取り組みの転機は、2003年に北海道産の屑小麦を大量に入手するルートが確保できたことだった。それ以来、屑小麦だけでなく、さまざまな国産飼料や食品産業の残滓物が入手できるようになる。こうした国産飼料資源を有効に活用していく技術的カギは、味噌づくりやサイレージづくりの技術を応用して、それらを発酵飼料として加工調整していくことである。発酵飼料の効果はきわめて大きい。

　こうして国産・北海道産飼料の割合が確実に増え、現在では**国内自給率は約9割**である。残滓物利用は当初「産廃飼料」とか「残飯飼料」と言われ、少々馬鹿にされていた。ところが、最近では「発酵飼料について学びたい」と依頼されたり、「残滓物があるので使いませんか」と先方から連絡がもらえるようになった。

　飼料設計を自分ですると、牛や豚の好みも材料の特性もよくわかってくる。自分の頭で考えて、肉の品質を思い浮かべながら行える。購入飼料に頼る酪農や畜産では味わえない醍醐味である。

　手前味噌に聞こえるかもしれないが、興農ファームが生産した牛肉と豚肉の味の評価は、いまでは非常に高い。安全性は大切にするものの、餌については輸入品が中心という他の農場と比較して味がよい理由は、餌のあり方の違いしか考えられない。以下に、飼料体系と飼料設計例を紹介する。

　①農業残滓物

　屑小麦(北海道産)、雑豆(さまざまな豆の選別落ち、北海道産)、モミ殻(北海

道産)、麦殻(北海道産)、デンプン粕(ジャガイモのデンプン搾り粕、北海道産)、ビートパルプ(砂糖大根から砂糖を搾った粕、北海道産)、ポテトグルテン(デンプン粕にジャガイモタンパクを加えたもの、北海道産)、はねジャガイモ(北海道産)、屑米(北海道産)、米糠(北海道産)、ふすま(北海道産)、酒粕(国産)、おから(原料の大豆は国産と輸入)、廃糖蜜(サトウキビから砂糖を搾った粕、沖縄県産)。

②**食品残滓物**

　農場残飯、ピール(ジャガイモの皮、北海道産)、コロッケなどジャガイモ加工はね品(北海道産)、ホエー(牛乳からチーズを生産する際に出る水分で、タンパク質以外の栄養分は多く含まれている。北海道産)、賞味期限切れ味噌(愛知県産)。

③**現在の残滓物中心の飼料設計例**

　屑小麦(北海道産)25％、ビートパルプ(北海道産)25％、おから(原料の大豆は国産と輸入)10％、酒粕(国産)5％、ピール(北海道産)5％、圧偏大豆(北海道産)3％、ポテトグルテン(北海道産)3％、屑米(北海道産)3％、米糠(北海道産)3％、ふすま(北海道産)3％、ルーサンペレット(アルファルファ、米国産)3％、マイロ(コーリャン、米国産)3％、トウモロコシ(米国産)3％、大豆粕(中国産)2％。

　牧草類(乾草およびサイレージ)は、この飼料計算からはずしてあり、飼料の最低20％、平均23％を給与している。そのほかに、岩塩(チリ産)、カルシウム分として帆立貝の殻の粉末(北海道産)、ビタミン剤(三鷹製薬)、炭(北海道産)、ガーリック(中国産)などがある。

　こうして生産された牛肉と豚肉は、**自前のスライス工場と加工品工場**で加工し、製品化する。コロッケやメンチカツはもちろん、骨や尻尾の先はカレールーのスープ用に、軟骨は煮て味付け、脂身は溶かしてラードにする(このほか、ソーセージ、ハム、ベーコンはレシピを提供し、友人の専門業者に委託)。それらの大半は生協や宅配事業体への直接販売である。従業員は合計26名で、できる範囲の自給をしながら生計を立てている。

　興農ファームを大規模と称する人たちも多いが、1人あたりに換算すれば面積は5.2 haだ。標津町の1戸あたり平均耕地面積は45 haだから、決して大きくはない。従業員の大半に家族がいることを考えれば、1人あたり面積はもっと小さくなる。

5　考えることを楽しみ、いのちと向き合う

　私が34年間も農業を継続できている大きな理由は、毎日毎日に変化があるからだろう。牛も豚も作物も、一頭一頭、一つ一つ同じ状態のものはない。しかも、お互いが影響し合い、周囲の環境に影響されている。一方で、生き物の生理には動物・植物を問わず普遍的なものがある。

　たとえば、牛の胃袋と畑の土壌はあらゆる部分で共通性がある。両者の微生物の種類や生息数、pH、C／N比がまったく同じなのだ。牛は胃袋を正常にすれば健康になり（豚も同様だ）、畑は牛の胃袋と同じ環境条件をもつ土壌を正常に保てば、健康で美味しい作物が育つ。**胃袋や土壌が正常化すれば、免疫力が向上し、病気をはねのけられる**。なまじ慾を出していじくりまわすから、かえって病気が発生したり、環境の変化に耐えられなくなる。

　健康な家畜や作物の胃袋や土壌を観察すると、いずれも炭素を中心にして栄養が組み立てられていることに気づく。共通しているのは、炭素としての繊維と、それを分解する微生物が必要とする窒素の割合、つまりC/N比だ。ところが、近代家畜栄養学も肥料学も窒素の重視に偏っているから、家畜が病気になるのは当たり前だ。

　牛や豚たちや作物の変化を観察し、その変化の原因を考え、自分なりに解決の道を探るのは、とてつもない楽しみである。次から次に疑問が湧き出す。そして、**解決の道は新たな疑問への道でもあり、新たな疑問は次の解決への道である**。完璧な正解は宝くじを当てるよりむずかしいけれど、少しずつ前に進んでいることは実感できる。家畜や作物と会話できるようになる気もしてくる。

　こうして気候風土に合わせ、家畜や作物のいのちと向き合って、初めて農業技術が生まれてくるのではないだろうか。ところが、多くの学者が語る慣行農業技術も有機農業技術も、私には単なる生産性向上の機械論的技術論に聞こえる。いのちとの会話を基礎にした技術論とは大きく異なる気がしてならない。

　解決の道が新たな疑問への道であれば、永遠に農業は継続できる。しかし、生産性向上のためだけの技術は、生産性が上がらなければ打ち捨てられ、苦しみと悩みだけが残る。それが続けば、やがて農業をあきらめる。標津町でも多くの農業者が離農したが、「古多糠土づくり研究会」のメンバーは一人も脱落

していない。農協や農業改良普及所の言いなりになっていなかったからだろう。

堆肥づくりは大変かもしれない。効率と便利さだけを考えれば、化学肥料のほうがいいかもしれない。しかし、その発想は自分や作業を中心にしており、本来の目的からはずれている。作物を育ててくれる土壌、そこから育った作物や草、その作物や草を食べる牛や豚たちと向き合い、そのいのちをいただく人の健康を考え、いのちの循環のなかに自らをおけば、化学肥料に目は向かなくなるだろう。

いい色をした草が育ち、その草を美味しそうに食べる牛や豚たちを見る楽しさには、格別のものがある。堆肥で育てた野菜を子どもたちが「美味しい、美味しい」と食べる姿を見ると、病み付きになる。この楽しさを一度味わってしまうと、麻薬に侵されるようなもので、もう止められない。

私はこの34年間、自分の頭で考え、行動してきた。科学や化学をむやみに信じず、仮に科学的に説明できなくても目の前で起きる事象を素直に認めてきた。家畜や作物と真剣に向き合い、彼らのもつ能力を全面開花させてやろうと考えていれば、結果はおのずとついてくるようだ。

「百姓」と呼ばれるくらい、いろいろな作業をしなければならない農業には、考えることもたくさんある。安易に解決する道を選ばず、楽しみながら考え、農業の本質からはずれなければ、**農業の本当の楽しさが見えてくるだろう**。

多くの農業未経験者がこの楽しみを求めて農業者の道をめざされることを、心から期待している。

現場からの提言 6

農は食べ物・健康の源

須永　隆夫
（新潟市・医師）

1　医食同源・薬食同源

　農によって食べ物がつくられる。東洋医学や東アジアの文化では、「**医食同源**」とも「**薬食同源**」とも言われる。食べることは、健康の維持と、病気の予防や治療において、医療や薬と同じように大切なのだ。東洋医学には漢方や食養があり、食文化としては薬膳がある。

　漢方薬はさまざまな草根木皮(薬草の地上部、根、木の皮。たとえば、葛の根、生姜、桂皮など)を中心とした生薬を組み合わせて、それぞれの病気に合わせて処方する。食養は、食材の組み合わせによって病状を改善したり、病気が現れる前に正常な状態に戻す(未病を治す)。薬膳は、体を冷やす作用や温める作用をもつ食材を上手に組み合わせて調理し、いわゆる五臓六腑を元気づけ、疲れをとり、病気の予防や治療につなげる。

　漢方薬の多くが食材でもある。日本では、その土地の旬の食材を活かした食がもっとも薬膳に近い。人間の健康や病気には食が大いに相関し、農作物の状態には植物の食とも言える田畑の土の状態が大いに関係する。生活習慣病の予防や治療にも、農の知識と知恵が大いに参考になる。熊本県にある菊池養生園の医師・竹熊宜孝氏は、医学生の夏期セミナーで土づくり、農作業、肥桶かつぎ、草取りなどを体験させ、食の大切さといのちの尊さを伝えている。そして、小学生から土をいじり、高齢者とともに野菜を育てて食べることを提唱している。私もその養生説法の指導を受けてきた。

2　生活習慣病を防ぐ伝統食

　健康は食習慣によって大きく影響を受ける。かつての日本には、各地に長寿

村があった。江戸時代から明治時代初期までは人生50年といわれ、10歳までに4分の1が感染病(赤痢や肺炎など)で命を落としたという(1)。そこで生き残った人たちは、その土地に適した食習慣と生活のもとで元気に長生きしたのであろう。佐渡の歴史を研究されている田中圭一氏(筑波大学名誉教授)によると、江戸時代にも80〜90歳まで元気に生きた老人が各地にいたという。

昭和期には近藤正二氏(東北大学名誉教授)が、全国約800の**長寿村**と短命村を調査した。長寿村の一つとしてよく知られる山梨県棡原村(現在は上野原市)は、**雑穀主体の粗食**を基本とし、女性は多産で乳の出がよく、80代まで元気で働き、コロリと亡くなったという(2)。旬の地域の産物による食生活であった。

ところが、これらの地域でも1980年代に入ると中年で亡くなる人が増え、元気な80代の親が子どもの葬儀を出す逆仏現象が起きる。60年代後半以降、欧米風の食文化が日本中に浸透した。高タンパク質、高脂肪、高カロリー、砂糖過多、野菜不足、パン食である。日常生活では体をあまり動かさない。こうした生活習慣は、ガン、心臓病、脳血管障害、高血圧、糖尿病などを増やしていく。

以前、示唆に富むテレビ番組があった。便秘、冷え、生理痛、頭痛、胃腸の調子が悪い、不眠などの症状を訴えるOLをボランティアで10人ほど募り、棡原村の民宿に10日から2週間滞在して、伝統食を食べさせ、多少の農作業の手伝いをさせたのだ。動物性タンパク質や脂肪や砂糖が少なく、主食は雑穀である。主食(穀物などの炭水化物)・主菜(魚・肉・卵などのタンパク質・脂肪)・副菜(野菜や海藻など)の割合は、4:1:2であろう。

すると、便通や肌のツヤがよくなり、前述した症状の半分以上が改善された。とくに興味深かったのは、彼女たちの腸内細菌叢の変化だ。善玉菌のビフィズス菌が多くなったのである。

長寿村の伝統食と日常生活は、生活習慣病の予防にも治療にも効果が高い。幼児期から10歳ぐらいまでに、各地の伝統食を伝統農法とともに体験させたいものである。

家森幸男氏(京都大学名誉教授)は世界各地で長寿村を調査してきた。そこでは、長い間に獲得した遺伝的な特徴に合った地元産のものを食べ、体をよく動かし、ストレスを少なくする工夫をしているという。そうした地域の農業は、有機農業に近い。

沖縄県はかつて、男女とも平均寿命が全国第1位であった。ところが、2000年に男性が一気に26位に後退する。これは「26ショック」と言われて、県内外で大きな問題になった。現在の沖縄県では、35〜79歳の肥満者(BMI 25以上)の数値が日本一高い(BMIは体重(kg)を身長(m)の二乗で割った値で、標準は22)。図Ⅰ-6-1に、2007年度の肥満者の割合が高い道県を示した。
　この後退を反映して、ガン、心臓病、脳血管障害、糖尿病が増え続けている。逆仏現象も増えているという。この原因は、第二次世界大戦後のアメリカ

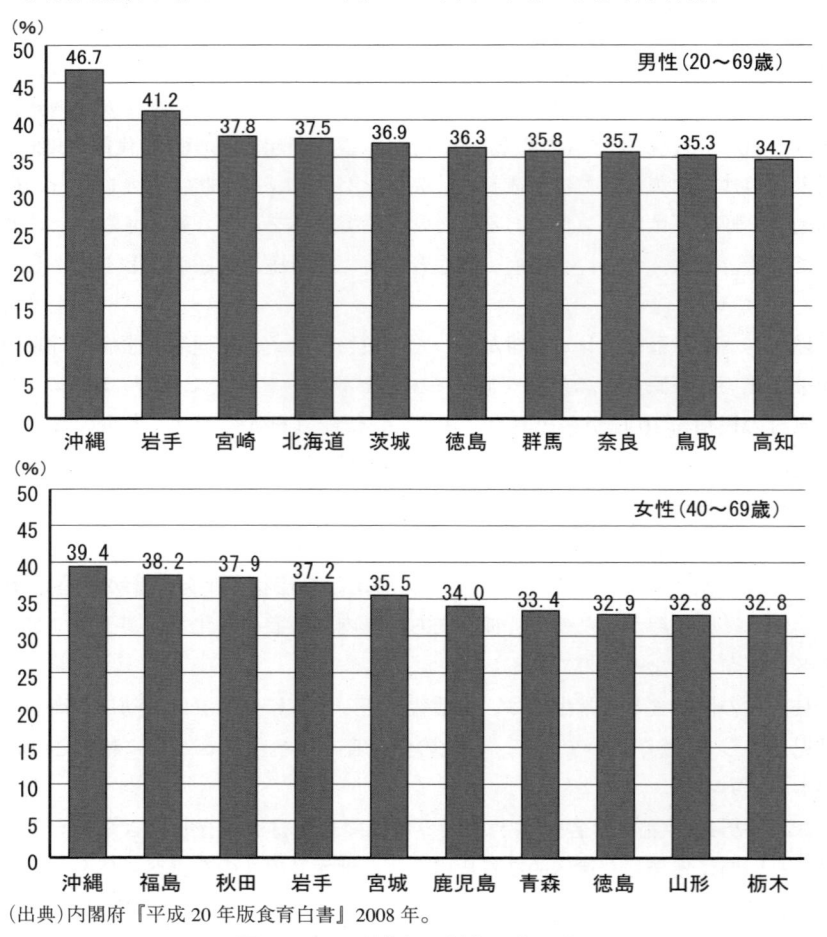

男性(20〜69歳)

沖縄	岩手	宮崎	北海道	茨城	徳島	群馬	奈良	鳥取	高知
46.7	41.2	37.8	37.5	36.9	36.3	35.8	35.7	35.3	34.7

女性(40〜69歳)

沖縄	福島	秋田	岩手	宮城	鹿児島	青森	徳島	山形	栃木
39.4	38.2	37.9	37.2	35.5	34.0	33.4	32.9	32.8	32.8

(出典)内閣府『平成20年版食育白書』2008年。

図Ⅰ-6-1　肥満者の割合の高い道県

占領下で、食生活が大幅に変化したからである。さらに、過度な車社会による運動不足が拍車をかける。

こうした現象は全国に蔓延している。2007年の国民健康・栄養調査によれば、糖尿病患者数は予備群も含めると全国に2210万人で、02年に比べて36%増である。そして、07年の糖尿病患者数は890万人で、50年前の約300倍に激増した。国民栄養調査のデータからも、脂肪摂取量の急増がわかる(図Ⅰ-6-2)。日本人は、欧米人のような高タンパク質、高脂肪、高カロリーの食生活には向かない遺伝的な体質をもつ。

生活習慣病の急増に危機感をもったのか、2008年4月から健康指導が40～74歳の国民とその家族に実施されるようになった。そこではメタボリックシンドロームの予防が重視され、糖尿病、肥満、高血圧とその予備群の25%削減が目標とされている。そして、健診と保健指導の実施、データの管理、実施計画の作成が医療保険者(健康保険組合や地方自治体など)に義務づけられた。

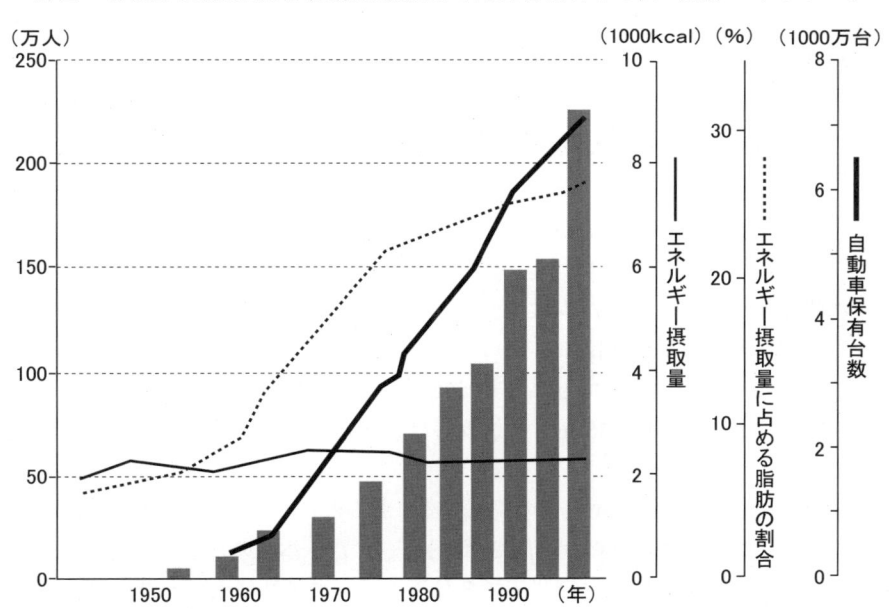

(出典)柏木厚典「現代における生活習慣と糖尿病患者の増加」日本医師会編『日本医師会雑誌生涯教育シリーズ メタボリックシンドローム up to date』日本医師会発行、協和企画販売、2007年。

図Ⅰ-6-2　糖尿病患者数と脂肪摂取量・自動車保有台数の推移

なお、メタボリックシンドロームは、①中性脂肪 150mg/dℓ 以上、かつ低 HDL コレステロール 40mg／dℓ 未満、②血圧 130/85 mmHg 以上、③空腹時血糖 110 mg／dℓ 以上のうち 2 項目があてはまり、内臓脂肪蓄積を示すウエストの周囲径が男性 85 cm、女性 90 cm 以上が該当する。

　しかし、健診や人間ドックはあくまで二次予防である。一次予防は、食生活や体を動かす日常生活にかかり、それは幼少期からの食育の大切さを意味している。生活習慣病の方もその予備群の方も、すぐに食生活を変えてほしい。栄養士さんは、欧米流の栄養学に偏重せず、**伝統的な日本型の食生活**を学校給食で子どもたちに体得させてほしい。すなわち、前述したように主食 4：主菜 1：副菜 2 の割合で、旬の素材をよく噛んで (1 口 30 回)、少なくとも 20 分かけて、楽しく食べるのである。それが 30～40 年後の生活習慣病予防につながる。

　日本が世界的な長寿国になったのは、塩分を減らすとともに、伝統的に大豆製品と旬の野菜や魚を食べてきたからだ。今後は、米と雑穀の主食 4、魚や大豆製品の主菜 1、旬の野菜の副菜 2 の割合を子どものころから食生活の基本にすえるべきである。そして、なるべく自分の手足を使った生活を送ることだ。そうしないかぎり、日本人の平均寿命は短くなるだろう。

3　子どもの体温の低下

　次代を担う子どもたちの体温が下がっている[3]。木村慶子氏の報告によると、東京都内のある小学校では 23 年間で低体温の児童が 6 倍以上になったという。1970 年と 93 年に 3109 名を測定した結果である。起床時の平均体温が、男子は 36.57℃ から 36.36℃ へ、女子は 36.54℃ から 36.29℃ へと低下している。

　体温を司るのは、脳の中心部の視床下部にある摂食中枢 (満腹や空腹感を感じるところ) や、睡眠中枢 (眠りを司るところ) だ。また、体温のリズムは視床下部でコントロールされる。35℃ 以下の低体温児は、自律神経系のバランスが乱れ、体温調節がうまくいかなくなっていると考えられる。その原因は次の三つであろう。

　第一に、5～6 歳までの活発に動きまわる時期に屋外での遊びが抑制されて

いるため自律神経のバランスが乱れ、体温調節がうまくできないなど本来獲得すべき機能が身についていない。第二に、冷暖房の普及によって暑さ寒さを感覚で覚える機能が十分に備わっていない。木村氏はこの二つを重視している。

　私はこれに加えて、食生活の変化も大きな要因であると考える。それは、アトピー性皮膚炎、アレルギー性鼻炎、気管支喘息、花粉症の急増とも一致する[4]。高タンパク質、高栄養の食生活は抗体を産生しやすく、アレルギー反応を起こしやすくするからである。地産地消の旬の食材や、化学物質をなるべく加えない加工度の低い食材を食べることが大切だろう。また、低体温は、成人女性の不定愁訴[5]や不妊にも関係するようだ。実際、私はそうした患者さんを多く診察してきた。

　繰り返しになるが、病気治療の基本は、飲食を正し、歩く量を増やし、冷暖房に頼りすぎないことである。それも10歳までが勝負だ。私は来院する母親に毎日、子どもたちが日本型の食生活を送り、本物の味や有機農産物を摂取し、屋外でよく遊ぶことを勧めている。10歳までに食習慣が身につき、生活習慣病の予防にも大きく影響するからである。

4　病気の予防も治療も農が基本

　1973年に国立東静病院(現在の国立病院機構静岡医療センター)の橋本行則氏が、東洋医学(漢方薬、針灸治療、食養治療)と西洋医学を併用した治療を行っていた。私は同病院での1年間の研修期間中、玄米を食べ続けた。前述の竹熊氏を紹介していただいたのも、このころである。その後、新潟県に戻って、東洋医学に軸足を置いて再出発した。鶴巻義夫氏(津南高原農産代表)を中心として新潟県有機農業研究会が発足したのが75年である。私も世話人の一人として参加し、有機農業に関心をもつ農家や消費者と知り合っていく。

　そうした一人が仁木巖氏(新発田市)である。仁木氏は、土づくり、種の播き時、育苗などについて新潟県北部をまわって指導し、苗や作物がいま何をほしがっているかを苗や作物とよく相談し、育ち具合をよく観察することを農家に説いていた。彼の話を畑で聞いていると、人間に対する病気の予防と治療(治る力がわき出る条件づくりをする)と同じなのである。また、仁木氏が指導する農家の畑で収穫期の野菜をかじって味わうと、実に美味しい。

それにならって私も、一次予防である食習慣や生活習慣の改善、二次予防である健診の重要性を説いて、保健婦（現在の保健師）さんといっしょに農村部をよくまわった。土曜や日曜にポケベルを持ちながらである。そして、安全で美味しい作物を、大学の医局の先生たち、大学病院の栄養課主任、市民病院の院長に食べてもらったが、「君の言うことはわかるが、組織のなかでは無理だ」と言われた。

　その後、司馬遼太郎氏が「越後にこの人あり」と評した佐野藤三郎氏(6)が関係する新潟医療生活協同組合木戸病院にお世話になる。ここでは、院長や栄養士さん、そして近くの農家と新潟市の食生活改善普及会、消費者センターの協力で、なるべく安全な有機農産物の食材を病院給食に使用した。地場産の旬の野菜から、着色料を使用していない梅干しやたらこなどまでである(7)。入院した患者さんたちはまず、便通がよくなると喜んでくれた。料亭の主人の患者さんは、毎日のメニューを写真に収めていたほどだ。希望者には主食を玄米にした。治療の基本は、手術の前後でも、薬による治療中でも、食にある。安全で、心身が喜ぶ食材がよい。

　あるとき、山形県高畠町の星寛治さん（第Ⅰ部2参照）を新潟県の有機農業生産者とお訪ねした。地温が高く、冷害の影響をほとんど受けなかったという水田の土は軟らかく、手触りがよい。りんご園の土は香りがよく、歩いていて気持ちよい。星さんのりんごの味と香りはこの土から生まれるのだと実感した。人間も同じで、腸内でよい細菌がバランスよく生きられる環境であれば、健康が保たれる。健康づくりは土づくりに学ぶところが多いとつくづく感じたものだ。

　最近は新潟県内の三条市、新発田市や阿賀野市の一部で、地元の有機農産物が学校給食に提供されるようになった。三条市では栄養士の田村直さんが中心となり、歴代市長の賛同を得て、**週5日の完全米飯給食**を実現した。その結果、子どもたちはカゼをひきにくくなっているようである。肥満の割合は減少した(8)。子どもの影響で、家族の生活習慣病の減少も期待されている。給食のお米を地元の有機農家が供給する試みも始まった。

　また、子どもたちが田畑で土に親しみながら農業に親しめば、自然といのちについて考え、「もったいない」という感覚も身につく。子どものころに接した土や植物の感触や匂い、農産物の味や匂いは、一生忘れない。本物に近い味

を身につけて育ってくれるだろう。三条市のような取り組みが日本各地に広がってほしい。

　かつて田畑も山も川も、子どもたちの遊び場であり、学ぶ場であった。佐渡市では現在、新潟大学農学部によって、放鳥したトキの生息環境を守るために里山の環境保全が進められている。新潟市の亀田郷でも、かつての水田環境の復元に向けた冬季湛水(冬みず田んぼ)の試みが始まった。水生植物やメダカなどの生物が少しずつ戻りつつあるという。また、阿賀野市では小さな谷がまるごとビオトープになった。イトミミズでいっぱいの田んぼが広がり、さまざまな水生植物や白鷺が棲息している。

　各地で有機農業が広がっていけば、農地だけでなく、地域まるごとが遊び場、教育の場、食育の場、いのちの大切さを伝える場になるだろう。そうした地域では、安心・安全を保証できる美味しい農産物が作られ、そこで育った子どもたちはその農産物を喜んで食べるだろう。

(1) 田中圭一『病いの世相史—江戸の医療事情—』筑摩書房、2003年。
(2) 近藤正二『その食生活では若死する』叢文社、1973年。
(3) 木村慶子「子どもの体温が下がっている」『Astellas Square』2008年4・5月号。
(4) 小川郁・橋口一弘企画・監修「特集 花粉症の最新情報」『日本医師会雑誌』第136巻第10号、2008年。
(5) 頭が重い、眠れないなどの自覚症状があって、体調が悪いのに、検査するとそうした症状を説明できる客観的な所見が見つからない病態をいう。自律神経の乱れで起きる場合も多い。
(6) 亀田郷土地改良区(新潟市中央部(旧新潟市南東部・旧亀田町・旧横町))の元理事長。中国の周恩来首相に要請を受け、黒龍江省の三江平原の開拓を指導した。1994年逝去。
(7) ただし、現在は変わってしまったようだ。
(8) 田村直「三条市の学校給食の取り組み」日本有機農業学会編『有機農業研究年報 Vol.8 有機農業と国際協力』コモンズ、2008年。

現場からの提言 7

カネにならない世界を大切にする
―― 「消極的な価値」で支えられている人生 ――

宇根　　豊
（福岡県糸島市）

1　「消極的な価値」にまなざしを

　たしかに時代は、「積極的な価値」である「経済価値＝交換価値」に牽引されているように見える。その陰で、すでにアダム・スミスが200年前に憂慮していたように、「使用価値」が見えなくなってきた。さらに、「存在価値」など意識にのぼることもない。ところが、皮肉なことに「ただの価値＝消極的な価値」の領域は、積極的な価値の世界がカネに収斂すればするほど、日増しに広がっている。癒しや武士道などは、それを積極的な価値に格上げしようとする危ない指向に見える。

　百姓仕事の合間に、木陰で休む。夏の生ぬるい風が草の香りをたっぷり包んで、体を吹き抜けていく。しばし、自分の存在も忘れて、風に包まれる。「百姓していてよかった」と思う。しかし、10分後には、そんなことはすっかり忘れていて、3時間後には思い出すこともない。あの風には、あの時間には、交換価値はないが、使用価値はあったし、存在価値はたっぷりあった。けれども、表現されることはない。

　このように、百姓の人生をほんとうは支えてきた消極的な価値は、農政の対象とはならなかったし、むしろ蹂躙（じゅうりん）されてきた。とくに近代化思想は、こうした価値を壊してきたことにいまだに反省が少ない。有機農業を国家がすすめることに異議はない。しかし、国家は、こうした消極的な価値があってこそ農の土台が守られていることに気づかなければならない。

　田んぼの中をタイコウチが泳いでいる。交換価値も使用価値もない。農業技術との関係も見えない。では、このタイコウチに価値はないのか。価値はなくてもいい、と思う。だが、「あっ、タイコウチがいた」と何人かの百姓は目をとめる。この心の動きは、どうして生まれるのだろうか。それは百姓仕事の伝

統的な「属性」であろう。これを消極的な価値として思想化することに、私は余生をつぎ込む覚悟で生きている。「生きもの目録づくり＝生きもの調査」は具体的な、積極的な価値に対する刃である。

　老子の有名な言葉に、すでに消極的な価値は表現されている。
「谷神(こくしん)は死せず、これを玄牝(げんひん)という。玄牝の門、これを天地の根という。綿々として存するが如く、これを用いて勤めず」
　この「用いて勤めず」が、それをよく表現している。「すべてのものを生みつづけているが、努力してそうしているのではない」(上山春平訳)。現代的な用語では「多面的機能」となるが、深さがちがう。

2　「風景」を「風景化」する

　先日も、わが師・山下惣一さんと酒を酌み交わしながら論じた。
「オレたち百姓は沈む夕日を見ても、ああ、あと一つ仕事が残ったが明日は晴れるな、などと思うほうが先にたつ。夕焼けの美しさに見とれ、それを表現しようとは思わない」
「たしかに人事を優先させるかもしれませんが、夕日や夕焼けを見て美しいと思うことも少なくないでしょう」
「そんなことはただの風景で、すぐに忘れてしまうな」
「百姓は詩人だと思いました。『田植えが終わった後の風景をどう思いますか』と尋ねるアンケートをしたときです。『ほっとする』『さあこれからだ』という人事を語る百姓よりも、『山が田んぼの水に映る風景が現れて夏を感じる』『ツバメがすぐに飛んで来て飛び交うのを眺めるのが好きだ』というような答えが多く、じつに言葉があふれてくるようですよ」
「そういう眠っている気持ちを、あんたが引き出したんだよ」
　ここに新しい「風景化」の思想が誕生しようとしている。くわしいことは別の機会に語るが、田舎の「ただの風景」が荒れに荒れている。田んぼの向こうの山に竹が生えている。村の百姓なら、まず「あの人も手が行き届かなくなったな」と人事に思いをはせる。しかし、同時に「見苦しい」という情感も湧いている。たしかに「審美」感も付随しているのである。この百姓ならではの審美をどう表現していくか、思想化していくかが、正念場である。「ただの風

景」を守ることができる「国家」でなければ、「美しい国」などできるわけがない。こうした消極的な価値を無視したナショナリズムに一矢報いたい。

　誤解してほしくない。ただ風景を積極的な価値に昇格させたいのではない。**そのまま支える**社会構造を実現したいだけだ。

　「ただの風景」も、それが荒れ果てると、価値が見える。子どものころみんなで遊んだ里山が切り開かれると、まるで自分の体の一部がなくなったような気持ちになるのはどうしてだろうか。あのときの「情景＝風景」がじつに懐かしく蘇ってきて、その喪失に涙が流れることがある。

3　「めぐみ」論の新展開

　落ち穂拾いの風景をすっかり見かけなくなった。もちろんコンバイン収穫になって、落ち籾は拾いにくいことも理由だが、それよりも、そこまでして米を穫らなくてもいい、という精神が落ち穂拾いを廃(すた)らせている。つまり、落ち穂にはもう「積極的な価値」がない。だが、もっと深い理由にこのごろになって気がついた。

　かつての百姓は、米がたくさん穫れると「**天地のめぐみが大きかったからだ**」と自然に感謝したものだ。現代では、「自分の手入れが、自分が採用した技術が、優れているからだ」と自分をほめる場合が多い。米を天地からのめぐみだと思えば、めぐみをおろそかにすることは気が引ける。「もったいない」と感じるだろう。子どもたちに落ち穂拾いを体験させるのは、これが目的である。

　一方、米の生産を自分の行為の結果だと思うなら、落ち穂を拾うか拾わないかは自分が決めることだ。「もったいない」も、落ち穂拾いの労賃と収益とを天秤にかけて決まる。仮に $2m^2$ に1本落ちていれば、10 a に500本で、約1 kg になる。米の価格にすれば約400円。この収穫のために30分かかるなら、時給800円。これではやる気になれないという判断は合理的だが、大事な世界を失うことになるかもしれない。

　最近驚くようなことを地元の90歳になる百姓に聞き、これまでの自分の不明を恥じた。

　「落ち穂は、百姓以外なら誰でも拾っていいという習慣だった」

百姓は決して拾わなかった、と言うのだ。これはすごいことではないだろうか。その老百姓は「稲刈りが終わると、袋を持った人たちが待っていて、落ち穂拾いに励んでいたものだ」と懐かしんでいた。

「消費者との交流」なんてものではない。天地のめぐみを分かち合う思想が健在だった時代があったのである。決して百姓から消費者への「おめぐみ」ではない。

農が地元に当たり前に存在しなければならない最大の理由は、農があればこそもたらされるめぐみは、人間以外にも届けられるということだ。ここではわかりやすい落ち穂や落ち籾を例にあげたが、これ以外にもめぐみは無尽蔵にある。こういう世界の構造を、この国の百姓はつくりあげてきた。

4 「できる」から「つくる」への変質

「米ができる」から「米をつくる」への転換は、いつ始まったのだろうか。「安全性」を求める心情は、当然トレーサビリティという管理体制に行き着くだろう。それは、不断の立ち入り検査と内部告発がなければ腐敗する。こういう体制が10年後も20年後も続くのだろうか。「有機農業は、農薬が残留せず、遺伝子組み換え原料でない、安全な食べものを生産する農業である」という程度のことでは、このトレーサビリティの桎梏から抜け出せない。そもそも、近代化の何がこうした事態を招いたのだろうか。

数年前に隣のおばあちゃんから、トマトをもらった。

「あんたの畑のトマトは、今年は早々と枯れあがったね。うちはまだなっとるけん、持ってきてやったとよ」

ここで私は、「農薬はいつ散布したと？ 何を散布したと？ 安全使用基準は守ってるやろうね？ 残留基準をクリアしているか、分析してみたと？」などと、安全性を求めるトレーサビリティ精神を発揮しようとは思わない。うちのトマトの不出来を気にかけ、持ってきてくれたおばあちゃんの心根の優しさに感謝して、ありがたくいただいた。

この場合の「いただく」対象は、もちろんトマトだが、**おばあちゃんの情愛**でもあり、天地のめぐみでもある。

さて、おばあちゃんはトマトを育て、トマトができたのである、おばあちゃ

んが「つくった」のではない、と言い切れるだろうか。もし、おばあちゃんが「つくった」のなら、安全性の責任はおばあちゃんにある。一方トマトが「できた」のなら、責任は天地にある。しかし、農薬残留の有無を天地の責任にするわけにはいかない。こう考えてくると、おばあちゃんが農薬を使用していることは決定的な分水嶺ではないが、たしかに「できる」から「つくる」へと移行していると言わざるをえない。

　農薬や化学肥料の使用は、「できる」から「つくる」への移行を決定的にしたのではないだろうか。だから、有機農業は「つくる」への違和感をもち続けてきたのではないだろうか。もちろん、有機農業がすべて「できる」感覚で営まれているわけではないが、「できる」というスタンスを堅持しなければ天地・自然のめぐみから遠ざかり、天地・自然という世界認識を失うことになるのではないだろうか（この世界認識というのも、消極的な価値の最たるものだ）。

　「つくる」ことは、しんどい。すべてに責任を負わなければならない。だから手がまわらず、目が行き届かず、自然環境への影響の把握がおろそかになった。安全性の確保もむずかしくなった。そのあげく、トレーサビリティのための書類書きに専念しなければならない。「書類」や「数値」で安全を確かめなければならなくなったのは、近代化農業の当然の帰結だろう。それなのに、なぜ有機農業のほうが近代化農業よりも、「書類」や「数値」を要求されなければならないのだろうか。

　それは、消費する側が近代化されているからである。食べものは「できる」のではなく「つくられ」ていると思っているからである。この闇をどう照らしたらいいのだろうか。

　言うまでもなく、「つくる」技術は科学を武器にして、積極的な交換価値の増大を目的として、そのために「できる」世界を、消極的な価値を浸食してきた。しかし、科学はできる世界へ回帰するためにも、自らを転向しなければならないのではないか。その場合には、科学だけでなく、情感と情愛も同行させなければならないが……。

　その実例を「生きもの調査」として私は提唱してきた。あれは科学の情念を抱きしめた転向である。

5　循環とは何か

　近年は「循環」ばやりである。多くの人が言う循環とは、物の循環の場合が多いが、物質の循環などは生きものの循環の付随物にすぎないだろう。ところが、「生きものの循環」と言ったところで、この循環という言葉がわかりにくい。その理由は、日本人には伝統的にそういう世界認識がないからだ。物質を循環とは見ないように、**生きものの生は引き継ぎであり**、**繰り返しである**。生態系の外側から眺めるような視点をもちあわせていない。

　循環は、科学が生み出した考え方である。科学は最初から世界認識をもっていた。西洋の神の視座に近づくために考案されたものだから、当然といえば当然だ。一方、私たちのように自然のなかにどっぷり浸かってきた身には、生きものの生の引き継ぎと繰り返しは見えるが、循環は見えない。

　しかし、その生きものの生こそが重要なのだ。なぜなら、そこにいる生きものの生は引き継がれた生であり、繰り返してきた生だからだ。その生の情感に包まれる**百姓仕事の豊かさ**をどう守っていくかが、有機農業の課題だろう。

　それは言い換えれば、百姓仕事を「農作業」にしないこと、カネにならないから価値がないという現代の流行病に、使用価値や存在価値で対抗し、そもそも価値をもち出さないといけない自らの体質を見つめ直すこと、人間本位の自己実現などとは対極にある、生きとし生けるもののなかでの生き方の希求にまで延びている道を照らすことだろう。

　何を言っているのか、どんどんわかりにくくなっているので、話を元に戻す。生きものの生は価値があるから繰り返しているのではない、ということを言いたかっただけだ。稲には積極的な価値がある。その稲は、稲だけでは育たない。他の生きものといっしょに育つ。「稲は稲だけで育てばいいものを」というのは、現代人だけの思考であって、生きものはそうした近代化精神と無縁に生きている。有用性があるから生きているのではない。生きものもまた、世界を引き受けて生きている。だから、循環が成り立つ。けれども、循環と言ってしまえば、見えなくなる世界もある。

　これを「農」はどう捉えたらいいのだろうか。こういう世界認識を現代日本人は失ってしまい、それすら気づかない。

最後に道元の『正法源蔵』の「山水経」から敷衍する。

　池の水を人間は「水」と言う。しかし、魚にとっては「宮殿」に見えるだろう。自分の立場にこだわる心を棄て去れば、この世の風も山も水も、人間にとって、仏性（仏の本性）と見えてもいいではないか。消極的な価値はここに極まる、と言うべきか。あの真夏の風も仏と感じることができた道元は、みごとな「世界認識」を獲得していた。だから、消極的な価値を、価値を超えて捉えられたのだろう。

　科学が主導する認識では、池の水を積極的な価値として、「水」いや「H_2O」以外のものとして見ることができない。魚や道元のまなざしがない。有機農業は、この魚のまなざしを棄てたくはない。

第Ⅱ部

有機農業の基本理念と技術論の骨格

中島　紀一

1　日本の有機農業は第Ⅱ世紀へ

　長い間、志ある草の根の運動として取り組まれてきた日本の有機農業は、**有機農業推進法の制定**（2006年12月）を機に、国・自治体と生産者・消費者が連携して取り組む国民的課題と位置づけられるようになった。もっぱら在野の運動として進められてきた時代を有機農業第Ⅰ世紀とすれば、いま始まろうとしている有機農業の新しい時代は有機農業第Ⅱ世紀と位置づけられる。有機農業第Ⅱ世紀への移行は、折からの食と農をめぐる時代の風を受けながら、大きく多面的に進み始めている。そこでは、有機農業が有する幅広い公共性と公益性が、とくに重視されるようになっている。

　この章では、有機農業技術の各論的解説に先立って、有機農業第Ⅱ世紀への展開という視点から、いまなぜ有機農業なのかの問いに答えつつ、その理念と技術の骨格について述べることにしたい[1]。

2　食と農と環境をめぐる新しい時代状況

(1) 時代的条件の変化のポイント

　有機農業は、意志のある生産者と消費者が提携した自主的な活動として進められてきた。それらの取り組みをこれからの農と食が進むべき方向として積極的に評価して、有機農業の推進を法律で定めたのが有機農業推進法である。こうしたなかで有機農業第Ⅱ世紀においては、取り組みの**公共的・公益的な役割や意義**がとりわけ重視されることになる。有機農業が世の中の役に立っていく、世の中がかかえているさまざまな問題が有機農業を推進するなかで解決の方向が見えてくる。有機農業のそうしたあり方が、これからはとくに重要視されていく必要がある。

　また、農水省の「有機農業総合支援対策」の一環として「**有機農業モデルタウン**」の取り組みが各地で進むなかで、「**地域に広がる有機農業**」が新しい課題として浮上してきた。そこでは、地域農業や地域社会にとっての有機農業推進の意義や役割が、期待をこめて問われるようにもなっている。

いま、食と農と環境をめぐる世界の動向は大きく変わりつつある。有機農業の公共的・公益的意義を捉えていくためには、まず、そうした新しい世界動向を、有機農業推進の今日的時代条件としてしっかりと見つめていくことが必要だ。新しい時代的条件の変化のポイントとして、次の諸点を指摘できる。

①世界の食料需給の動向は、**過剰・飽食から不足・欠乏へ**と転換しつつある。

②これまでの農業生産を支えてきた化学肥料や農薬などの外部投入資材は、おしなべて価格が暴騰しつつあり、資源と環境の制約からも従来のような**大量使用は許されなくなっている**。

③食と農は、いのちを**育み、いのちを支える営み**であり、食料問題は単なる量や価格という経済問題ではない。食べものの安全性の確保、地域的・民族的な食文化の保全、食育を基礎とした健全な持続的社会の維持、食と農の風土的調和、農を基礎とした地域社会の活性化などの課題の追求が強く認識されるようになっている。

④WTO(世界貿易機関)のドーハラウンド交渉は難航しており、市場原理主義、自由貿易主義のグローバリズムの追求だけが**世界が進むべき方向ではない**という認識が、国際的な政治経済の場でも広がり始めた。

⑤地球環境問題は21世紀の地球がかかえる最大の課題だという認識が定着した。人類の諸活動が地球の自然的あり方と調和し、次世代へ**永続性のある地球**を手渡していけるように、現代社会のあり方を根本的に見直していく必要性が広く認識されるようになっている。

(2)時代的条件と有機農業の意味

次に、これらの新しい時代的条件が有機農業推進という私たちの課題においてどのような意味をもつかについて、さらに踏みこんで考えてみたい。

①食料需給の動向

2007年ごろから世界の穀物市場は、需要拡大と価格暴騰が構造化してきた。まずトウモロコシから始まり、大豆と小麦に波及し、08年になるとアジアの米市場も暴騰状態に陥った。その要因としては、世界人口の増加、中国・インドなどの経済成長諸国での食事内容の変化(穀物食から肉食への変化)、途上国における紛争や戦争の頻発、アメリカのブッシュ政権(当時)によるバイオ

エタノール政策(補助金政策でトウモロコシの約3割がエタノール工場へ、そして大豆からトウモロコシへの作付け転換)、さらには投機的資金の穀物市場への流入などがあげられている。

　いずれも短期的な現象ではなく、食糧需給は不安定化し、**食料の不足・欠乏は構造的**となりつつある。そうしたなかで改めて、食べものと農業の直接的関係性を強めることが意識され、食と農の結合を追求する有機農業の意義が広く認識されてきた。

②外部投入資材の暴騰

　化学肥料や農薬などの近代農業を支えてきた基幹的な外部投入資材の暴騰は、有機農業の時代的優位性を鮮明に示している。かつて工業生産力の圧倒的な展開のなかで、外部投入資材に依存する近代農業に永続性があるかのような観念が広く社会を支配していたが、それは錯覚であったことが明らかになった。

　化学肥料も農薬も多くの部分を石油産業に依存しており、昨今の原油高は深刻な影響を及ぼしつつある。また、リン酸、カリ、ミネラルなど天然資源に依存する資材は、共通して**資源の枯渇の壁**にぶつかりつつある。

　農業近代化政策のもとで化学肥料や土壌改良材を大量に投入し続けてきた田畑の状態は、**深刻な栄養過多**が一般化している。多肥化の傾向が強い野菜畑などでは栄養過多による生理障害や病害虫の多発などが恒常化し、農産物の品質は劣化してきた。それが農薬多投の原因ともなっている。さらに、化学肥料や農薬は野生生物を傷つけ、環境負荷、環境汚染物質として大気に拡散し、水系に流出し、地域の環境を壊している。資材多投型の農業は**環境の壁**にもぶつかってきているのである。

　こうしたなかで、化学肥料や農薬に依存せず、田畑の健康な自然循環のなかで健康な作物を育てる有機農業の有効性が、幅広く認識されてきた。

③いのちを支える食と農

　工業化社会の極限的深化のなかで、いのちの意味を実感できない若者たちが増え、信じられないような凶悪事件が日常化しつつある。こうした社会の荒廃の根源に自然と人間の離反があることは明らかだ。人間の生は食べることから

始まる。食は「いただきます」の心、すなわち食を準備してくれた方々への感謝、食べものを生産してくれた方々への感謝、そして命をいただく生きものへの感謝によって支えられる。それを万人の共通理解としていくこと、すなわち**食育の推進**がとりわけ重要である。

各国の食、各地域の食は、気候条件や長い間の農業の伝統に支えられ、風土的・民族的特徴をもっている。地域のなかで食と農のつながりを強め、**地域に品格ある食と農の文化を育てていくこと**は、新しい地球時代を生きるうえでとりわけ大きな課題となっている。

有機農業は、いのちの循環のうえに成り立つ農業であり、いのちを慈しみ、いのちの連鎖のなかに活力をつくり出す営みである。有機農業では風土的条件と自給が重視され、自然と共生した暮らし方が尊重されてきた。こうした有機農業のあり方は多彩な食育の共通の土台をつくりつつある。

④グローバル化の問題点

自由貿易主義、市場原理主義を至上価値に掲げ、経済のグローバル化を進めるWTO体制は、多様性のある共生的世界を、経済の論理だけが突出する単純化した**格差と競争の世界**につくり替えようとしている。その無理と矛盾は各所に噴出しつつある。ドーハラウンドの非公式閣僚会議が決裂する直前にインド代表は「アメリカは商業的利益のために交渉しているが、われわれは農家の生計のために交渉しているのだ」と述べたと伝えられている。世界の食料問題は深刻化しつつあるにもかかわらず、その解決は、WTO交渉の課題にすらあげられていない。WTOにおいて求められているのは貿易量の拡大だけであり、その結果、非効率で反自然的な食がつくり出されても、関心が向けられない。

WTO体制＝グローバリズムのもとで、農業の生産面では、化学肥料、農薬、石油製品、石油エネルギーの大量使用、それを前提とした品種改良、さらには究極の近代技術としての遺伝子組み換え技術の導入などによる、多投入＝高生産の生産体系がつくられてきた。食料の消費面では、穀物食＝デンプン食系から肉食＝脂肪食系への移行が進み、高栄養＝非効率・浪費的な消費体系がつくられてきた。非効率・浪費的な消費体系という点では、穀物を飼料とする**近代畜産の大きな問題点**を指摘しなければならない。たとえば、食肉1kgの生産に必要な餌としての穀物は、牛肉で11kg、豚肉で7kg、鶏肉で3kgとされ

ており、人間の食料と家畜の飼料の奪い合いの状態となっている。

　こうして多投入＝高生産の生産体系は自然と農業の関係を離反させ、環境負荷を増大させ、高栄養＝非効率・浪費的な消費体系は、先進諸国における過剰栄養による健康問題を普遍化させてきた。他方では、途上国における飢餓的食料問題を構造化させ、さらに生産・消費の各場面から大量の廃棄物を排出する、反自然的社会体制をつくり出してしまった。有機農業はこうした世界のあり方に対して真にオルタナティブな、対抗的なあり方として、期待が寄せられているのである。

⑤地球環境問題への対応

　図Ⅱ-1はIPCC（気候変動に関する政府間パネル）第4次評価報告書（作業グループⅢ、排出シナリオに関する特別報告）で提起されたシナリオ・シミュレーションの結論である。ここでは、今後の世界のあり方に関する基本的座標軸として〈経済←→環境〉と〈地球化←→地域化〉の互いに交差する2軸が設定され、大まかなシナリオとして、経済成長にシフトするA1（高成長型社会シナリオ）とA2（多元化社会シナリオ＝経済成長は低いが、環境への関心も相対的に高い）、環境保全にシフトするB1（持続的発展型社会シナリオ）とB2（地域共生型社会シナリオ＝地域的な問題解決や世界の公平性を重視）が示されている。IPCCは、どのシナリオを採用すべきかという問いには直接には答えないという立場である。

　しかし、全体としてみればA1シナリオが支配的動向で、その対抗的方向としB2シナリオがあることは明らかだろう。国際政治の趨勢としてはA1シナ

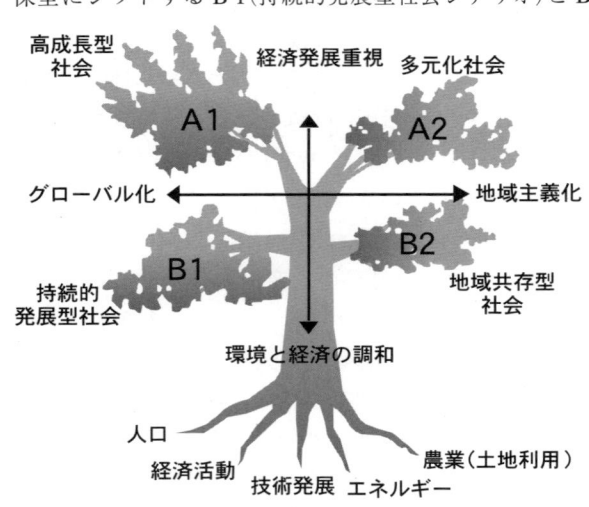

（出典）「IPCC第4次評価報告書」2007年。

図Ⅱ-1　未来社会に関するシナリオ・シミュレーション

リオが現実的と考えられているが、このシナリオでは地球環境問題発生の基礎構造は変わらないままであり、それでは問題の安定した解決がむずかしいことも明らかである。自然共生を志向するＢ２シナリオの**本質的優位性**は、Ａ１←→Ｂ２の対抗のなかで、しだいに明らかになってきた。そのＢ２シナリオにおいて、有機農業の成功と地域的展開は重要な先導的役割を果たしていくと考えられている。

3　身土不二と食料自給、そして有機農業

(1)食料自給率の大幅な減少

　有機農業の基本理念は「**身土不二**」である。人間の体は土と分けることはできないという仏典由来の哲学的理念で、自然との共生こそ人びとのあるべき道だという考え方である。身土不二はすなわち**食と農の結合**であり、**地産地消**であり、**食料自給の重視**である。

　世界の食料危機が深刻化するなかで、日本の**極端に低い自給率**への危機感が高まってきている。日本の食料自給率の推移を表Ⅱ-1に示した。2008年度の品目別自給率についておもな数字を拾えば、米（主食用）100％、小麦14％、豆類9％、野菜82％、果実41％、肉類56％、油脂類13％である。総合自給率では、穀物総合（食用＋飼料用）で28％、カロリー（供給熱量）ベースで41％、金額ベースで65％となっている。ちなみに、1960年は穀物総合で82％、カロリーベースで79％、金額ベースで93％だった。

(2)食生活構造の極端な変化

　こうした現状の背景に国民の食生活構造の変化があることも見ておかなければならない。その様相が端的に示されているのが表Ⅱ-2と図Ⅱ-2である。ここには1965年から2005年に至る40年間の食の構造変化が端的に示されている。一人一日あたり平均の供給カロリーは05年が2573キロカロリー、65年が2459キロカロリーで、大きくは変わっていない。変化は食の内部構成である。

　最大の違いは米の激減である。1965年の1090キロカロリーから2005年の599キロカロリーへと、55％にまで減少した。一日総カロリーに米が占める比

表Ⅱ-1　食料自給率の推移（1960〜2008 年度）

品　目	1960	1965	1975	1985	1995	2000	2001	2002	2003	2004	2005	2006	2007	2008
米	102	95	110	107	104	95(100)	95(100)	96(100)	95(100)	95(100)	95(100)	94(100)	94(100)	95(100)
小麦	39	28	4	14	7	11	11	13	14	14	14	13	14	14
豆類	28	25	9	8	5	7	7	7	6	6	7	7	7	9
野菜	100	100	99	95	85	82	82	83	82	80	79	79	81	82
果実	100	90	84	77	49	44	45	44	44	40	41	38	41	41
肉類（鯨肉を除く）	93	90	77	81	57	52	53	53	54	55	54	56	56	56
鶏卵	101	100	97	98	96	95	96	96	96	95	94	95	96	96
牛乳・乳製品	89	86	81	85	72	68	68	69	69	67	68	67	66	70
魚介類	108	100	99	93	57	53	48	47	50	49	51	52	53	53
油脂類	42	31	23	32	15	14	13	13	13	13	13	13	13	13
穀物（食用＋飼料用）自給率	82	62	40	31	30	28	28	28	27	28	28	27	28	28
主食用穀物自給率	89	80	69	69	65	60	60	60	60	60	61	60	60	61
供給熱量ベースの総合食料自給率	79	73	54	53	43	40	40	40	40	40	40	39	40	41
生産額ベースの総合食料自給率	93	86	83	82	74	71	70	69	70	69	69	68	66	65

（注）米の（　）内の数値は主食用自給率、魚介類には飼肥料向けを含む。2008 年度は概算。
（出典）農林水産省「食料需給表」。

表Ⅱ-2　一人一日あたり供給カロリーと品目別カロリー自給率の変化

	1965 年（A）	2005 年（B）	B／A
米	1090kcal（100％）	599 kcal（95％）	55％
畜産物	157 kcal（47％）	397 kcal（17％）	253％
油脂類	159 kcal（33％）	368 kcal（ 3％）	231％
小麦	292 kcal（28％）	320 kcal（13％）	110％
全体	2459 kcal（73％）	2573 kcal（40％）	104％

（注）（　）内は品目別カロリー自給率である。
（出典）農林水産省『平成 19 年度版食料・農業・農村白書』2008 年。

率では、65 年は 44％だったが、05 年は 23％にすぎない。65 年段階では米は文字どおり主食として日本人の食卓の中心に座っていたが、05 年では主食の概念自体が相当に揺らいでしまっている。

　もう一つの大きな変化は畜産物と油脂類の激増である。畜産物は 1965 年の 157 キロカロリーから 2005 年の 397 キロカロリーへと、253％に激増している。油脂類も 65 年の 159 キロカロリーから 05 年の 368 キロカロリーへと 231％に激増した。05 年の畜産物と油脂類を合計すると 765 キロカロリーで、米の 1.3 倍であり、肉食系のおかず優位の食卓となっていることが端的に示され

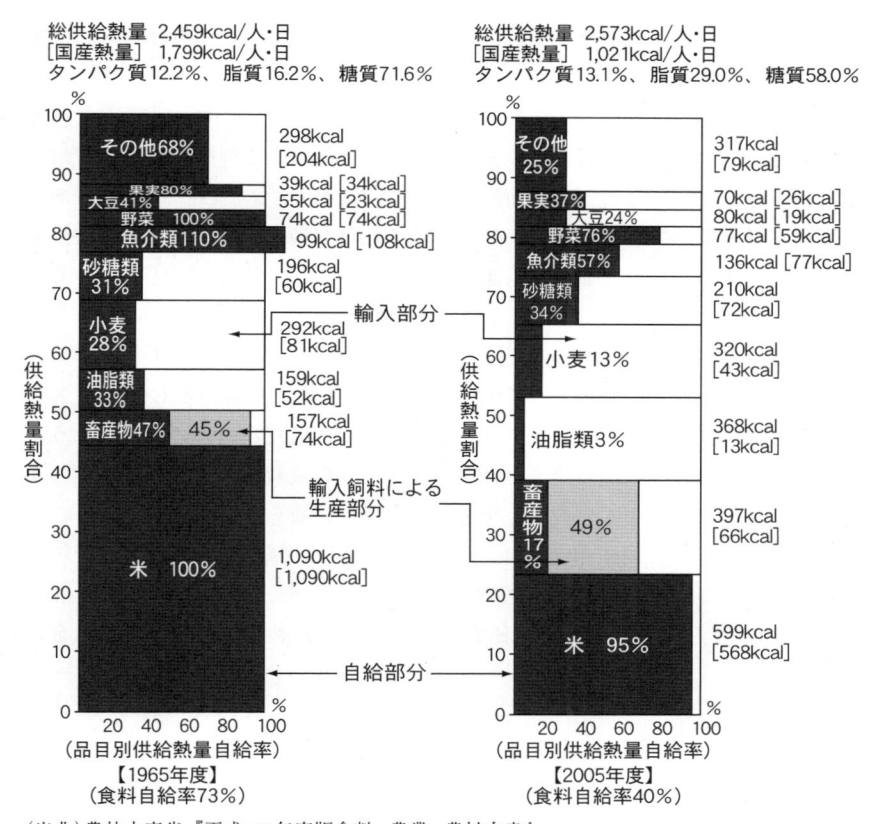

```
総供給熱量 2,459kcal/人・日          総供給熱量 2,573kcal/人・日
[国産熱量] 1,799kcal/人・日           [国産熱量] 1,021kcal/人・日
タンパク質12.2%、脂質16.2%、糖質71.6%  タンパク質13.1%、脂質29.0%、糖質58.0%
```

【1965年度】(食料自給率73%) / 【2005年度】(食料自給率40%)

(出典)農林水産省『平成19年度版食料・農業・農村白書』。
(注)[ ]内は国産熱量の数値である。

図Ⅱ-2 供給熱量の構成と品目別の食料自給率の変化（供給熱量ベース）

ている。畜産物と油脂類の激増は、端的に言えばファストフード、揚げ物類の増加であり、それは冷凍調理済み食品の増加と結びついたものである。

　自給率の視点から見れば、2005年度に米（生食用）は100％だが、畜産物は17％、油脂類は3％にすぎない。ここに自給率低下の食生活面からの背景が示されている。

　この変化をカロリー供給源のタンパク質（P）、脂質（F）、糖質（C）の比率で示せば、1965年にはタンパク質12.2％、脂質16.2％、糖質71.6％であったものが、2005年にはタンパク質13.1％、脂質29.0％、糖質58.0％へと変化した。

第Ⅱ部　有機農業の基本理念と技術論の骨格　69

このような脂質比率の増加と糖質比率の低下は、食と健康の視点からすればすでに危険ゾーンへの移行である。

食の05年モデルには、ファストフードのジャンク食と冷凍調理済み食品依存の食生活、食料自給体制の崩壊、そして過剰栄養による健康問題などが対応し、65年モデルでは、かつて指摘された栄養欠乏や偏食などの問題点もある程度解決し、米を中心にしてバランスの取れた日本型食生活、食と農の共生と食料自給体制のそれなりの維持、健全な食に支えられた健康が対応していると言えるだろう。

第二次世界大戦後のいわゆる食生活改善は、食の洋風化というキャッチフレーズで進められた。その一つの結果が、食の産業化を前提としたファストフードと冷凍調理済み食品に象徴される現代の食生活だったのである。そうした食生活が、結局は国民の健康を脅かし、風土的な食習慣を壊し、そして日本農業の存立を突き崩していることを直視しなければならない。

図Ⅱ−3 に、食料自給率40％という現実を農地利用の視点から整理した。日本人の食のために使われている国内の農地は465万ha、海外の農地は1245万ha、合計1710万haで、**国内農地比率は27.2％**という試算である。日本の食は

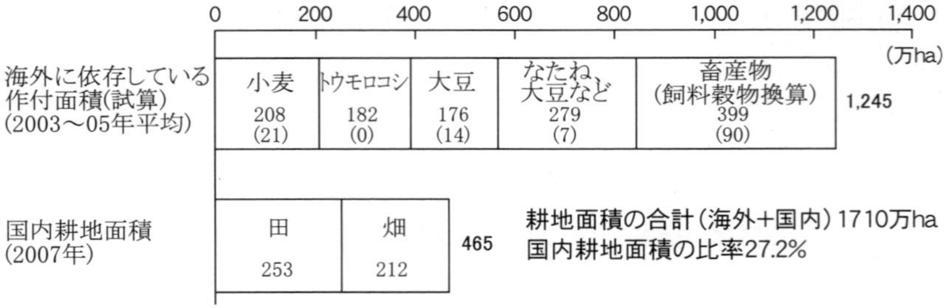
0
200
400
600
800
1,000
1,200
1,400
(万ha)
海外に依存している作付面積(試算)(2003〜05年平均)
小麦 208 (21)
トウモロコシ 182 (0)
大豆 176 (14)
なたね、大豆など 279 (7)
畜産物(飼料穀物換算) 399 (90)
1,245
国内耕地面積(2007年)
田 253
畑 212
465
耕地面積の合計(海外+国内)1710万ha
国内耕地面積の比率27.2%

(出典)農林水産省『平成20年度版食料・農業・農村白書』「食料需給表」「耕地及び作付面積統計」「日本飼養標準」、財務省「貿易統計」、FAO「FAOSTAT」、米国農務省「Year book Feed Grains」、米国国家研究会議(NRC)「NRC 飼養標準」をもとに、農林水産省で作成。

(注1)単収は、FAO「FAOSTAT」の2003〜05年の各年の日本の輸入先上位3ヵ国の加重平均を使用。ただし、畜産物の粗飼料の単収は、米国農務省「Year book Feed Grains」の2003〜05年の平均。

(注2)輸入量は、農林水産省「食料需給表」の2003〜05年度の平均。

(注3)単収、輸入量ともに、短期的な変動の影響を緩和するため3ヵ年の平均を採用。

(注4)(　)内は日本の作付面積(2007年)。

図Ⅱ−3　おもな輸入農産物の生産に必要な海外の作付面積

日本の土地から離れてしまっていることが、この試算値に端的に示されている。身土不二を基本理念に掲げる有機農業は、こうした食の現状と向き合って、それを根本から組み立て直していくことをめざしている。

4　自然と離反する近代農業、自然との共生を求める有機農業

　農業は、それぞれの地域の自然と人間が共生し、永続していく営みとして、長い人類史を担ってきた。

　近代化以前の伝統的農業は、農を営む村人の暮らし方とあいまって地域の自然と長期にわたって多面的に関与しており、その結果、地域には**安定した自然生態系**(いわゆる二次的自然、里地・里山的自然、あるいは農村的自然)が形成されてきた。里地・里山的自然は多様性のある豊かな自然で、そこにはたくさんの種の生きものが生きていく生物多様性の生態系が形成、確保されていた。ところが、農業近代化は、地域の自然とのかかわりを拒絶しようとする。同じく地域の自然とのかかわりを拒絶しようとする生活の近代化とあいまって、人為の関与が前提とされていた里地・里山的自然は人為の下支えを失い、そこでの**生物多様性の生態系は瀕死の状況**に追いつめられている。

　農業は自然と人間の交流の一形態である。農業は地域の自然とその多様性を生産力基盤として巧みに自らの内に取り込み、また、自然は農業や農民の生活を包摂することによって、新しい自然へと自らの姿を変えていった。伝統的農業は、農業の自然的生産力形成、地域的広がりをもった生態系形成、そしてより広い意味での自然と人間の安定した関係性の確立という３つの場面で、かなり高次の安定した対自然関係を形成してきたのである。

　ところが、科学技術に主導される近代農業は、伝統農業が育んできたこのような自然との共生関係とその構造を捨て去り、生産力の基盤を工業生産から提供される資材利用に置き換え、それによって生産性を高める道を進んできた。地域の自然、すなわち里地・里山は営農過程で活かされなくなり、里地・里山に依拠した土づくりがされなくなり、化学肥料が多投されていく。そのために激増する病虫害を農薬の大量使用で抑え込み、季節の変化など自然の摂理に合わせた栽培体系ではなく、ビニール資材などの石油製品を使った脱自然型の施設栽培を広げてきた。また、田んぼのある農村にくまなく掘られてきた農業水

路(いわゆる春の小川)は、農地改良(近代的基盤整備事業の推進)のなかで地下埋設のパイプラインに置き換えられ、残された水路はコンクリートで固められ、自然の要素がかき消されてしまっている。

　有機農業は、自然と離反するこうした近代農業のあり方を見直し、多くの生物の関係性を活かしつつ、改めて地域の自然と共生する農業を地域社会の基礎におくべきだと主張している[(2)]。

5　有機農業技術の骨格——低投入・内部循環の技術形成——

(1)近代農業の技術開発

　有機農業は、自然の摂理を活かし、作物の生きる力を引き出し、健康な食べものを生産し、日本の風土に根ざした生活文化を創り出す、農業本来のあり方を再建しようとする営みである。ここで、**自然の摂理を活かし、作物の生きる力を引き出そうとする有機農業の技術の骨格**について、概念図を使って解説したい。

　伝統的農業の基本原理とされてきたのが**収穫逓減の法則**だった。この法則では、資材投入などによる生産性向上の努力はどこかで必ず行き詰まり、かえって逆効果を生んでしまうと説かれている。別言すれば、この法則は、農業の持続可能性はほどほどの調和点維持への自覚をふまえて実現されるのだという教えであった。

　しかし、近代農業の技術開発によって、図Ⅱ-4に示したように、より効率的な収穫曲線が次々と開発されていく。その収穫曲線を次々に乗り換えることによって、結局は投入増加で収穫増加を実現する生産関数的世界のなかに、農業ははまり込んでいった。こうした技術路線のもとでは、生産性

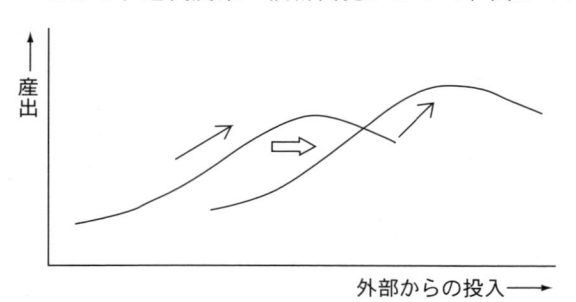

図Ⅱ-4　農業における収穫逓減の法則と生産力発展の一般モデル

を追求する農家の営農努力は、結果として、**環境負荷の拡大を必然とする工業的生産論理**に農業を組み込んでしまうことになる。

(2)圃場内外の生態系に依拠する有機農業の技術形成

しかし、有機農業はそれとは違った路線上に自らの発展論理を求めようとしてきた。すなわち図Ⅱ-5に示したように低投入のA地点から多投入のB地点への移行によって産出拡大を図るのではなく、**低投入のA地点に止まったままで産出拡大を図ろうとしてきた**のである。そして、**有機農業の技術と取り組みの時間的蓄積**のなかで、病虫害の発生は少なくなり、作物の生育は順調になり、品質と収量も向上するという状況が、全国各地で実現されるようになってきた。

その低投入と土づくりなどによる内部循環の高度化の取り組みで産出を高めていこうとする有機農業の技術論メカニズムは、図Ⅱ-6のように理解されている。

有機農業の生産力は、基本的には外部からの投入に依存するのではなく、**圃場内外の生態系形成と作物の生命力、そして両者が結びついた循環的活力形成に依拠**しようとしてきた。圃場内外の生態系形成の取り組み

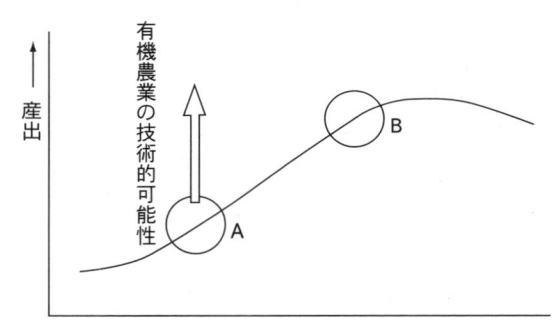

図Ⅱ-5 農業における投入・産出の一般モデル(収穫逓減の法則)と有機農業の技術的可能性

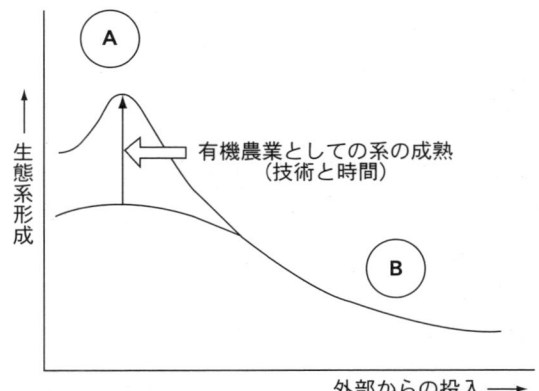

図Ⅱ-6 農業における内部循環的生態系形成と外部からの資材投入の相互関係モデル

第Ⅱ部 有機農業の基本理念と技術論の骨格 73

は、これまで「土づくり」という言葉で語られてきた。

外部投入と生態系形成は図Ⅱ-6のように概ね逆相関の関係にあり、多投入は生態系の貧弱化を必然化させる。工業製品である外部資材の大量投入を技術の基本とする近代農業においては、圃場の生態系形成と内部循環高度化への配慮が欠落しており、それが圃場生態系の貧弱化を加速させてきた。しかし、有機農業においては低投入にこだわり、生態系の形成を多面的に追求しようとする。そこに有機農業の技術的工夫と生態系形成への時間的蓄積が加わることによって、生育は安定化し、病虫害なども減少し、収量も安定化し、品質も向上するなど通常以上の生産的成果を生み出してきているのである。有機農業では、**時間的な経過と蓄積**が重要な概念として位置づけられてきた。

圃場生態系形成の時間的経過に関して、土壌生物の組成という視点から藤田正雄は図Ⅱ-7のように解説している。すなわち、害虫多発のメカニズムのなかにある近代農業において農薬の使用を中止すれば、害虫は異常発生する。しかし、害虫の異常発生は続いて天敵の生息を増大させ、結局は天敵の拡大が害虫の生息を抑え込む。その結果、**害虫も天敵も生息数が減り、代わりに害虫でも天敵でもない、ただの虫たち、ただの生き物たちの複雑で安定した生態系が形成される**。図Ⅱ-7ではこのことが「分解者・土壌環境形成者(ミミズ、ヤスデなど)」の増加、優勢化として示されている。こうして、作物の生育環境は良好な状態で安定化していくというのである。

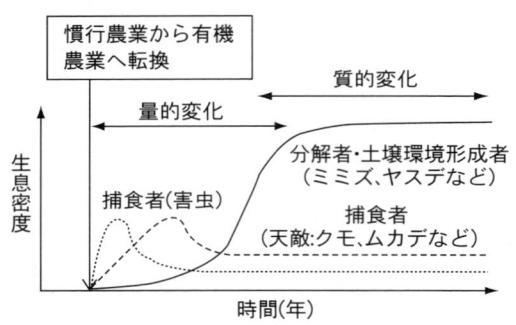

(出典)藤田正雄氏が多くの調査をもとに作図(本書図Ⅲ-3-5に同じ)。
(注)量的変化から質的変化への移行は、土壌の状態や転換後の管理方法によって異なる。2〜3年でみられる場合もあるが、10年以上かかる場合もある。

図Ⅱ-7　土壌生物の生息を配慮した畑地の動物群集の変化

(3)作物の自立的生命力を育てる有機農業の技術形成

有機農業の技術形成のもう一つの柱は、作物の自立的生命力を育てるという

点にある。自立的生命力の内容としては、免疫性、健全な生長性、環境適応力などがあげられる。こうした自立的生命力の育成は、外部からの栄養投入との関係で言えば、低投入と内部循環の高度化の条件下でより大きな成果が得られることが経験則として明確になっている。逆に多投入の条件下では多くの場合、作物の生育は投入資材に依存し、自立性は損なわれていく。図Ⅱ-8に示したように、有機農業においては、より低投入の条件下で、作物自身の力を引き出し、自立的に生長するように誘導することが意識的に追求され、ある程度その技術化に成功している。

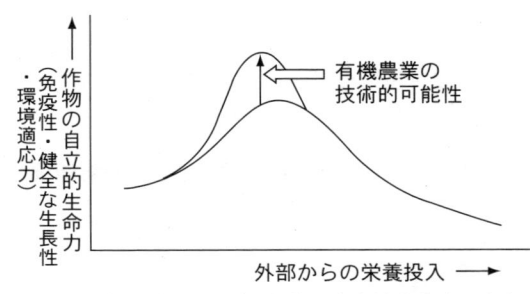

図Ⅱ-8 低栄養下における作物の自立的生命力の向上

低栄養生長性や免疫性の獲得に関しては、菌根菌などを含む共生微生物、根圏微生物生態系(フローラ)のあり方や作物根を含むそれらの相互関係などに重要なメカニズムがあるらしいことも明らかになりつつある。播種、発芽、初期生育などのあり方、自家採種による選抜などによって獲得されていく遺伝的特質も重要な要素として関与しているようである。

また、有機農業の実践のなかでは、このような作物の自立的生命力の向上が、病害虫への作物の抵抗力や抑止力を増大させていくことも確かめられている(図Ⅱ-9)。

さらに、こうした作物の自立的生命力の向上は、作物の環境適応力の向上にもつながっているようである。作物の環境適応力の内容としては、土づくりなどで形成される圃場生態系と積極的に応答しつつ健全な生育を果たしていく能力と、さまざまな天候異変へ

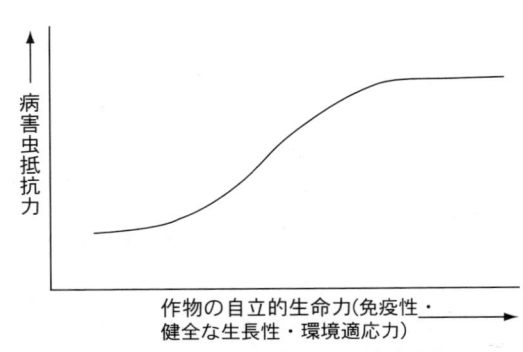

図Ⅱ-9 作物の自立的生命力が病害虫を抑える

の適応力の二つが考えられる。低投入と内部循環の高度化という技術的取り組みとその蓄積によってこの二つの環境適応力がともに向上することも、有機農業の実践のなかで確かめられつつある。

(4) 自然共生型地域社会形成をめざす有機農業技術の展開方向

　このような圃場内外の生態系に依拠する有機農業の技術形成は、農業経営において多様な部門が構築され、多種の作物が栽培され、それらが相互に循環的に関係しあい、その循環的な関係が家畜飼養によって能動的に加速され、土地利用も土地条件に見合って輪換的に複合化されていくことによって、よりよく推進される。近代農業においては、経営部門の単純化と規模拡大だけが奨励されてきたが、有機農業の長い経験は、**循環型の有畜複合経営の合理性と優位性**を教えている。

　自然は地域的広がりのなかにある。上述したように有機農業技術は、まずは、圃場における生態系形成の線上に構築される。しかし、そのような生態系は当たり前のこととして地域的に広がる生態系の一部を形成している。有機農業普及の経験から、有機農業の団地的展開と小地片ごとの孤立した取り組みを比較すると、団地的展開の場合ははるかに容易だという経験則がある。端的に言えば、団地的展開の場合は病害虫が出にくいのである。これは図Ⅱ-7に示した圃場の生態的環境が地域的広がりのなかで形成されていくことの証左と言えるだろう。

　ただし、かといって、小地片ごとの有機農業ができないとか意義が小さいというわけではない。孤立した小地片での取り組みであっても多くの場合、有機農業転換の1年目から、圃場における**生物種の多様性は回復**していく。希少生物などの回復も確認される。この事実は、シードバンク（土壌中に埋まっている多種多様な植物の種）などによる植生の回復というだけでなく、地域内にわずかに生き残っていた農村生物の逃げ込み場として有機農業圃場が機能していることも示唆している。別言すれば、孤立した小地片の圃場であっても、地域的な生態系の支援を受けながら圃場生態系の回復と形成は進んでいく。

　こうした認識をもとに、地域農業再生戦略、地域生態系回復戦略をより積極的に構想していくとすれば、既存の散在する有機農業圃場をそれぞれ戦略拠点として位置づけ、それらを相互に連携するネットワークとして結び合わせ、地

域生態系形成を図るという構図も見えてくる。有機農業圃場は団地化されるだけでなく、地域的ネットワークのなかに積極的に位置づけられるべきだという考え方である。

　有機農業の目標は、**地域の広がりのなかでの循環型農業の形成あるいは再建**にある。有機農業の技術論的基礎にある生態系形成への展望は、地域的循環構造の構築のなかでこそ安定的に実現される。地域循環型農業においては、地域農業の品目的配置、地域の土地利用(土地の配置と連携)などが大きな意味をもつ。イネ科、マメ科、イモ類などのいわゆる地力形成型作物と野菜類などの地力消耗型作物の年間をとおしたバランスの取れた配置、資源循環を促進させる飼料自給型の畜産の導入、地力形成的な外圃と地力消費的な内圃の適切な配置、里地・里山と農地の適切な配置と連携、生態系形成拠点としての薮地の配置などが、計画論的に改めて位置づけられてくる。

　この段階に至れば、営農活動の集積のなかで地域は複合的な循環的生態系が形成される場として認識されるようになる。地域の仕組みを山地から平野へ、河川の上流から下流へと広がる流域として捉えた流域農業論の構築も、現実的な課題となっていくだろう。

　かつて長い時代の歩みのなかで、農業は地域の自然に支えられ、地域の自然条件を活かした個性ある地域農業が形成されてきた。また、そうした地域農業が展開するなかで、農業と共生する安定感と活力のある地域の自然(二次的自然＝農村的自然)が形成されてきた。有機農業は、こうした地域の農業の自然共生的な本来のあり方を取り戻す取り組みにおいて主導的な役割を期待されている。

　上述のような考え方から出てくる有機農業像は、「**だんだんよくなる有機農業**」「**地域に広がる有機農業**」である。有機農業についての一般的な社会的了解は「無農薬・無化学肥料農業」、すなわち化学合成物質を使用しない農業だろう。しかし、それは有機農業の入り口についての部分的な認識にすぎない。その先には、外部資材の投入削減が圃場生態系の形成や地域自然との良好な関係性形成を促し、自然との共生の線上に本来的な生産力形成が図られるという展望が設定されている。こうした技術路線に関する認識を「有機農業技術の展開方向」として整理すれば、たとえば次のように言えるだろう。

　有機農業は、慣行農業からの**体質改善的な転換期**を経て、圃場内外の生態系

形成に支えられて**自然共生的な成熟期**へと進んでいく（図Ⅱ-10）。有機農業への転換は、**圃場段階、農家の経営段階、地域農業段階**の諸段階で、関連しつつ重層的に進められていく。その過程で、地域の歴史風土を尊重し、自然を大切にするさまざまな活動と結び合い、また、生産と消費、農村と都市の交流と連携が追求されるなかで、**新しい地域農業づくりと自然共生型の新しい地域づくりが進められていく**(3)。

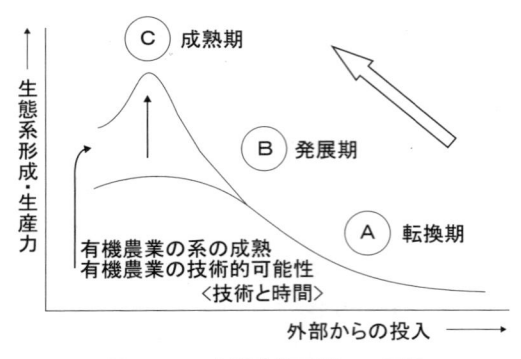

図Ⅱ-10　有機農業展開の3段階

6　有機農業技術展開の基本原則

　上述の繰り返しにもなるが、最後に有機農業技術展開の基本原則を箇条書きで整理しておこう。

　まず、有機農業において基本的前提となる事項としては、**農薬や化学肥料、遺伝子組み換え技術を使わない**という3点がある。さらに、成熟した有機農業に向かう取り組みにおいて共通して確認できる方向性として、以下の諸点があげられる。

　①工業製品などの外部からの投入資材にはできるだけ依存しない。農場や農場周辺の自然や社会の範囲内での資材活用、できれば**循環的活用**を志向する。

　②農業の基本を**総合的な土づくり**、すなわち圃場の安定的で、かつ生産的にも活力ある生態系の形成におく。圃場の生態系は、そこで生きる多様な生きものの相互関係として形成・成熟していくものである。この点に配慮して圃場の生態系はできるだけ壊さず、時間をかけて育てていくことをめざす。生態系は基本的には生態系自体の運動と力によって自己形成されていくという認識を基本とし、それを助け、適切に誘導していくことに人間の役割をおく。作物栽培自体も生態系形成にできるだけ資するように組み立てていく。

　③そのためにも、**適切な低投入**、土壌－作物栄養論的には**適切な低栄養**を基

本とする。施肥だけに頼らず、施肥は循環促進的な補助剤として位置づける。

　④作物の生理生態的特質を適切に把握しつつ、作物のもつ本来の性質を活かし、**作物の生命力を引き出していくこと**を、栽培技術の基本におく。そのためには、低投入・低栄養が基本的な条件となる。一般論としては、根の張りのよい作物の生育、疎植によるゆとりある生育環境の確保が重要な意味をもつ。作物の生育においては、生育ステージに応じて、セルロース生産（体の骨格づくり）、タンパク質生産（体の中身づくり）、デンプン生産（エネルギーの蓄積）がバランスのとれた展開をしていくことに留意する。

　⑤病虫害対策は、健康な作物の生育の確保、安定した圃場生態系の確保による病虫害多発の原因の除去を基本におく。ある程度の発生があったとしても、圃場における**天敵や作物自体の治癒力に依拠**して解決を図る。また、病虫害の発生を単年度の事象として捉えず、長期的に安定した生態系形成をめざすという視点で見ていく。

　⑥雑草対策については、現状ではまだ多くの課題を残しているが、雑草の生育力は圃場の生物的活力を示すものと理解し、**雑草生育自体を敵視**しない。雑草は多種の野生植物の群集であり、生態的な変化（遷移）のなかにあることを適切に認識していく必要があるだろう。そのうえで、雑草と作物との競合を回避し、作物生産と雑草生態がともによりよい圃場生態系を形成するような技術方策の構築をめざす。

　⑦圃場および圃場周辺の**生き物の多様性**に配慮し、生物多様性の保全に支えられた安定した生態系とその活力によって農業生産が安定的に展開していく技術の構築をめざす。

　⑧作物栽培にあたっては、地域の自然条件、気候条件、伝統的な農耕体系、品種の選択、生産物を美味しく食べる消費者の食のあり方、生産における危険分散などを多面的に配慮した、それぞれの**土地になじんだ作型の確立**を重視する。そのような作型とその経営的組み合わせこそ、総合的な農業技術の結晶である。

　⑨農業経営のあり方としては、複合経営を基本とし、それをより能動的に組み立て、展開していくためにも、畜産の包摂、飼料自給型の畜産との適切な連携、すなわち**有畜複合農業の構築**をめざすことが必要である。

　⑩種採り、育種については、**農家自身が自らの技術として獲得する意義**を重視

する。これは農がいのちの営みであることを農業者自身がしっかりと捉えていくうえでたいへん重要な課題である。また、品種改良については、単なる生産性や耐病性、あるいはその他優良形質の導入だけでなく、有機農業で作りやすい品種、根の張りのよい品種の作出、さらには伝統的な文化価値としての在来品種の適切な保全にも配慮していく必要がある。

⑪有機農業は豊かな食と結びつくなかで発展、充実していく。有機農業と結びつく食は**全体食**を志向しており、いのちの産物としての農産物はできるだけすべてを美味しく食べることを望みたい。有機農業は、そのような食のあり方とそれに則した調理などの技術の高まりとともに展開していくことが望ましい。

⑫有機農業において労働の意味は非常に大きい。人間は農作業（労働）をとおして作物、土、自然と交流していく。農作業は農業者の感性を育て、作物や田畑をていねいに観察するプロセスでもある。労働を単なるコストとは捉えず、そこに積極的な意義をおく。有機農業においては、**農作業が喜びと発見と充実のプロセスとして編成・運営されること**を願っている。したがって、近代農業のような単なる省力技術は追求しない。もちろん、多労であることだけに意義をおくものではないが。

⑬農業は本来、個々の圃場や経営だけで完結するものではない。とくに日本の場合は、零細分散錯圃制（農家の農地が分散している）という地域農業体制のもとにあり、農業の地域的な展開の意味がたいへん大きい。また、有機農業が依拠する生態系は原理的にも地域生態系として存在している。有機農業圃場自体が地域の農業生態系の一部を構成していると考えるべきだろう。さらに、生物多様性の視点から重要視されている里地・里山の保全にとっては、そこでの適切な資源利用と結びつけることの重要性も明らかにされている。有機農業における里地・里山に依存した資源利用は、その意味からもとても重要な意味をもつ。こうした取り組みを地域的に広げながら、**地域の自然、地域の林野とも適切に結び合った地域農法の形成と確立**をめざしたい。

⑭有機農業は、その時点の生産だけでなく、5年後、10年後、100年後の農の豊かな展開を願って取り組まれている。そして、過去の数十年、数百年にわたる農人たちの暮らしとしての農の営みを継承したいと考えている。その意味で、有機農業は広義の文化形成の活動であるとも言える。したがって、有機農

業の評価にあたっては、こうした**長期の視点、世代をつなぐ農の継承**という視点、さらには**文化形成の視点**が欠かせない。

　これらの基本原則は、一朝一夕に実現されるものではない。慣行の近代農業から有機農業への移行においては、体質改善的な転換期を経て、自然共生的な成熟期に向かうことが通例である。転換期には2～3年を要する例が多い。とはいえ、転換期を経た有機農業は試行錯誤を伴いながらも、「だんだんよくなる有機農業」として展開していくことは、多くの実践者によって実証されてきた真理である。上述の14カ条の基本原則は、そうした全国の有機農業家の諸実践を踏まえて整理したものである。これから**有機農業にチャレンジされようとするみなさんの参考指針**としていただければ幸いである[4]。

7　有機農業推進の視点から見た有機JAS制度の問題点

　最後に、有機JAS制度の問題点について述べておきたい。
　日本における有機農業についての現時点の法制度は、JAS法（農林物資の規格化及び品質表示の適正化に関する法律）に基づく**有機JAS制度**と**有機農業推進法**がある。この二つの法制度は、「有機農業とは何か」についてかなり異なった認識の上に成り立っている。
　有機JAS制度は、商品として流通する有機農産物などの品質保証のための表示制度であり、その基礎にはJAS規格（「有機農産物に関する日本農林規格」など）が置かれ、おもな内容は**栽培管理の規格基準**である。それらの規格基準に基づいて、有機農産物とそれ以外の農産物との明確な差異を認証し、**国家認証シール（有機JASシール）**を商品に貼付することで明示する仕組みとなっている。有機JAS制度では、有機農業はそれ以外の農業と明確に区別される完結した特殊農法として位置づけられ、価値判断としては、国は推進でも抑制でもなく、中立の立場に立つ。
　それに対して有機農業推進法では、**有機農業を単なる特殊農法ではなく農業の望ましい方向性**として位置づけ、国や自治体はそれを**推進する責務を有する**と規定している。同法では、有機JAS制度の認証を受けているかどうかは問題とされていない。その生産物については、認証を受けていないものも含めて「有

機農業によって生産される農産物」(第 3 条 2)という法文上の規定が与えられている。そして、同法の制定を提案した有機農業推進議員連盟の設立趣意書(2004 年 11 月)には、次のように記されている。

「我々は、人類の生命維持に不可欠な食料は、本来、自然の摂理に根ざし、健康な土と水、大気のもとで生産された安全なものでなければならないという認識に立ち、自然の物質循環を基本とする生産活動、特に有機農業を積極的に推進することが喫緊の課題と考える」

こうした両者の認識の違いのポイントは、一つには有機農業を完結した特殊農法と捉えるか、農業の一般的あり方として捉えるかであり、二つには有機農業を普及・推進すべき事柄であると捉えるか、普及・推進にはかかわらないと考えるかにある。この違いは、たとえば有機農業への転換プロセスについても同様である。有機 JAS 制度では、有機農業の不十分な段階として消極的に捉えるのに対して、有機農業推進法においては、有機農業の普及・推進における重要なプロセスとして認識し、転換のあり方の多様性・多元性にも前向きな関心を寄せていく。

有機農業において基準認証論は一つの重要な領域ではあるが、基準認証論から有機農業の全体を論議していくというあり方は適切ではないという認識は、有機農業推進法の制定を機として関係者の間でほぼ共通したものとなった。有機農業が主として規格基準論から論じられることが多かった 1990 年代と比して、最近のこの変化は、有機農業に関する社会的認識の大きな進展として評価できる。

本章ですでに詳しく述べたように、有機農業とは、完結した特殊農法ではなく、農業の一般的発展方向を示すものである。それは、さまざまな実践を踏まえて発展し、深化し、成熟していく。

農業はもともと自然に依拠して、その恩恵を安定して得ていく、すなわち自然共生の人類史的営みとしてあった。ところが近代農業では、科学技術の名の下に農業を自然との共生から自然離脱の人工世界に移行させ、工業的技術とその製品の導入による生産力の向上がめざされる。こうした近代農業は、地域の環境を壊し、食べものの安全性を損ね、農業の持続性を危うくしてしまった。それに対して有機農業は、近代農業のそうしたあり方を強く批判し、農業と自然との関係を修復して自然の条件と力を農業に活かし、自然との共生関係回復

の線上に生産力展開をめざす。

　有機 JAS 制度にはこうした認識が欠如している。しかし、有機 JAS 制度は、有機農産物の商品表示という点では包括的な強制制度であり、厳しい罰則も付いているため、有機農業の技術発展に制約となる場合も少なくない。したがって、有機 JAS 制度は有機農業推進法制定という状況の変化に対応して**抜本的見直**しが求められており、強制制度を任意制度に改める、認証基準を日本の実状にマッチするように見直す、認証手続きを簡便に改める、認証経費を引き下げる、などの措置が必要となっている。

　第Ⅲ部以降の有機農業の技術論を理解していくうえで、有機 JAS 制度のこうした問題点についてもしっかり認識していくことも大切である。

(1) 本節についてより詳しくは、中島紀一「有機農業推進法の施行と有機農業技術開発の戦略課題」日本有機農業学会編『有機農業研究年報 Vol.7 有機農業の技術開発の課題』(コモンズ、2007 年) を参照いただきたい。
(2) 本節についてより詳しくは、中島紀一「水田農法近代化の環境論的意味」日本有機農業学会編『有機農業研究年報 Vol.4 有機農業●農業近代化と遺伝子組み換え技術を問う』(コモンズ、2004 年) を参照いただきたい。
(3) 本節についてより詳しくは、中島紀一「耕作放棄地の意味と新しい時代における農地論の組み立て試論－農地の自然性を位置付け直す－」農業問題研究学会編『土地の所有と利用—地域営農と農地の所有・利用の現時点—』(『現代の農業問題』第 3 巻、筑波書房、2008 年) を参照いただきたい。
(4) 有機農業の公共性・公益性や有機農業の展開方向については、中島紀一「有機農業推進法制定の意義と今後への政策課題」(『農業と経済』臨時増刊号、2009 年 3 月)、中島紀一「有機農業と環境保全型農業の政策的関連性と相違性」(『農村と都市を結ぶ』2009 年 6 月号) を参照いただきたい。

▶西村和雄の辛口直言コラム◀

有機農業って何?

「有機農業って何ですか」と聞かれたとき、きちんと説明できますか? よく考えてみると、話はややこしいのです。

「農薬や化学肥料を使わないのが有機農業です」

決してそれだけでは有機農業とはいえません。農水省は長く、有機農業という言葉を使わずに、環境保全型農業と呼んできました。それってどういう意味? 第2次世界大戦後に始まった近代化された農業が、環境を壊しながら生産を続けてきたということでしょうか。

そうなんです。農薬をぶちまけ、化学肥料をガンガン投入し、その結果、レイチェル・カーソン女史が著した『沈黙の春』に象徴される環境汚染を引き起こしたのですから。

それなら、「環境に配慮した有機農業」と言えばいいと思うのですが、農水省が有機農業を主導してきたわけではありませんん。無視(黙殺)し続けた名前をおいそれと使えないという後ろめたさがあったのでしょうね。エコファーマーのような新造語も生まれましたが、やはりピンと来ません。

では、有機農業ってなあに?

それは「自然資源を効率よく効果的に利用して食料を生産し、あわせて自然資源の再生産を工夫する農業」です。

こうした有機農業を行うためには、注意深い観察力、何が起こっているのかを見抜く洞察力、さらに次に何をなし得るのかを決定する決断力が必要とされます。

第Ⅲ部

有機農業の基礎技術

第1章 健康な作物を育てる──植物栽培の原理──

明峯　哲夫

1　植物が生きる世界

(1) 人間は植物なしに生きられない

　人間は植物なしに生きられない。しかし、植物は人間なしでも生きられる。誰もが知るこの事実は、人間と植物との関係を考えるうえで、もっとも基本的なテーマである。

　穀物、イモ、豆、野菜。これらの人間の食べ物は、植物が作り出したものだ。人間は植物を食べて生きている。一方、肉、乳、卵なども、人間の大切な食べ物だ。これらはウシ、ブタ、ニワトリなどが生み出した。人間は動物も食べている。これらの動物たちは、穀物や草など植物を食べて育つ。だから、人間は肉、乳、卵などの形で植物を食べていることになる。人間は道端の草は食べられない。ウシやヤギはそれを食べる。そのウシやヤギの乳を飲む人間は、とどのつまりは道端の草を食べているということだ。

　日本人の好きな魚はどうか。魚は自分より小さな魚を食べて育つ。その小さな魚は、より小さな魚を食べる。そして、そのより小さな魚は、水中に浮遊する微小な藻類、つまり植物を食べて育つ。人間は魚という形で、やはり植物を食べている。

　動物、植物を問わず生物は、生命を維持するために**有機物**[1]が不可欠である。だが、動物は自分で有機物を合成できない。そこで植物や動物を食べる。生物の体は有機物の塊だ。このような動物の栄養の摂り方を**従属栄養**と呼ぶ。動物である人間は従属栄養生物というわけだ。

　人間が植物に従属、つまり依存しているのは、食べ物だけではない。人間が着るものを考えてみよう。麻（リネン）や綿（コットン）は、それぞれアマやワタ

という植物が作り出した繊維だ。一方、絹(シルク)はカイコが、羊毛(ウール)はヒツジが生み出した。カイコガはクワの葉、ヒツジは草を食べて育つ。つまり、絹も羊毛も植物が作ったことになる。ついでに人間の住まいはどうか。世界中には石や泥、鉄やコンクリートの住居もある。けれども、木や竹、つまり植物で作った家も多い。

　人間は植物で空腹を満たし、植物を身にまとい、植物に守られ、眠りにつく。人間の生存は、たしかにまるごと植物に従属している。

　人間が従属栄養生物であることを知る人は、少なくない。だが、人間が何に従属しているかをうっかり忘れてはいないか。人間はほかでもない植物に従属しているのである。人間は植物なしに生きられない。この事実を理解すれば、次のことは誰にでも了解される。そう、人間が生き続けるためには、精一杯植物を大切にしなければならないということだ。

(2) 植物はなぜ動かないか

　林の中に分け入ってみよう。樹々は大地に根を張り、動きといえばせいぜい風に梢をそよがせるだけ。一方、虫、鳥、獣たちは忙しそうに蠢き、飛び、走り回っている。川や湖でも同じだ。水中の微小な藻類は水の動きに浮遊するばかり。ところが、同じ単細胞の生物でもゾウリムシは違う。体の周囲に付着する鞭毛を巧みに動かし、なにやら盛んに泳ぎ回っている[2]。

　なぜ、植物は動こうとせず、動物は忙しく動くのか。これは両者の「食べ物」と「食べ方」の違いから説明できる。

　動物の食べ物は、自分と離れた場所で生きる生物(動植物)の体。とにかく、そこまで自分の体を動かさなければならない。そのために動物は器用に動き、獲物をせしめるようにできている。

　まず、食べ物となる動植物の存在を的確に認識しなくてはならない。動物にはそのためにさまざまな感覚器が発達し、それらで捉えた形、色、匂いなどの情報を頼りに、獲物を定める。次に、獲物のいる場所まで正確に近づく。動物が餌の場合、とくにこの能力が優れていなければならない。なにしろ相手も動く。その逃げ足に勝る脚力と、相手を打ち倒し、引き裂く腕力やキバなどの強力な武器が不可欠だ。

　植物が獲物の場合は、口に入れるまではそう厄介ではない。幸いにも相手は

不動の存在だ。しかし、それからが大仕事。若い木の芽や柔らかな果実などを別にすれば、植物の体はたいてい硬い。頬ばった食べ物を磨砕する強い顎や歯、飲み下したものを時間をかけて消化する長く伸びた腸が、欠かせない。

ところで、植物の細胞はその周囲を分厚く丈夫な細胞壁が覆っている。この細胞壁の主成分であるセルロースは、どんなに時間をかけても消化できない。人生のすべてを植物の葉で過ごすカタツムリを除き、動物はこの物質を消化する酵素を持ち合わせない。そこで、動物は実に巧妙な方法を思いついた。それは、消化管の一部に消化のための援軍、つまりセルロース消化酵素を持った特殊な微生物を同居させることだ。こうして、ウシやヤギのように大量の草を食べる動物や、シロアリのようになんと木材を主食にする動物まで登場した。

それにしても、なぜ植物は動かないのか。

植物の食べ物。それは、光、水、二酸化炭素、それに窒素やリンなどの無機塩である。植物は太陽の光を"食べ"、そのエネルギーを利用して、同時に"口にした"水、二酸化炭素、窒素、リンなどの**無機物**から有機物を合成する。この反応過程が**光合成**である。このような植物の栄養の摂り方を**独立栄養**と呼ぶ。植物は独立栄養生物、つまり生きていくために他の生物の体に依存する必要はなく、自立的に生きる存在ということだ。

海や湖や川は水、つまり植物の食べ物の塊。水中でもそう深くなければ、水面から入射する光は十分に強い。だから、これらの場所にはたくさんの植物（藻類と呼ばれる）が暮らしている。

水は二酸化炭素や栄養塩をよく溶かす。溶け込んだこれらの物質は、水中を速やかに拡散する。食べ物のほうが動く。植物は食べるために自分の体を動かす必要がなくなる。水中に浸っているだけで、何km、何十km離れた場所で溶け込んだ食べ物を食べることだってできる。

水中植物の"食生活"は、漂っていればよいというお気軽なものだが、陸上で暮らす植物は食べるためにいささかの努力をしている。

陸上で水が存在するのは、土の中。植物は土から水を探し出し、それを体に吸い上げる仕組みが必要になる。それが**根**だ。根を土中に深く広く伸ばし、植物は水を"飲む"。この水には**栄養塩**がしっかり溶けている。ところで、水中と違って陸上では、植物の体に浮力がほとんど働かない。水中ではユラユラと立ち上がるコンブも、浜に引き揚げればペタッと伏すばかり。これでは光を食

べられない。光を体いっぱいほおばるには、体を直立させなければならない。そのためには体を垂直に維持する骨格が必要になる。それが**維管束**と呼ばれる構造である。

維管束は、根から葉に向かう道管と、葉から根に向かう師管という二種類の管の束である(図Ⅲ-1-1)。これらの管は、それぞれ根から吸い上げた栄養塩や葉で合成した有機物を水に溶かし込み、体の各部分に輸送する。これらの管のうち道管の細胞の細胞壁には、セルロースの内側にリグニンというこの地上でもっとも分解しにくい丈夫な物質が塗り込まれている。そのため管全体が強靭な骨格の役割を果たし、植物は大気中を伸びやかに直立していく。そこには光があふれ、二酸化炭素が満ちている。植物は葉でそれらを食べる。

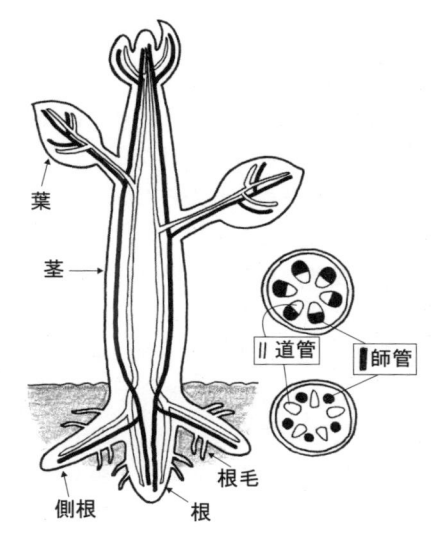

(注)根毛から取り入れられた水と無機塩は道管に入り、地上部に送られる。葉で合成された栄養分は師管に入り、体の各部分に送られる。道管の細胞壁は肥厚している。

図Ⅲ-1-1　維管束の構造

こうして陸上で暮らす植物は、光と二酸化炭素と栄養塩を食べて生きようとするかぎり、葉を天空に、根を地球の中心に向けて伸ばす努力さえ怠らなければ、体を動かす必要はないのである。

(3)生産者－消費者－分解者

植物は有機物を自ら合成し、動物は植物を食べて有機物を仕込む。植物や動物が手に入れた有機物は、体作りに使われる。その一部は分解され(この過程を**呼吸作用**という)、その過程で放出された化学エネルギーはさまざまな生命活動を支える。呼吸により分解された有機物は、水、二酸化炭素、何種類かの無機塩に戻る。これらの無機物を動物は再利用できない。二酸化炭素は鼻の穴から、水と無機塩は尿としていっしょに環境に捨てられる。植物の場合、体内で発生した無機物は有機物合成の素材として再利用できる。だから植物は排尿

しない。

　生物の個体には寿命がある。時が来れば死ぬ。植物や動物が死んだ後、その体はどうなるのだろう。そのままなら、この地上は生物の死骸であふれ返る。しかし、現実はそうはならない。生物の体を構成していた有機物は速やかに無機物に分解されるからだ。つまり、朽ち果てる。

　その仕事をしているのが、人間には見えないほど微小な生物たちである。彼らは**菌類**や**細菌類**と呼ばれる。菌類は**カビ**や**キノコ**の仲間。細胞が縦に並んだ細い糸状の体をしている。細菌類は**バクテリア**の仲間。菌類の細胞よりずっと小型のたった1個の細胞で生きている。これら地球の掃除人たちは、水中や土中に暮らしている。裏庭に生えた雑草の根のあたりの土を2本の指でつまんでみると、そこには10億に近いこれら生物の個体が生きている[3]。

　植物は有機物を合成する**生産者**。その植物を食べる動物は**消費者**。そして、その植物と動物の死骸を分解する微小な生物たちは**分解者**。こうして生物の世界を構成する三つの役割が出そろった。

　この三者が互いに活かし、支え合いながら共存しているシステム。それが**生態系**である。森林、草原、砂漠、海洋、湖沼、河川……。これら一つひとつが生態系であり、それらを併せた地球そのものが一つの大きな生態系である。これから述べる農業という人間の営みも、農地を中心とした農業生態系を作り上げ、そこでは生産者-消費者-分解者がそれぞれ相互作用を繰り広げている。

(4)植物と動物の相互作用

　動物は植物を食べる。動物は植物なしに生きられない。一方、植物にとって動物とは何か。単に、自らを食べ尽くそうとする敵対者なのか。実は、植物は生き続けるために、この敵対者である動物を巧みに利用している。

　植物もまだ見ぬ遠くの世界に憧れる。彼の地はここよりずっと快適で、より多くの子孫を繁栄させられるかもしれない。けれども、植物は動けない。そこで、彼らは子どもを遠くに産み落とそうとする。そのためには、**花粉**や**種子**を遠くに飛ばさなければならない。

　イネ科やスギ科などの植物は、花粉を風で飛ばす。花粉は大量で、小さく軽い。強い風が吹く。植物体が激しく揺さぶられる。その勢いで花粉はいっせいに吹き飛ぶ。何km、何十kmの遠方で育つ同種の植物の雌しべの先端がめざ

すべきゴール。スギ花粉とて人間なる動物の鼻の穴に飛び込み、くしゃみを引き起こすことは決して本意ではない。

　種子も風に飛ばされる。タンポポの種子にはパラシュートが付いている。気流に乗ってどこまでも旅をする。カエデの実は竹とんぼ。クルクルと回転しながら落ちてくる。手がこんでいるのはヘチマ。樹にまとわりついたツルは一夏中伸び続け、高い梢の先端に実を着け、時を待つ。風でブラブラ揺れる大きな実。その底が突然はずれる。底から飛び出した種子は、揺れる反動で強く放たれる。まるで投石器で飛ばされる石のよう。扁平で軽い種子の縁は小さな翼。それが吹く風に乗る。

　ヘチマと同じウリ科でも、ヒョウタンの実は底が抜けない。その中に含まれるおびただしい数の種子は、実が地上に落下して腐るまで、閉じ込められたままだ。ヒョウタンの故郷は西アフリカの熱帯草原。激しく降ったスコールでにわかにできた川の流れに実が落ちれば、広大な草原を旅することになる。ヒョウタンの実は水に浮かぶ。

　大地を移動するのは、吹く風や流れる水だけではない。動物も大地を移動する。そこで植物は、花粉や種子を動物に運んでもらおうと思いたった。

　花粉を昆虫に運ばせる植物。彼らはカラフルで大きく目立つ花を着ける。虫に自分の存在を誇示している。近づいてきた昆虫を甘い蜜と強い香りで誘引する。蜜は昆虫へのごほうび。花粉は粘液や粘糸などで付着し合う。虫たちは花粉の塊を体に付けたまま、花から花へと飛び回り、遠く離れた個体への授粉を成功させる。植物によって訪れる昆虫の種類は決まっている。ミツバチ、ハエ、チョウ、甲虫類……。夜から早朝にかけて開花する植物には、ちゃんと夜行性のガが訪れる。

　オナモミ(キク科)やヌスビトハギ(マメ科)などの種子は、いつのまにか動物の体の表面にくっつき、動物といっしょに旅をする。まるでヒッチハイカー[4]。種子の表面にカギや毛などを付けておくだけで用がすむ。

　カキやグミなど木の実の種子は、なんと動物の消化管に潜り込んで旅をする。実が動物に食べられる。紛れ込んでいる種子は硬く、消化できない。とある場所で動物が用を足す。いっしょに種子が排出される。動物は種播きまでしてくれるのだ。しかも糞、つまり"**有機肥料**"といっしょに。

　動物に食べられる木の実の果皮は、フラボノイドと呼ばれる赤や黄色の色素

を持つ。それが動物たちへのシグナルとなる。果肉には、糖、有機酸、アミノ酸などの低分子物質がたっぷり含まれる。これらは動物の栄養になり、独特の甘味、酸味、旨味、そして芳香を醸す。芳香の主成分は**テルペノイド**と呼ばれる物質だ。これらの実は柔らかく、種子を運んでくれる動物への何よりのごほうびになる。

実に紛れ込む種子には、デンプン、タンパク質、脂肪などの高分子物質が蓄積している。これらは種子が発芽するとき使われる、次世代の栄養である。種子には毒が盛られていることが多く、硬い。こうして、種子は動物の消化管を無傷で通過する。

植物は動物に花粉や種子を運んでもらうべく、さまざまな工夫を凝らしている。そして、動物もその期待にみごとに応える。昆虫の口器の形は、訪れる花の構造にマッチしている。ユリやマツヨイグサなどの蜜腺が奥にある花には、チョウやガなどのストローのように伸びる口を持った昆虫が訪れる。花を訪れる昆虫、木の実を食べる鳥は、色覚が発達している。熱帯雨林の樹上で暮らす霊長類も、果実をたくさん食べる。深い緑を背に、赤い実を見分けられなければ、たちまち飢える。赤緑色盲のお猿さんはいない!?

ただし、植物にとって悩ましい問題がある。動物にごほうびとして準備する栄養と、植物体あるいは種子に蓄積させる栄養のバランスだ。ごほうびをケチると、動物は見向きもしない。過剰だと、肝心の自分の体作りや子育てがうまくいかなくなる。植物はその絶妙なバランスを見つけ出し、動物との共存を成功させている。

(5)植物と分解者の相互作用

分解者である微小な生物のほとんどは、自分で有機物を作り出すことはできない[5]。彼らも生きるために有機物が必要だ。その有機物は植物(**落葉、落枝、枯死体**という形で)あるいは動物(**排泄物、遺体**という形で)から供給される。掃除人である彼らは、そもそも掃除すべき有機物がなければ存在しえない。消費者と同様、分解者も生産者としての植物なしには生きられない。

では、植物にとって分解者はどのような存在か。

植物の栄養である二酸化炭素や無機塩は、分解者が生み出す。掃除人である分解者は、生物の死骸からせっせとこれらの栄養分を再生している。彼らの働

【団粒構造の土】
水はけがよく、かつ水もちがよい。

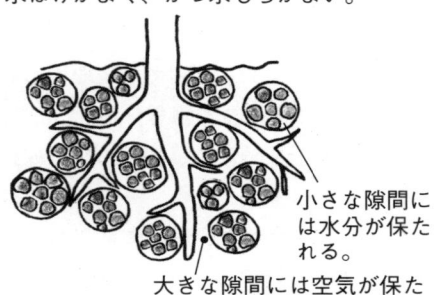

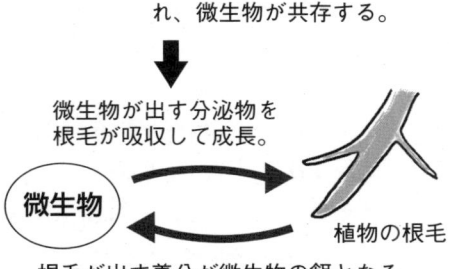

小さな隙間には水分が保たれる。

大きな隙間には空気が保たれ、微生物が共存する。

微生物が出す分泌物を根毛が吸収して成長。

微生物　　植物の根毛

根毛が出す養分が微生物の餌となる。

【単粒構造の土】
水はけが悪く、かつ水もちが悪い。

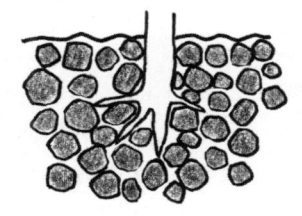

水分が保たれないので、日照りが続くと土はすぐに乾燥し、固くなる。

雨が続くと泥沼状態になり、水はけがよくない。

図Ⅲ-1-2　団粒構造の土と単粒構造の土

きがなければ、これらの物質は枯渇する。掃除人がいなければ、植物の生は成り立たない。そこで植物は、身のまわりの環境でこの掃除人が元気に生きていけるよう力を尽くしている。

　植物の根は、水や無機塩を吸い上げる**吸収器官**。物質の流れは、土から根へというわけだ。しかし、同時に根からはさまざまな物質が分泌されている。糖、有機酸、アミノ酸、ビタミン……。根から土へも物質は流れている。根は**排出器官**でもある。

　根から排出された物質のなかで粘性（粘り気）のあるものは、土の粒子同士をくっつける接着剤の働きをする。土の小さな粒はくっつき合い、大きな粒となる。**土の団粒化**と呼ばれる現象だ[6]。粒と粒との間隙が大きくなれば、土はその間に空気や水をたっぷり貯えられる。それだけ根の発育には好都合になる。こうした団粒構造は、土の中に暮らす微小な生き物たちにとっても好ましい（図Ⅲ-1-2）。

根から分泌された物質は、周辺に暮らす分解者の栄養ともなる。根は自ら分解者を培養している。これらの分解者のなかには、空気中の窒素ガスからアンモニアを合成する優れものもいる[7]。このアンモニアは根から吸収され、植物の栄養となる。分泌される物質のなかには、根そのものにとって有毒なものもある（だから排出したのだろう）。掃除人たちは、これらの毒物を分解し、解毒してくれる。また、植物ホルモンのような物質を合成分泌し、植物の根の成長を促してくれる分解者もいる。

　こうして根の周辺には、さまざまな働きをする微生物が旺盛に暮らしている。彼らの存在は、植物が病気を予防するうえでも好ましい。土の中に多様な微生物が生活していれば、植物に病気をもたらす特定の病原菌（彼らも分解者の一員だ。ただし、死んだ植物ではなく生きた植物の体を"分解"しようとする）だけがはびこることはない。

　分解者も根のまわりで分泌物を排出している。これらの物質も土の団粒化を促す。微生物から分泌された有機物は根に吸収され、植物の成育を促すことがわかっている[8]。つまり、植物の主食は無機物だが、場合によっては有機物も食べる。その分解者もやがて死ぬ。その死骸の分解物（分解者の死骸は別の分解者が分解する）も、もちろん植物の栄養となる。

　もしこれらの分解者たちが、何らかの原因でうまく働かなくなったらどうなるか。植物は自ら分泌した毒物で自家中毒を起こすかもしれない。特定の病原菌が勢いを得て、根は深刻な病気に侵されるかもしれない。

　植物は自ら培養した分解者の助けを得て、健全な成育をするのにふさわしい環境を自ら創り出しているのである。

　植物の健康。それは周囲に生きる消費者（動物）、分解者（土壌微生物）との健やかな相互作用によって生まれる。この原理を応用し、植物を健康に育てようとする人間の営みが、本来の農業である。

2　植物栽培の永続性

(1) 農業は「庭」で発見された

　いまから数百万年前、サルからヒトが進化した。それ以来ヒトはずっと採集

・狩猟の暮らしをしてきた。そのヒトが農業をスタートさせたのは、約1万年前。人類の歴史で考えれば、ほんのちょっと前のことだ。だから、人間はまだ**農業**という"**先端技術**"に慣れていない。人びとの農業への理解はまだおぼつかないのである。畑で鍬を振るうより、野山に分け入り、木の実を拾い、動物を射ることのほうが、人間の心身には自然で素直だからだ。現代人の多くが農業に忌避反応を示すのは、農業が"古臭い"からではなく、その"先進性"についていけないからかもしれない[9]。その人間が畑を耕し始めたのだから、それには強い動機があったにちがいない。

農業の起源について従来いわれてきたのは、「気候変動説」である。それもいろいろある。長い氷河期が終わりを告げたのはおよそ2万年前。気候が暖かくなったので、植物を栽培し、動物を飼育し始めたという考えがある。それとは逆に、いったん間氷期に入り暖かくなったが、一時的な寒の戻りで気候が乾燥化し、農業が始まったという考えもある。乾燥化すると、植物の種子繁殖能力は高まり、ムギなどの栽培には有利になる。

いずれにしても、農業は地球のどこかで一元的に始まり、それが世界中に広がったのではないだろう。世界各地で(おおむね)同時的・多発的に始まったと考えるほうが合理的だ。そのきっかけとなったのは気候の変動も含め、それぞれのケースで多様だったにちがいない。

少なくとも確かなのは、人間はいきなり広い畑を準備し、そこに種子を播くという形で農業を始めたのではないということだ。人はまず「農の原理」を発見した。そうして初めて、実際の農耕活動が可能になる。農耕の開始は瞬間的に起こったものではなく、緩慢な過程だった。

農業の起源を考える場合、人間はどこで、どのようにして農の原理を発見したかがポイントになる。その答えは明らかである。人間は「**庭**」で、意図することなく偶然、農の原理を発見したのだ。

人が暮らす周辺の空間が庭である。農民には定住が必要だが、採集、狩猟、漁労民も、良好な収穫が期待できる場に暮らしの拠点をおいた。人が一定の場所に定住もしくは半定住することで、庭という空間が出現する。

庭は森林を伐採したり、草原を踏み分けて拓かれた人為的な空間である。そこからは、それまで生きていた動植物の多くは駆逐されている。しかし、空っぽになった庭には、さまざまなルートで多様な生物が侵入してくる。庭は、そ

の生物たちと人間との日常的な交流の舞台となった。この交流から、人間は徐々に農の原理を発見していったのだ。

　庭にはさまざまな植物の種子が舞い込んでくる。風で飛んでくるもの、鳥や動物により運ばれるもの。それらが**発芽**し、**成長**する。人びとにとってすでに馴染みの植物もあれば、日ごろ見かけないものもあったにちがいない。なかには、人びとの暮らしにとって魅力あるものも含まれていたかもしれない。

　一方、人びとが運んできた採集物が庭先でこぼれる。イネ科の種子、マメ類、木の実……。それらが発芽し、成長する。根や地下茎が肥大したイモ類の場合、人びとはしばしの貯蔵のため土に埋けたかもしれない。それが発芽し、成長する。

　庭先には、人びとの食べ残しが捨てられただろう。貯蔵中に発芽したり、腐敗したものなどだ。木の実やウリ類などは、種子は食べられずに庭先に捨てられる。それらが発芽し、成長する。堆肥の山から芽生えたカボチャが周囲を埋め尽くすまでに成長する様子は、いまでもよく目撃できる。

　アフリカの乾燥地帯の人びとの大切な食べ物、スイカ。種子は小さく、多い。思わず飲み込んでしまう。だが、消化はされない。排泄物といっしょに出てくる。1万年前には水洗トイレはなかった。庭の片隅の藪の中で用を足す。その排泄物からスイカが育ってくる。このスイカは、野に育つスイカより大きな球を結んだかもしれない。

　この体験は人びとに"**播種**"の原理と同時に、"**施肥**"の原理も教えた("**有機農業**"の発見！)。あるいは、動物の遺体の一部を庭先に埋める。死んだ人を庭に埋葬する。その"墓"の上に育つ植物は猛烈に繁茂した。そこで……。

　庭に植物を**移植**することもあったろう。実の着く樹木、それらの稚樹、株分けが容易なサトイモの仲間などだ。これらが庭先に根付けば、遠方まで出かける必要はなくなる。舞い込んできた種子、こぼれ、捨てられた種子から植物が成長してくることに比べ、移植は人びとの意識的な行動だ。人は農に一歩近づく。これは動物についてもいえる。狩りの対象となる動物、たとえば、野鶏、野猪などを生け捕りにして、庭に放つ。彼らは人間の捨てた食べ残しや、庭先の草、虫などを食べて、そこで暮らすようになる。人びとは必要なとき、それらを食用の足しにした。

　また、人びとが庭に持ち込んだ動植物は、必ずしも食用を目的にするだけで

はない。

　庭先の水たまりに株分けされた熱帯アジアの水辺植物ジュズダマ。人びとはその実を装飾用として利用したかもしれない。このジュズダマから人間はやがてハトムギという穀物を作り出した。地中海沿岸に自生する野生のキャベツ。現在のケールに姿が似たこの植物は、最初は薬用（胃薬や二日酔い予防薬）として人びとに注目されたのだ。半栽培化されてから何千年の後、それはみごとに結球するキャベツに改良された。アジアの熱帯雨林で暮らす野鶏。それらを人びとが捕獲し、庭に持ち込んだのは、時を告げる習性を時計代わりにするためだったろうか。その野鶏はやがて家鶏、つまり人びとに卵や肉を供給するニワトリに変身した。

　庭を舞台にした人と動植物との密接な交流。人びとはこのなかで生き物が「育つ」過程をつぶさに観察した。そして、そのことにより生き物を「育てる」うまみに気づき、そのための知恵とノウハウを徐々に身につけていったのである。庭こそ農を育む揺りかごだった。

　人間による農の営みで、植物はやがて**作物**になる。それによって人間が得たものは大きかったが、植物が失ったものは小さくない。

　イネやムギなど穀物の種子は脱粒しなくなった。本来、植物の種子は熟すと自然に落下する。つまり植物は自分で種播きをしている。ところが、植物のこの性質は、穀粒を収穫しようとする人間には都合が悪い。収穫する前に勝手に脱粒してしまったら、人間は飯の食いあげだ。そこで人間は、作物化の過程でこれらの植物から脱粒遺伝子を奪った。その結果、人間は脱穀という煩雑な作業をするはめになり、植物は人間に種播きしてもらわなければ繁殖できなくなった。

　キャベツの原種。それはおおらかに葉を広げ、春になると、伸びる花茎の先端に黄色い小さな花をたくさん着ける。しかし、キャベツは緻密に巻いた葉の中に花茎を閉じ込め、闇のなか花は開かない。

　巨大な実を鈴なりに着けるトマト。その重みは、自力で立つことを奪った。人間に頑丈な副木を当ててもらわなければならない。

　人間は植物の"味"も変えた。当代の野菜や果物は、人間にとって実に口当たりがよい。エグ味、苦味、辛味、渋味などが失われてきた。これらの味は、植物が動物や微生物の攻撃から身を守るため、細胞内に蓄積した代謝産物が醸

す。甘味だけを強化する"改良"は、植物に武装解除を強いている。

　人間が作り出した作物は、特定の器官や機能が肥大した奇形植物である。だが、奇形植物だからといって、生きる基本的仕組みが変わったわけではない。彼らは依然、植物そのものだ。健康な作物を育てるためには、何よりも植物の本性を十分に理解しなければならない。

(2)永続する栽培方式

　人間は世界中で、さまざまな栽培方式を考案してきた。だが、1000 年、2000 年という長い期間にわたって永続的に営まれてきたものは、そう多くない。永続性が高いと考えられる栽培方式をいくつかあげてみよう。

①焼畑耕作

　おもに雨季・乾季が明瞭な熱帯・亜熱帯地域で古くから行われてきた。乾季の終わりに一定面積の森林を伐採し、火入れする。雨季の初め、そこに種子を播く。生育する植物への栄養は、樹木の灰だ。2〜3 年栽培した後は放棄される。放棄地は**二次遷移**[10]が進行し、20〜30 年後には森林が再生する。**適正な休閑期間が維持**されているかぎり、この方式は永続する。永続性を保障するのは、森林に存在する有機物のストックである。何らかの要因で休閑期間が短縮され、森林の再生が妨げられると、ストックが減少し、耕作は行き詰まる。

②水田耕作

　山間の谷筋に畦を築き、水を溜める。その水田で、サトイモやイネなどの湿生植物を栽培する。この方式は、アジアの熱帯から温帯にかけて古くから行われてきた。

　水田で生育する植物の栄養は、流れ込む水の中に溶け込んでいる。この栄養分は上流の森林からもたらされる。森林土壌には落葉や落枝に由来する大量の有機物がストックされている。それらは土壌中の分解者により、徐々に植物の栄養となる無機物に分解される。無機栄養分は雨水とともに地下へ浸透し、地下水は下流域の谷筋に湧き出す。その湧き水が水田に貯えられる。水田耕作の永続性を保障するのは、**上流域の森林に存在する有機物のストック**である。それらの森林が破壊されれば、水田耕作は行き詰まる。

③ヨーロッパの有畜・輪作型耕作

　西欧で古くから行われてきた方式である。この方式の永続性を保障するのは**草資源**だ。草にストックされる有機物は、森林のそれに比べ著しく少ない。そこで、この方式はその脆弱さを補強するため、動物の飼育と複雑な輪作を導入している。まず、植物（草）を動物に食べさせる。消化された無機物と未消化の有機物は濃縮され、動物から排泄される。その排泄物を厩肥として栽培地に還元する。一方、さまざまな生理・生態特性をもつ植物を時間的・空間的に組み合わせて栽培し、地力の保持・増進を図る。

　この方式は、18世紀末から19世紀なかばにかけての農業革命[11]で完成する。それまでの春播きムギと秋播きムギの輪作の間に、クローバーやエンドウなどのマメ科の植物（根に根粒細菌が共生し、空中窒素からアンモニアを合成して地力を増進させる）、あるいはカブ、テンサイ、ジャガイモなどの根菜類（土の深いところまで耕してくれる）を作付けするようになった。たとえば、オオムギ→カブ→クローバー→コムギといった4年ひとサイクルの輪作が行われる。

　この結果、ムギ作後の地力回復が顕著になり、またムギ作の間に作付けされる植物はタンパク質含量や熱量が高く、動物の上質の飼料となった。動物の飼育頭数は増え、従来の放牧主体から舎飼いへの移行も行われる。そのため厩肥の量は増え、それを回収して栽培地に還元することも、より容易に、適切に行われるようになった。農地はいっそう肥沃になり、穀物自身の生産性も高まった。

　この方式の永続性は、**動物飼育頭数と農地面積の絶妙なバランス**によって決まる。したがって、穀物の生産量を高めようとする圧力はこの方式を悪循環に陥れ、永続性を奪う。穀物栽培地の拡大は飼料用植物の栽培を減少させ、動物飼育頭数と厩肥量の減少をもたらす。その結果、穀物への厩肥還元量は減少し、穀物の生産性は減退する。動物飼育頭数拡大への圧力も、同様の悪循環をもたらす。

　世界最古といわれるチグリス・ユーフラテス川氾濫原（現在のイラク）でのムギ栽培は、永続しなかった。その原因は、上流域でのレバノンスギの森林破壊である。下流域での都市国家建設に大量の木材が必要だったためだ。森林破壊によって、上流から大量の土砂と塩分が流失し、三角洲に堆積した。また、森林破壊は雨量の減少など気候の変動をももたらした。旱魃が追い討ちをかけ

る。こうして、"肥沃な三角洲"はついには不毛の砂漠と化したのである。

(3) 畑作の困難性

　畑地は水系から切り離されている。したがって、水系からの栄養分の補給はない。逆に、雨水により土中の栄養分は流亡、溶脱する。さらに、風は表土を運び去る。土壌へは空気が浸透しやすく、土中の有機物は速やかに酸化分解する。台地上や丘陵斜面などに広がる畑地は、このように地力保持の点で大きな困難をかかえている。ヨーロッパの伝統的な畑作は、前述したように、有畜化と輪作化でその困難さを克服しようとした。

　一方、日本列島にもその困難さを克服しようとしたモデルがある。江戸期、武蔵野台地の新田開発もその一つだ。その典型を、現在の埼玉県所沢市から川越市にまたがる広大な三富新田に見ることができる。

　武蔵野台地。ここは富士山や浅間山の噴火に伴う火山灰が堆積した関東ローム層が表層を覆う。この赤土は植物の栄養分の一つであるリン酸が不溶化し、地味が低い。また、台地上であるため地下水位が低い。さらに、内陸のため落雷が多く、野火が絶えない。このため、シイやカシなどの照葉樹林は発達せず、茫々たる萱(ススキ)の原が広がっていたという。

　この不毛の大地に新田の開発を計画したのは、時の川越藩主・柳沢吉保。1694年のことだった。開拓は2年後に終わる。新田の総面積は900町歩(約900 ha)。それを180戸の農家に割譲した。一戸あたり5町歩である。開拓して約50年後の検地帳によると、オオムギ、コムギ、アワ、ヒエ、ソバ、ダイコンなどを中心に作付けされていた。

　三富新田のユニークさは、農地整備のデザインにある。まず6間(約11 m)幅の広い道路を作り、その両側に区画を整然と並べる(列状集落)。一区画は長さ375間(675 m)、幅40間(72 m)の短冊形で、それが一軒の農家の取り分となる(図Ⅲ-1-3)。各区画内では、まず道路側に屋敷を建て、道路に面して屋敷林を造成する。その背後に長い耕地が展開し、一番奥に雑木林を造成する。耕地は5畝(約5 a)の小区画に細分する。一人の人間が一日で耕せる面積が5畝という計算だ。

　屋敷林には、ケヤキ、スギ、ヒノキ、カシなどを植樹する。ケヤキ以外は常緑樹で、冬の強い季節風を避け、火災時の延焼を防止する効果がある。雑木林

には、クヌギ、コナラ、エゴノキなどの落葉樹を植樹する。落ち葉を堆肥にする一方、薪炭林として利用する。

　三富新田の最大のポイントは、**耕地と雑木林の面積をほぼ等しくしたこと**だ。当時の農民たちは"山一反・畑一反"と言った。"山がないとムギはできない"とも言った。水系から切り離された台地上の農業は、"山"つまり森林との結合が不可欠と、彼らは考えていたのだ。その農民の知恵を最大限に活かす土地利用のデザインを実践したところに、三富新田の真骨頂がある。多くの農地開発は森林を伐採して行われる。しかし、三富新田の開拓は森林を新たに作ったのである。

　時が流れ、20世紀後半。三富新田にも化学肥料が導入される。同時に、燃料革命の進行。こうして彼の地の農業の生命線であった雑木林は、その価値がすっかり失われたとみなされるようになる。高度経済成長期以降、広大な林地は、住宅、工業、流通などの用地として開発のターゲットにされた。一方ムギ、オカボ、サツマイモなどを中心にした畑作はほぼ崩壊し、隣接する首都東京に向けた野菜専作地へと変貌していく。

(4) 植物が植物を支える

　農業は、農地を舞台に行われる。その農地からは、必ず一定量の収穫物が持ち出される。その収穫物には、植物が農地で吸収した栄養分が濃縮されている。植物が吸収した栄養のうち、光、二酸化炭素、水は無尽蔵にあるとしても

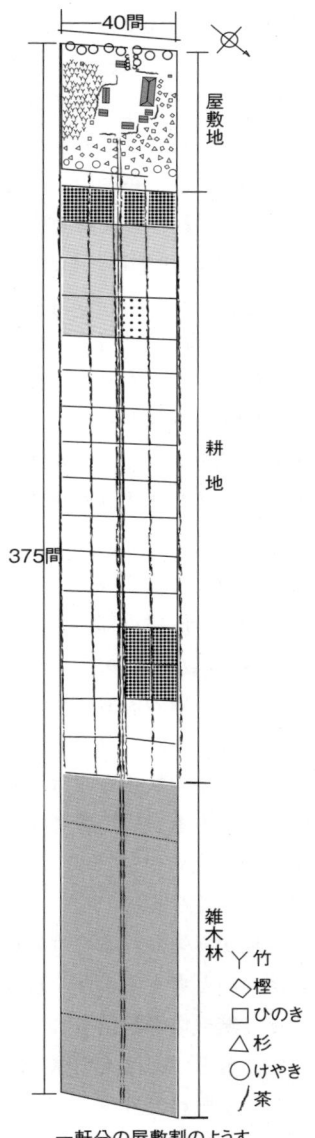

一軒分の屋敷割のようす
(出典)「三富新田の開拓」三芳町教育委員会、1998年。

図Ⅲ-1-3　三富新田の一区画

（乾燥地域の農業では、水は貴重な栄養分だが）、無機塩は農地には一定量しか含まれていない。収穫物に含まれて農地から持ち出された無機塩が何らかの形で補われなければ、その農地での植物栽培は持続しない。

農地からは、**人間が食べる部分以外は持ち出さない**ことが原則だ。ムギならば、根、ワラ、モミ殻。キャベツならば、根、外葉。サツマイモならば、つる（茎葉）。これらを家畜の敷きワラや飼料として利用する場合は、家畜が排泄した屎尿を堆肥化し、それを農地に戻す。雑草を取り除いた場合は、そのまま農地に置いておくか、堆肥化して戻す。

キャベツの葉に付く"にっくき"アオムシ。彼らも人間同様、キャベツを食べる消費者だ。ただし、彼らはキャベツの葉をモリモリ食べた後、大量の糞を葉に残す。食べたものは元に戻すという、生物界の仁義を律儀に守っている。その仁義を守らないのが人間だ。彼らの屎尿は決して農地に戻されない。水洗トイレに流し込まれた排泄物は、下水処理場で「処理」され、最終的に海に放流される。処理されたもののなかには、無機塩がしっかり溶け込んでいる。現代人は糧を得た農地の地力を奪う一方、海を過剰に肥沃化しているのだ(12)。

かつての江戸近郊の農業のように、市中に野菜を売りに出かけた大八車に、帰りは市民たちの汚わいを乗せ、それを村の野菜畑に戻せば、農地の地力は持続し、江戸前の海も清浄であり続ける。人間の排泄物の農地還元は、現代農業にとっても解決すべきもっとも本質的な課題である(13)。

自給自足の農業ならば、人間の排泄物の農地還元は可能だ。しかし、不特定の、しかも遠方の消費者を相手にする現代の農業では、消費者の排泄物回収は現実的でない(14)。そこで、収穫物で奪われた栄養分は別の形で補充しなければならなくなる。

農地から失われるのは無機塩だから、それを化学的に合成した無機肥料で補えばいいと考えるのが、現代農業の主流である。だが、仮に化学肥料の投与によって無機塩が補給されたとしても、それによって失われるものは大きい。土の中に暮らす掃除人（分解者）に必要なのは、掃除するもの、つまり有機物である。化学肥料だけ投入していれば、土の中の有機物は減少し続け、分解者の勢いは衰える。分解者の衰退は、それとの相互作用を断たれた生産者、すなわち植物の衰退につながる。

落ち葉やワラを主体とした堆肥、家畜の糞尿を主体にした厩肥は、有機物と

それを分解しつつある微生物の塊である。**堆厩肥の投与**は、作物への直接的な栄養補給とともに、土の団粒化や土壌微生物の活性化、つまり土づくりが目的なのである。

いくつか紹介した永続的な栽培方式は、いずれも失われていく地力を上手に補っている。そして、その補給源を森林や草地、つまり植物に求めていることに注目しなければならない。植物の生命は、植物の生命によって支えられている。植物は植物なしに生きられないのである。農業は作物を植えるだけでは成り立たない。同時に、**樹や草を植え、育て**なければならないことを、十分に理解する必要がある。

(5)複合型農業の再構築

畑作の壊滅は武蔵野台地だけではない。現在、日本列島全体で進行している。国内自給率小麦14％、大豆6％(2008年度)という数字が、それを象徴している。合理的な農地活用、自給的な食料生産を確立するには、**持続的畑作技術の再構築**こそ焦眉の課題である。湛水田による水稲作と、乾田による**普通畑作物**[15]の栽培を数年単位で繰り返す**田畑輪換**は、優れた技術である[16]。畑作を水系、つまり上流域の森林に直接結合させ、その永続性を保障しようとするものだからだ。**水田での二毛作(裏作)**の復活も、同様の脈絡で考えられなければならない。

すでに述べたように、永続的な畑作は、ヨーロッパの有畜・輪作方式、三富新田などでの森林との結合など、いくつかのモデルがある。森林－水田－畑地－家畜を有機的に結合させ、そのシステムに組み込むことにより、畑作もようやく永続性を得られる。

畑作には**輪作**が不可欠だ。ただし、輪作は単に栽培する植物の順序を意味するものではない。それぞれの植物の生理的・生態的特性をよく把握し、**地力の維持・増進**、そして**各植物の生産性の向上を図るシステム論**として理解されなければならない。

幸いにも、戦後まもなくから昭和30年代(1950年代後半から60年代前半)の食料増産期(この時代は、化学肥料と化学合成農薬はまだ広くは普及していない)に、輪作に関して多くの優れた研究がなされ、さまざまな実践が生まれた[17]。これらの成果はその後の農業の近代化・工業化路線のなかでほとんど忘れ去られ

てしまったが、解答はすでにほぼそろっている。畑作技術を再構築するためには、これらを改めて学び直すことが何よりも大切だ。また、70年代以降に国内各地でさまざまに試行されてきた有機農家の実践も、貴重な参考例となる。

　畑作は、イネ科ー根菜類ーマメ科の輪作が基本型となるが、その体系は一義的には決められない。河川流域、台地上、中山間地などの地域性、また野菜中心、普通畑作物中心、水稲中心、畜産中心など経営内容によってもさまざまなヴァリエーションがありうる。先駆者たちの研究・実践を参考に、いくつかの輪作モデルをまとめる作業が必要だ。

3　植物の生の原理

(1)動物と植物の環境との付き合い方

　生物は周囲の環境と相互に作用し合いながら生きている。とはいえ、動物と植物とでは、環境との付き合い方が異なる。たとえば、周囲の環境が好ましくない(暑すぎる、寒すぎる……)と判断した場合の対処の仕方がまったく違う。

　動物は環境が好ましくないと判断すれば、より好ましい環境を探し出して「移動」しようとする。より涼しい場所へ、より暖かい場所へ、より餌が多く存在する場所へ。

　渡りは壮大な移動である。シベリアに生息する鳥たちは、極寒の冬、暖かさを求めて南の地域に移動する。春が来れば、再び北をめざす。サバンナ(熱帯草原)の動物たちも渡る。乾季に入り、草が枯れ上がれば、草食動物たちはサバンナに点在する水場(オアシス)をめざして移動を始める。それを肉食動物の群れが追う。こうして、草と水が豊富な水場周辺にサバンナ中の動物たちが集合する。やがて雨が降り始める。待望の雨季の到来。草は再び緑になり、サバンナを覆い尽くす。その草を追って再び動物たちは、広大なサバンナに散っていく。こうした動物たちの移動距離は何百km、何千kmにも及ぶ。

　好ましくない環境にとどまった動物たちも、自らの不遇をかこつばかりではない。彼らは、環境をより好ましいものへと変えるべく力を尽くす。「環境改善(リフォーム)」である。動物たちは器用に巣を作る。外は寒くても、巣の中は暖かい。

移動と環境改善という二つの戦略は、一言で言えば「行動」だ。動物は行動することで環境と折り合いをつける。

　人間が動物を飼育する場合、この動物たちの生の原理の尊重が大切だ。**動物たちの自由な行動をどこまで保障できるか**。そう考えると、身動きできないほど狭いケージに閉じ込められたニワトリの姿が、いかに残酷か理解できる。動く自由は完全に封殺されている。

　広い土間にたっぷりと稲ワラを切り込む。そこにニワトリたちを放つ。寒ければ陽だまりに移動する。暑ければ直射日光を避け、風通しのよい場所で涼む。卵を産むときは暗い産卵箱。夜は止まり木に乗り眠る……。鶏舎の内部に"自然"を再現し、ニワトリたちに自発的な行動を保障する。鳥かごに監禁することのないこのような技術が、ニワトリを健康に育てる基本となる。

　一方、植物は移動できない。いったん根付けば、生涯そこから離れない。だが、その植物も環境を改善することはできる。

　固い土を穿つように伸びる根。根が伸びた後の土は柔らかい。植物は自ら土を耕している。秋遅く、樹々は葉を落とす。落ち葉は根元に堆積し、その下は暖かい。樹は自らの根元を暖めている。一種の巣作りだ。やがて落ち葉は分解され、樹々の栄養分と化す。樹は自らの力で土を肥沃にしている。環境をリフォームする植物の姿は素朴で、どこか不器用だ。彼らは"考える"ための中枢神経系を持ち合わせず、何よりも体を器用に動かす骨格系・筋肉系が欠如している。

　動物と植物との間には、さらに決定的な違いがある。体の成り立ちの基本が違う（図Ⅲ-1-4）。

　動物の体内は、体液で満たされている。細胞や組織が接する環境は、この体液だ。体液は内部環境と呼ばれる。つまり、動物の細胞や組織は体の外の環境（外部環境）とは直接、接していない。しかも、人間のような進化した動物の場合、

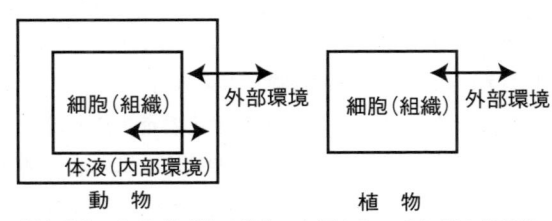

（注）動物の細胞（組織）は体液で包囲され、それが内部環境を形成している。植物には体液はなく、細胞（組織）は直接、外部環境と接している。

図Ⅲ-1-4　動物の細胞と植物の細胞

体液の状態(温度、浸透圧、pH、化学的組成など)を一定に保つ高度な仕組み(自律神経系や内分泌系)が存在する。細胞や組織は、体液という"最適"環境のなかで生きている。体の外は寒くても、体の内部、つまり細胞の生きる場は暖かい。動物はこの意味からも、外界の環境から相対的に独立した存在なのである。

植物には、体液はない。動物のような内部環境の特別な設えはない。植物の細胞や組織は直接、外部環境と接して生きている。体の外が寒ければ、体の中、つまり細胞の生きる場もしっかりと寒い。

植物は環境を選ぶことができない。環境は与えられるものだ。その環境を改善する力も、とくに上手ではない。しかも直接、外部環境と接している。植物は結局、裸の身を生の環境に晒して生きていくほかないのである。

(2) 植物の環境応答能力

ところが、ここからが植物の真骨頂である。植物とて、与えられた環境にただ黙って耐え忍んでいるわけではない。ただし、環境への対応は動物とまったく逆だ。動物は環境を変えようとする。一方、植物は環境に我が身を摺り寄せていく。環境を変えるのではなく、その環境に合うように自らを変身させていくのである。

植物の生き方には手数(カード)がたくさん準備されている。そして、与えられた環境にふさわしい生き方を、つまりその手数のなかから最良のものを、選び取っていく。植物の形態や生理は与えられた環境に対応し、融通無碍に変化していく。与えられた環境に応じて、自らの姿をそれにふさわしいものへ、しなやかに変身させていく能力。これを「**環境応答能力**」と呼ぶことにする。この能力こそ植物の生きる基本原理だ(動物の場合、生き方の手数はそう多くは準備されていない。動物は特定の生き方にこだわり、しかもそれを成就する力が備わっているからだ)。植物の環境応答能力の例をいくつかあげよう[18]。

根は地球の中心に向かって伸びる。これは、重力がシグナル(刺激)になった環境応答(正の重力屈性)である。一方、根は水分が多い方向に伸びる性質もある(正の水分屈性)。重力屈性によりまっすぐ下に向け伸びていた根が、水分の多い場所の近くにくると、重力屈性は弱まり、水分屈性が強まる。根は水分の多い方向をめざして伸びていく。栄養分に対しても、同様に応答する。主根は

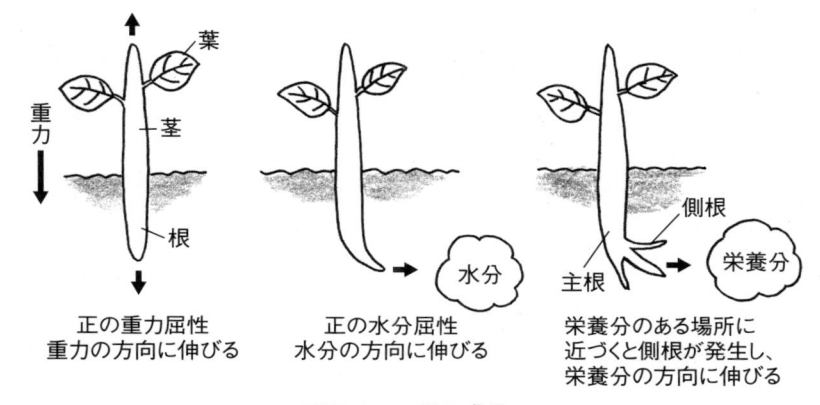

図Ⅲ-1-5　根の成長

痩せた土地を探査するように伸びる。栄養分のある場所の近くにくると、それに反応し、主根の伸びは止まり、側根の数が増える。それらは横方向へ伸長し、栄養分のある場所に至る。

　このように、植物の根は、環境によって伸び方や姿を変えていくのだ（図Ⅲ-1-5）。植物体全体は移動できない。しかし、根は"移動"できる。

　植物が強い風に煽られる。そのたびに葉と葉が強く接触し合う。この接触がシグナルとなり、植物体からエチレンというホルモンが分泌される。このホルモンは細胞の成長の方向を縦方向（重力の方向）から横方向へと変換させる。その結果、植物体全体の縦方向への成長は抑制され、ずんぐりした体形に変化する。絶えず強風に晒される場所では、背が高いことは好ましくない。体が折れたり、倒れたりしやすい。体をコンパクトにすることは、風に対する適切な応答である。**植物は環境に応じて、体のサイズ、形を自由に変えられる。**

　何を"食べる"かも、環境条件により変更できる。植物の主食は無機物だが、すでに述べたように、有機物を食べることもできる。たとえば、日照不足や低温が続くと、光合成がうまく作動せず、体内の有機物が不足してくる。そんなとき、植物は土中の有機物を食べ、補充する。地温が低いと、掃除人の働きが鈍り、土中の無機物が不足する。そんなときも、有機物を食べる。後で述べるように、植物のはるか昔の先祖は分解者。周囲の環境から有機物を取り込むことは、もともとできる。

　身動きできない植物は、それを餌として虎視眈々と狙う動物からみれば、絶

好の獲物だ。しかし、植物もただ食べられることに甘んじているわけではない。その危機から逃れようと、あの手この手の工夫を凝らす。

　その一つは、自分の体にアルカロイドやタンニン、サポニンなどの**毒物質を盛る**ことである。アルカロイドはそれを口にした動物に死をもたらすほど猛毒だ。また、タンニンやサポニンなどは植物に独特な苦味、辛味、渋味を与え、動物を悩ます。

　植物の体でもっとも目立つのは葉。この葉で水や二酸化炭素や何種類かの無機塩をブレンドし、有機物へと加工している。その葉を食べられてしまったら、一巻の終わり。そこで、植物は葉に、とりわけ念入りに毒を盛る。強烈な調味料を盛られた葉をまともに食べた動物は、まずさに腰を抜かし、下痢や吐き気、痺れの襲来に、あえなく退散を余儀なくされる。「もう、あいつには二度と手を出さないぞ」と固く心に誓いながら。

　もう一つの工夫は、すでに述べた**固い細胞壁で身を覆う**こと。種子の表面の細胞は、とくに丈夫な細胞壁で覆う。硬くて、動物の歯は立たない。親の体が食べられても、子どもだけは絶やさぬ、という工夫だ。

　こんな工夫もある。それは体の表面に鋭い短剣、つまり**トゲを装着する**こと。アザミ、バラ、キイチゴ……。美しい花や美味しそうな実に魅せられ、うっかり近づくと、とんでもないことになる。一方イラクサの刺毛はまるで鋭い注射針。動物の体に突き刺さると、一気に毒液が噴射される。ダイズの莢の表面に密生する毛は、毒こそ発射しないが、そこに卵を産み付けようと企む昆虫にとっては相当な嫌がらせ効果がある。

　植物の葉が昆虫や草食動物などに食べられる。その食害に応答し、傷害部位やその周辺でジャスモン酸というホルモンが合成される。このジャスモン酸は全身に行き渡り、それがシグナルとなって、食害に対する抵抗物質が全身に誘導される。この応答は、動物の免疫反応によく似ている。ジャスモン酸は揮発性の物質に変化し、空中に拡散する。すると、周囲の植物個体にも"免疫"が伝播される。

　一方、植物はしばしば分解者によっても攻撃を受ける。この場合、分解者は病原菌と呼ばれ、その結果、植物は病気に侵される。だが、植物は病原菌の侵入に対しても、したたかに抵抗する。

　病原菌が侵入した組織では、リグニンの合成が始まる。89ページで述べた

ように、リグニンは細胞壁に沈着し、その構造を補強する物質だが、同時に病原体の侵入に対する防御物質でもある。リグニンで補強された組織は、病原体のそれ以上の侵入を物理的に阻止する。一方、感染した組織では、フィトアレキシン[19]と呼ばれる特異的な物質が合成される。これは、強い抗菌作用を持つ。この防御反応も一種の"免疫"である。

　植物が環境応答するとき、シグナルの働きをする各種の植物ホルモン。動物を誘引するため、花や実に鮮やかな色彩や強い香りを付けるフラボノイドやテルペノイド。動物や病原菌の攻撃に対する防御物質として働くアルカロイド、タンニン、サポニン、リグニン、フィトアレキシンなど。これらの物質は植物、しかも陸上植物特有の化合物で、植物と環境(周辺の生物を含めた)とのコミュニケーションに不可欠な役割をする。これらの物質とその代謝系[20]は、植物が身のまわりの環境との応答を繰り返しながら、長い歴史のなかで獲得、維持してきたものにちがいない。

(3)植物はどのように進化してきたか

　いまから45億年前。宇宙のとある場所に、太陽とその周囲をめぐるいくつかの星が生まれた。その星の一つが地球だ。生まれたての地球は灼熱の星。5億年ほど経って、ようやく表面が冷え、地殻が誕生した。

　原始の海。そこは熱く煮えたぎった巨大な反応液。さまざまな物質が溶け合い、ぶつかり合い、混じり合い、結びつき合って、より複雑な物質ができた。現在の地球上の生命体を構成するアミノ酸、タンパク質、核酸などの物質も、こうして原始の巨大な"スープ"の中で合成されたと想像されている。やがて地球がさらに冷えると、海は穏やかな反応液となった。複雑な物質同士が緩やかに結び付き合い、水中に漂う一つの滴となる。やがてこの滴は、外界から物質を取り入れ、外界へ不要物を排出するという、奇妙なふるまいをするようになった。生命体の誕生である。地球最初の生命は物質の進化の果てに生まれたのだ。いまから38億年前のことである。

　最初の生物は、現在の地球上の生物で言えば細菌のようなものだった。つまり掃除人である。これは不思議だ。掃除人は、掃除するもの、つまり生産者や消費者の死骸などの有機物があって初めて存在するものだからだ。この地球最古の生物である掃除人は、何を掃除していたのか。

彼らは原始のスープに溶け込んでいる有機物を食べていた。つまり、物質進化の結果合成された有機物を掃除していたのだ。生命体にまで進化した有機物が、いまだ生命体に進化し切れない有機物を食べていた（"共食い"！）。原始の海で暮らす生物がこの掃除人だけだったら、たちまち海に溶ける有機物は枯渇し（掃除し尽くされ）、誕生した生物は早々に絶滅してしまっただろう。生産者不在の世界は永続しない。

　そんな折、掃除人のなかから光合成の能力を身に付けた新手の生物が登場する。現在では**シアノバクテリア**[21]と呼ばれる単細胞の生物だ。約30億年前のことである。彼らは太陽の光を"食べ"、自分の力で有機物を合成し始める。こうして生産者の登場で、生物の世界の最初の危機は救われる。このシアノバクテリアこそ植物の先祖である。この御先祖様はやがて、多細胞からなる大型の生物へと変身していく。**藻類**、つまり正真正銘の植物の誕生だ。この藻類から陸上植物が生まれる。

　いまから4億5000万年ほど前。緑藻類であるシャジクモのある仲間は、すでに海から陸上の淡水（川や湖沼）に移り住んでいた。彼らこそ初めて陸上に這い上がった勇気ある植物だ。上陸した彼らは、現在でいうコケのような植物になった[22]。この瞬間、陸上植物、つまり土に依存する植物が誕生したのである。水中に比べて陸上は、光や二酸化炭素がたっぷりあると考えてのことだったろうか。

　そのコケのような植物は、やがて現在のシダのような植物へ進化していく。彼らは現在のシダ類とは異なり、高木化した。彼らはこの地上で初めて森を作ったのである。それはいまから4億年ほど前のことだった。

　地球最初の森はたいへん奇妙だ。樹々たちは花も実も付けない。彼らは種子ではなく胞子で繁殖していた。さえずる鳥もいない。鳥類が出現するのは2億年も後のこと。もちろん、樹上にサルの影はない。哺乳類の登場は、3億数千万年もの歳月を経過しなければならない。この森で植物を食べる動物、つまり消費者は昆虫だけだった。すでにこのとき、巨大なトンボが大空を飛翔していた。チョウはまだ飛んでいない。チョウの最古の化石は、3000万年前のものだ。両生類（カエルの仲間）はこのころに陸上に這い上がっていた。彼らは肉食であり、一足速く陸上に上がっていた昆虫を追ってきたのだろう[23]。

　森林の成立は、陸上の生態系を豊富にした。大量の落ち葉は土を形成し、そ

こに分解者である菌類などを育てた。生産者とそれを取り巻く消費者、分解者との相互作用が、こうして成立する。これらの相互作用が、その後の地球の歴史のなかで、種子を付ける裸子植物、ついで美しい花を咲かせる被子植物を生んでいく。被子植物の登場は数千万年前のことである。陸上生活にもっとも適応した被子植物は、地球上のあらゆるところに生活圏を広げていく。熱帯から寒帯、多雨地域から寡雨地域。それぞれの環境で適応したこれらの植物のなかから、いま人間が農業で手がける穀物、野菜、果樹などの作物が生まれてきた。

　人っ子一人いないこの地上で、植物たちは何億年と暮らしてきた。この事実は、植物がまさに人間なしに生きていける何よりの証明だ。この悠久の歴史を通じて、植物たちは高い自立性を育んできた。この植物の高い自立性は現在、人間たちによって栽培される多様な作物の体にも脈々と引き継がれているのである。

4　低投入型の栽培を

(1) 多投入型技術の落とし穴

　現代の工業的栽培技術は、植物を物量で攻め立てる。栄養分が必要なら、大量の化学肥料を投与する。水が必要なら、地下水を汲み上げ、枯れるまで与え続ける。土を柔らかくするのがよいとなれば、大型機械を駆使し、徹底して耕起する。病虫害や雑草害を防ぐとなれば、膨大な量の毒物を環境にばら撒き、クリーニングする。こうして物量を駆使して整備された環境は、植物にとって一見"最適環境"かもしれない。しかし、そこで育つ植物は、数ある生き方のうちの特定の、とにかく生産性をあげるというカードしか使用できない。

　窒素分を過剰に投入すると、植物体ではジベレリンやサイトカイニンなどの成長促進ホルモンの作用が強まる。その結果、植物は茎を伸ばし、葉を繁らせ、全体として**軟弱化**する。**窒素分が少なければ**、成長抑制ホルモンであるエチレンの作用が強まり、体はコンパクトでがっしりとする。

　窒素分は体内の糖代謝にも影響を及ぼす。光合成で合成されたブドウ糖をめぐり、植物体内には二つの合成系が存在する。一つは、ブドウ糖を多数結合さ

せてデンプンやセルロースなどの多糖類を合成する系。成長中の若い植物では細胞壁の主成分であるセルロース合成が優先され、生殖期の植物では種実などに蓄積されるデンプンの合成が盛んになる。もう一つは、タンパク質合成系である。ブドウ糖はいったん有機酸に分解され、有機酸は根から取り込んだ窒素（アンモニア）を取り込み、アミノ酸となる。アミノ酸が多数結合するとタンパク質が合成される。窒素分が過剰だと、ブドウ糖の代謝はタンパク質合成系に傾く。その結果、成長中の植物ではセルロースの合成が滞り、細胞壁の発達が抑制され、**細胞の**、ひいては**植物体全体の頑丈さが**失われる。

　過剰な窒素分の投与は植物を軟弱にし、結果として病虫害への抵抗性が低下する。それは以上のような理由による。

　土の固さと根の活力は、密接な関係がある。土が柔らかいと、根の成長は抑制される。一方、**適度の固さを保持した土壌中では**、**根の活力は**増進する。根に加えられる適度な刺激に応答し、エチレンが合成され、その作用によって根の肥大と分岐が促進されるからだ。厳冬期の麦踏みの効用は、根の充実にある。根に加えられた機械的刺激がエチレンの分泌を高める。

　現代の栽培技術は、植物を単なる物質系とみなしている。しかも、植物に与える物量を増やせば、それが高い収穫量として戻ってくるという、素朴な機械論[24]である。現代のイネの多収技術も結局は、窒素肥料で植物を締め上げ、物質生産を極限まで高めようという発想である。

　植物は単なる物質系ではない。植物は同時に「情報系」でもある。植物が外界から取り入れるのは物量、つまり物質だけではない。植物は環境から「情報」も取り入れている。たとえば、根が栄養分を取り込む場合、栄養分という物質とともに、環境に存在する栄養分の量・質に関する情報も取り込んでいる。その情報をシグナルとして読み込み、植物は適切な環境応答をしようとしているのである。

　遺伝子組み換え技術。遺伝子は細胞の情報因子だから、この現代技術は一見、植物を情報系とみなしているように思える。だが、それは違う。この技術は機械論そのものだ。この発想は従来の物量作戦に遺伝子を加えただけのものだ。"遺伝子で締め上げろ！"。

　植物は膨大な数の遺伝子をもつ。それらの遺伝子は相互に規制し合う複雑なネットワークを形成している。たった一つの遺伝子でも、それが付加された

り、失われたりすれば、ネットワーク全体に思わぬ影響が及ぶ。植物は単純な機械ではなく、「複雑系」なのだ。その植物にある特定の遺伝子を導入すれば、ある特定の物質が合成されると考え、それを実行するのは、恐ろしく素朴な機械論である。仮に目的とする物質が合成されたとしても、ことはそれだけではすまない。導入された遺伝子が遺伝子ネットワーク全体にどれだけの影響を与え、その結果どのような事態が起こるかを人間が正確に予知できるほど、生命のからくりは単純ではない。

(2) 多様な遺伝子

　何億年、何十億年の歳月を地球上で生き抜く間、植物は無数の修羅場をくぐり抜けてきたにちがいない。その危機に直面するたび、植物はそれを克服するための新しい遺伝子を身につけてきた。遺伝子は生存のためのノウハウを刻印したもの。いまを生きる植物も、それらの遺伝子を引き継いでいる。

　いま、ここに生きる植物。彼らの体内で実際に働いている遺伝子は、先祖から引き継いだ遺伝子のうちごく少数だけである。いまここに生きるために直接必要のない遺伝子(それは膨大な数あるはずだ)は、眠っている。このように遺伝子は、植物の成育環境、成育段階に応じて、活性化したり不活性化したり、たえず点滅を繰り返している。その結果、遺伝子ネットワーク全体として、ある固有の点滅のパターンができあがる。この無数あるとおぼしき点滅のパターンこそ、植物がもつ手数(カード)に相当する。植物の環境応答能力とは、植物が環境からのシグナルに応答し、遺伝子ネットワークの点滅パターンをあるものからあるものへと俊敏に変化させる能力だ(ここでカードが切られる)。

　たくさんの個体からなる植物の集団を考えよう。これらの個体一つひとつがもつ遺伝子の数や種類は、これらの個体が同じ種類の植物であるかぎり同じである。しかし、ある形質(性質)を考えた場合、個体によって微妙な変異(ばらつき)がある。個体によって成育環境が異なれば、形質は変異する。だが、仮にどの個体も同じ環境で育っていても、ばらつく。この変異は、それぞれの個体がもつ遺伝子の違いが原因だ。

　一つの対立遺伝子[25]には、優性と劣性という、少なくとも2種類の遺伝子がある。また、一つの形質は複数の対立遺伝子によって決められることが多い。だから、ある形質を決める遺伝子の組み合わせは多様になる。その結果、

ある形質について各個体間で微妙にばらつく。

　作物を採種しながら同じ畑で何年も栽培していると、作物の性質が変化することがある。これは、作物のもつ遺伝子そのものが変化したのではない。そもそもその作物の集団内に変異があり、その畑の環境に適応した変異が栽培者によって、意図的あるいは知らず知らずのうちに、選択された結果である。

　遺伝子の多様性とは、植物各個体が膨大な数の遺伝子をもつことだけでなく、ある植物集団がもつ遺伝子変異が多様であることも意味する。遺伝子の多様性は、植物が与えられた環境に応答しながら自立的に生き抜いていく確かな根拠となる。これらの根拠は、植物が長い進化の過程で身につけたものだ。植物を育てるには、植物のもつこの歴史性を信頼し、尊重することが大切である。

(3)低投入型栽培へ

　動物を健康に育てるためには、動物の生の原理、つまり自由な行動を尊重することが必要だった。それと同様に、植物を健康に育てるには、植物の生の原理、つまり**環境応答能力を尊重**することが不可欠だ。その点で、近代化・工業化した栽培技術には大きな落とし穴があった。現代技術が植物に用意する物量は、植物を"最適環境"に閉じ込め、植物の生の原理を蹂躙（じゅうりん）するものだった。

　植物に与える物量は、可能なかぎり少ないほうがよい。植物はそのような環境下では、環境に対する応答能力を最大限喚起し、手持ちのカードをフルに活用し、生き抜いていく。植物のもつ高い自立性を尊重してこそ、健全な植物生産は保障される。

　長い間、慣行農法を実践してきた農地。ここを有機農業に転換する場合、初期にはそれ相応の量の有機物を投入しなければならない。地力が絶対的に失われているからだ。

　しかし、5年、10年と堆肥投入を続け、適切な輪作を実施し続ければ、農地は**熟畑化**するはずだ。一定量の**腐植**[26]が土壌中に蓄積し、それが**地力**となる。土の団粒化が促進され、通気性のよい、そして水はけがよく、しかも水もちのよい土となる。一方、土中の微生物は多様化し、各種微生物の相互規制の網は複雑化する。特定の病原微生物だけが増殖する事態は抑制される。熟畑とは、土が緩衝作用をもつようになった状態だ。緩衝作用とは、土自身の力で自らの

状態を一定に保つことである。

　農地が熟畑化すれば、そこで育つ植物は、旱魃、低温、病虫害、風害などへの抵抗性が高まる。投入する堆肥の量や、耕起や抑草など栽培管理に必要なエネルギー量（人手も含め）を下げても、**一定の生産性を安定して示す**ようになるはずだ。

　長年の化学物質の大量投与で疲弊した畑地が、どのような方法で、どのようなプロセスを経て、熟畑に至るのか。そして、熟畑に達した段階では、投入される資材、エネルギー量はどこまで下げられるのか。現場での実地に即した詳細な研究が必要である。

5　小さな庭から

　ブナの森。初夏、見上げる枝にニホンザルが群れる。梢(こずえ)の先端に手を伸ばし、しきりに若い葉を食べている。晩秋、たくさんのドングリが落ちる。それをリスたちが忙しそうに集め始めた。冬、深い雪の中。樹皮をかじり、飢えをしのいでいるのはノウサギたち。

　ブナの森にはたくさんの動物が生きる。だが、ブナの太い幹をむしゃむしゃ食べる動物はいない。ときどきノネズミがやってきては、根元をかじる。でも、それは単なる歯のレクリエーション。すでに述べたように、幹の主成分のセルロースやリグニンを消化する酵素を動物はもたない。それは彼らにとって不幸なことだったかもしれない。けれども、この地上に樹の幹を主食とする動物がいたら、森はたちまち食い尽くされる。ブナの森に憩う小さな動物たちも存在しなくなる。

　この地上は4億年もの間、深い森林に覆われてきた。地球が緑の星であり続けたのは、植物を摂食、消化する動物の能力に強い制約が加えられてきたからだ。それは結果として動物にも幸せだった。

　4億数千万年の進化の果てに、陸上生態系は人間という奇妙な動物を産み落とした。人間の消化管も、セルロースやリグニンを消化する酵素はもたない。しかし、人間は樹の幹を"食べ"始めた。人間は動物に加えられた強い制約から、自らを解放したのだ。

　人間は火を弄(もてあそ)ぶ唯一の動物である。樹を切り、燃やし、明かりと暖を手に入

れた。人間は耕す唯一の動物でもあった。森を切り拓き、畑にした。切り倒した樹で家を作る。村が、やがて都市が、できあがった。こうして緑の星地球は、またたくうちに人間に"食べ"尽くされ、丸裸になった。

地上の森が失われつつあるとき、人間は"もう一つの森"を発見した。それは地底に眠る石炭だ。石炭は4億万年前のシダの大森林に由来する。当時、大気中の二酸化炭素濃度は現在よりもかなり高かった。それだけ大気の温室効果も高く、地上は温暖だったのである。その結果、大森林が発達する。当時も、樹の幹を食べる動物はいなかった。やがて、寿命を迎えた大木は次々と倒れ伏す。それは地中の分解者たちが掃除しきれないほどの量だった。こうして莫大な植物の遺骸が、地中深く悠久の眠りについた。

石炭は、人間に膨大なエネルギーと力をもたらした。蒸気機関、発電、精錬……。人間たちは、地底の石炭をもたちまち"食べ"尽くす勢いだった。だが、人間の強い探究心は、さらにもう一つの森を発見する。それは海底に眠る石油だった。石炭が地上植物の死骸なら、この燃える水は何億年前もの水中生物の死骸からできたもの。石油も、石炭と同じ有機物の缶詰だ。

こうして人間は、石炭と石油という二つの缶詰を次々と開け放った。その結果、莫大な量の二酸化炭素が大気中に放出される。大気中の二酸化炭素濃度はいま、石炭や石油ができた太古の時代のそれに近づこうとしている。それを人間たちは、地球温暖化の原因と言って、その危機を喧伝し合う。そう、それはたしかに人類の危機。何しろ太古の地球には人っ子一人いなかったのだから。

地球の陸地の表面を覆う表土。それはせいぜい深さ30 cm程度のごく薄い皮膜だ。皮膜の下は、母岩や風化したての"死んだ土"。それらが露出した場所では、植物は生きられない。その皮膜は、シダ類の大森林が出現して以来何億年もの長大な時間をかけ、そこに暮らしていた植物と分解者が作り上げたものだ。

人間はこの皮膜に農地を拓いた。やがて、そこに膨大な量の化学合成物質を撒き散らし、収穫物の大量生産をもくろんだ。しかし、その結果、土中の分解者たちは衰え、団粒構造を失った表土はパサパサに乾き、風に飛ばされ、雨水に流され、失われていった。大量生産どころか、そこはもう植物が育つ舞台ではない。

人類が直面する二つの深刻な問題。森林の喪失、そして農地の荒廃。それは

何億年もの陸上生態系の遺産を人間が食い潰してきた結果だ。人間がこれからも生き延びられるかどうかは、この地上に**森林と土を再生**できるかどうかにかかっている。

　植物の栽培は、庭から始まった。それから１万年。われわれはいま、もう一度小さな庭に立ち戻ろう。**まず、庭に樹を植えよう**。樹のあるところでは、誰でも植物を育てられる。**落ち葉を堆肥にし、小さな菜園を作る**。その楽しみからすべてが始まる。さまざまな職種、さまざまな立場の人びとが、それぞれに樹を植え、植物の栽培に参加する。そのような緩やかな**農の営み**を日本列島中に、世界中に広めなければならない。

　植物は高い自立性をもった生命体である。植物は人間なしに生きていける。けれども、畑で育つ植物が自立的生を謳歌できるかどうかは、育てる人間しだいである。その意味では、畑の植物は人間に依存している。

　背負わされた重荷から植物を解放しよう。植物に自由を与えよう。植物が自らの力で軽々と生きていけるように。こうして植物を精一杯大切にすれば、人は必ずや植物から祝福されることになるにちがいない。

(1) タンパク質、糖質、脂質、核酸など生物体を構成する物質。
(2) ゾウリムシは細菌類を食べる。従来ゾウリムシは動物と考えられていたが、現在では動物とは別の原生生物に分類されている。
(3) デヴィッド・W・ウォルフ著、長野敬・赤松眞紀訳『地中生命の驚異―秘められた自然誌―』青土社、2003年。
(4) 鷲谷いずみ著、埴沙萠写真『タネはどこからきたか？』山と渓谷社、2002年。
(5) 細菌類のなかには、光合成や化学合成（無機物を酸化して得られるエネルギーで有機物を合成する）などにより有機物を合成できるものもある。
(6) 団粒構造は、粒子と粒子が結合して団粒をつくり、それが集まって土壌をつくる。団粒構造の土は団粒と団粒との隙間が多く、そこに空気や水を十分に蓄えることができ、作物の生育に都合がよい。単粒構造は、土の粒子が単に一つひとつ集まり、土壌をつくる。
(7) この作用を窒素固定という。マメ類の根に共生する根粒菌、非共生性のアゾトバクター菌、クロストリディウム菌などの細菌類が行う。
(8) 小林達治『根の活力と根圏微生物』農山漁村文化協会、1986年。
(9) 明峯哲夫「人間と農・その３ 人間は農業が嫌い」『社会臨床雑誌』第２巻第２号、1994年。

(10) 植生が時間とともに変化する現象を遷移という。溶岩台地など土のない場所からスタートするものを一次遷移、山火事跡地、耕作放棄地など土のある場所からスタートするものを二次遷移と呼ぶ。
(11) この時期イギリスで起きた農業技術の革新をいう。輪作体系の改良によって従来のように土地の一部を休耕する必要がなくなり、家畜生産力も向上した。
(12) 明峯哲夫『都市の再生と農の力－大きな街の小さな農園から－』学陽書房、1993年。
(13) 収穫物中の栄養分は消費者の体にも蓄積する。とくに、リン酸のほとんどは動物の骨に取り込まれる。そこで、動物の遺体や遺灰の農地還元は、理論的には重要である。しかし、人間の遺体・遺灰の農地還元を主張することは、合理主義的すぎるか。
(14) だからこそ、同じ地域内で生産と消費が行われる「地産地消」が主張されなければならない。
(15) ムギ、トウモロコシ、マメ、イモなど畑地で栽培する作物。192〜193ページ参照。
(16) 斉藤光夫『田畑輪換の実際』家の光協会、1964年。199〜200ページ参照。
(17) 伊藤建次『傾斜地農業』地球出版社、1958年。大久保隆弘『作物輪作技術論』農山漁村文化協会、1976年。田中稔『畑作農法の原理』農山漁村文化協会、1976年。
(18) A. H. Fitter, R. K. M. Hay 著、太田安定ほか訳『植物の環境と生理－自立生育のしくみ－』学会出版センター、1985年。菅洋『作物の生理活性』農山漁村文化協会、1986年。小柴共一ほか『植物ホルモンの分子細胞生物学―成長・分化・環境応答の制御機構―』講談社、2006年。奥八郎著、芦田淳・瓜谷郁三ほか編『植物病原微生物・ウイルスの制御と管理』学会出版センター、1979年。
(19) 作物から同定された代表的なフィトアレキシンには、ピサチン(エンドウ)、ファゼオリン(インゲン)、グリセオリン(ダイズ)、イポメアマロン(サツマイモ)、リシチン(ジャガイモ)などがある。
(20) これらの代謝系は二次代謝と呼ばれる。それに対して、光合成や呼吸作用など生命を維持する基本的な代謝系を一次代謝と呼ぶ。
(21) 藍藻類とも呼ばれ、細菌類に含まれる。
(22) Linda E. Graham 著、渡辺信・堀輝三訳『陸上植物の起源－緑藻から緑色植物へ－』内田老鶴圃、1996年。
(23) 西田治文『植物のたどってきた道』日本放送出版協会、1998年。
(24) 生物を単純な機械と考える立場。
(25) 遺伝子は通常、一対の対立遺伝子として存在する。一対の遺伝子には多くの場合、形質の発現に優劣があり、それぞれを優性遺伝子(A)、劣性遺伝子(a)と呼ぶ。対立遺伝子の組み合わせは、AA、Aa、aa の3通りある。
(26) 有機物が不完全に分解したもの。

▶西村和雄の辛口直言コラム◀

土の軽重と野菜

　関西地方は土が重く、関東地方のポクポクとした軽い火山灰土壌とは大違いです。こうした土の軽重の違いは、作物に大きな影響を与えます。

　たとえば、サツマイモの鳴門金時。店頭に出回っている鳴門金時は細長く、食べやすい形をしています。これは、サラサラした砂の混じった軽い土で作るために、土の重さが圧力にならないからです。一方、重い土で鳴門金時を作ると、ゴロッとした大きなイモに変身します。これは、土の圧力が刺激となり、それに抵抗するかのように太り出すからです。

　また、白い部分が太くて長い一本ネギは、軽い火山灰土壌で、ネギが伸びるにつれて土寄せを繰り返してできあがります。しかし、重い土で育てると、土圧に負けて太くなりません。したがって、関西地方では白い部分が少なくて緑色の部分が長い、細身のネギが主流になります。それが九条ネギです。

　では、重い土では太い下仁田ネギはできないのか？　そんなことはありません。モミ殻を重い土に思い切り混ぜて軽くすれば、立派にできます。そうした工夫が大切。

　ちなみに、ネギの良し悪しは根の生え際をみること。生え際がラッキョウのように丸く膨れているものが良品です。

隔年結果の是正

　これは果樹栽培においてもっとも重要な課題です。リンゴ・柿・桃・ミカン・梨・梅など、およそ果樹には成る年と、その裏の成らない年が交代にきます。これを是正するのは至難の業。以前「是正できますよ」と話したとたんに、ものすごい反駁を食らいました。

　でも、是正できます。

　裏年に枝を注意深く観察して、わずかだけど多めに実を付けている枝に目印を付けてください。そして、次の裏年にもよく見て、その枝から穂木を採取します。枝を採る位置は、節間が等間隔なところです。しだいに節間が伸びる根元部分では、枝が先祖帰りする可能性があります。また、枝先の節間がしだいに短くなるところでは、枝変わりが起きやすく、新しい品種が生まれる可能性が大きいからです。

　こうして節間が等間隔のところを高接ぎしていけば、隔年結果が生じにくくなるはず。少し年月を要しますが、もっとも確実な方法と言えます。

第2章 健康な家畜を育てる──日本型畜産の原理──

岸田　芳朗

1　戦後の日本が選択した加工型畜産の光と影

(1)食の洋風化を支えてきた畜産業

　飛鳥時代の675(天武4)年、天武天皇は「殺生禁断の令」を政策に掲げ、軍事・交通・農耕などの利用に支障をきたさないように、牛・馬・犬・猿・鶏の肉食利用を禁止した。明治天皇が肉食奨励のため自ら牛肉を食したのは、それから約1200年後の1872(明治5)年である。当時、政府内では欧化主義の影響で、米作りをなくして家畜を増やし、日本人の食生活を西洋式に切り換えよという意見がかなり強力であったという[1]。

　明治三老農(農業技術と経営に優れた篤農家)の1人であった船津伝次平はこれに反対して、イネと米のよさを世間に再認識させるべく『稲作小言』をつくり、安易な食の西洋化に警鐘を鳴らした。その後、1890(明治23)年に明治維新の指導者であった大久保利通が西欧の牧畜をモデル化し、日本への導入を試みたが、畜産物の需要はなく、失敗に終わった。松尾幹之によれば、明治時代末の1907～11年における国民1人1年あたりの消費量は、牛乳1.22kg、肉1.19kg、卵17.1個にすぎず、米麦は159kgである[2]。

　しかし、第二次世界大戦後に導入された**近代的な畜産システム**は、畜産現場に効率的な大量生産方式を短期間で定着させた。それを支えたのが、家畜の餌となる輸入穀物に税金のかからない保税工場制度である。これは1927(昭和2)年に畜産振興を目的として制定されたもので、戦争により一時中断したが、54年に再開された。63年からは承認工場制度に改められ、現在も継続されている。この経済効率を追求した生産システムと畜産物の消費拡大を主軸にした食の洋風化を推進するキャンペーンによって、国内における畜産物の生産量と消

費量は世界に例のない伸びで増加していく。

　農林水産省の「食料需給表」によれば、1960年に57.6万tであった肉類（鯨を除く）の生産量は、65年に110.5万t、70年に169.5万t、75年に219.9万t、80年に300.6万tと増大し続け、87年には360.7万tと戦後最大となった。以後は減少傾向を示し、牛海綿状脳症（BSE）の影響を受けた2001年には292.6万tまで低下する。その後、少しずつ回復し、07年には314.1万tとなった。

　それに連動して、1960年に5.2 kgであった国民1人1年あたりの肉類消費量は、65年に9.2 kg、70年に13.4 kg、75年に17.9 kg、80年に22.5 kgと増え続け、2000年に28.8 kgと戦後最大となった（図Ⅲ-2-1）。その後、牛海綿状脳症や鳥インフルエンザの影響で1 kgほど低下した年もあるが、05年以降は28 kg以上を維持している。鶏卵、牛乳、乳製品も同様の傾向を示しているのは、言うまでもない。

　こうした畜産物の生産拡大による安定供給の結果、畜肉食文化をもたなかった日本の食の洋風化は全国に定着し、日本人は美味しい畜肉製品を好きなときに好きなだけ食べられるようになる。さらに、外食産業を利用する国民が急増するにつれて、1960年に4.1万tであった肉類の輸入量は、70年に22万t、80年に73.8万t、90年に148.5万t、2000年には戦後最大の275.5万tとな

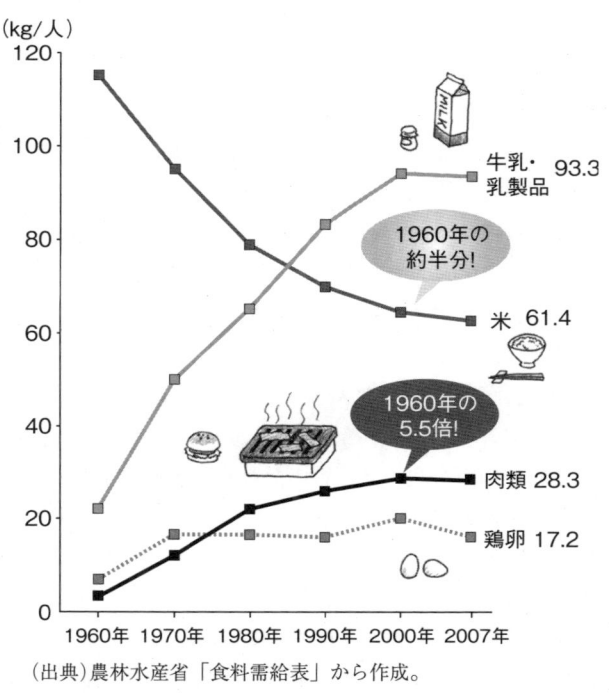

（出典）農林水産省「食料需給表」から作成。

図Ⅲ-2-1　日本における米と家畜生産物の1人1年あたり消費量の推移

り、07年も244.2万tと高い水準にある。

　一方で、1962年に羊・鶏肉の自由化が始まり、71年に豚肉、91年に牛肉と続く。安い輸入品の急増によって、65年に90%あった肉類の自給率は低下を続け、95年には57%となる。その後も回復の兆しはみられず、2008年は56%となった。牛乳・乳製品の自給率も、65年の86%から08年には70%まで低下した。65年に100%自給していた鶏卵も低下し、08年に96%である（68ページ表Ⅱ-1）。このように、畜産物の自給率は一貫して低下し続けている。

(2) 近代畜産が生産現場にもたらした数々の弊害

　畜産の畜は「玄」と「田」からなり、それは「ひも」と「狩り場」を現す。捕らえられた獣をヒモで縛り、狩り場に集めて、放し飼いをするという語源である。そして、「玄」は休みに通じ、「畜」は田を休耕して地力の増進を意味すると言われている。言い換えるならば、そこには**耕種業と畜産業の有機的な結合関係**が存在する。

　一方、近代畜産は飼料基盤となる日本の耕地や山野と切り離され、税金のかからない**安い輸入穀物**に依存した**加工型畜産システム**によって存続してきた。そのため、現在も水田の減反田100万haが有効利用されることなく、逆に約39万haで耕作が放棄されている。昔から、和牛は山で飼い、草で育てるとされていたが、その場となる2500万haの山野もほとんど手つかずの状態である。

　経済効率を追求し続けた加工型畜産は、餌となるトウモロコシの輸入先をアメリカ一国に特化させてきた。2007年の餌用トウモロコシの総輸入量1165万tのうち、約95%がアメリカであり、日本の畜産業の発展をいびつな構造にしている。

　それらの餌を食べる家畜の品種も、極端な偏りが見られる。たとえば、鶏卵種では**産卵鶏**という名の機械と言われるほど産卵率の高い**単冠白色レグホーン**、鶏肉種では食べるために作られた鶏と言われるほど短期間で成熟体重に達する**ブロイラー**の飼養羽数が圧倒的である[3]。同様に、乳用牛でも一頭あたりの乳生産量の高い**ホルスタイン種**に、肉用牛では霜降り肉で有名な黒毛和種に特化している。草などの粗飼料でも乳脂肪率の高い、いわゆるコクのある乳の生産能力に優れたジャージー牛は、乳量の少なさから1万頭にも満たず、総乳牛飼育頭数の0.5%にすぎない。さらに、1957年に99.4万頭も飼育されてい

た中家畜の綿羊は、日本の羊毛産業の衰退と羊肉の自由化によって97年には1.6万頭に激減し、その後も回復の兆しがみられない。

近代畜産において、採卵鶏は外部と遮断された**ウインドレス(無窓式)鶏舎**の多段式ケージで飼育される。餌の給餌・集卵・糞の掻き出し作業はすべてコンピュータ制御によって管理され、人と触れ合うこともない。ブロイラーはウインドレス鶏舎の中で、一坪あたり50羽前後の高い密度で飼育される。短期間で成長させる目的と免疫能力の低下による病気発生でもたらされる甚大な損害を防ぐため、餌には**成長促進ホルモン剤や抗生物質**が混ぜられる。

2000年に公表された農林水産省と厚生省(当時)の資料によれば、畜産業(養殖業も含む)に使用された1年間あたり抗生物質の使用量は約1000 t(図Ⅲ-2-2)で、国民の使用量の2倍であった。(社)日本動物用医薬品協会の担当者に

窓のない薄暗い過密状態の閉鎖型鶏舎で飼育されるブロイラー

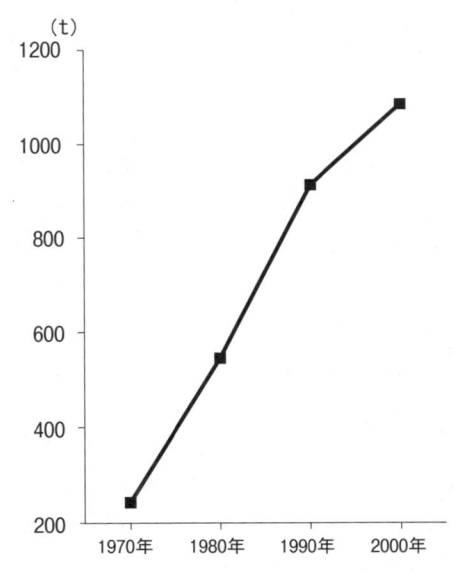

(出典)www.fsc.go.jp/senmon/hisiryou/h-dai 25/hisiryou 25-siryou 4.pdf

図Ⅲ-2-2　日本の畜産業における抗生物質の使用量

よれば、金額ベースによる動物用医薬品の販売高は、01年の799億円から年々上がり続け、08年には855億円となった。一方で1991年以降、動物に使われる抗菌剤(抗生物質や合成抗菌剤など)と生物学的製剤(ワクチンや診断剤など)の比率は逆転し、ワクチンや診断剤などの予防的な動物薬の利用が増えている。

(3)近代畜産が人びとの暮らしにもたらした弊害

　経済成長に伴い、魚や大豆、発酵食品、野菜などを中心とした日本型食生活から、畜肉製品や油脂類を大量に摂取する洋風型食生活が普及した。それを積極的に薦めた政策は、おとなの病気であった心臓疾患などの成人病という名称を生活習慣病に変更させるほど一般化させ、あげくのはては小学生にまで患者を低年齢化させていく。

　また、開発途上国の10億人が1日100円以下の生活費で暮らす栄養不良の状態にあるにもかかわらず、自国の農林業を脆弱化し、カロリーベースの食料自給率を低下させた世界最大の食料輸入国・日本は、輸入された農産物と食料品を惜しげもなく捨てるようになった。1996年に公表された厚生省(当時)の資料によると、年間の食品廃棄物量(賞味期限切れや消費期限切れなど)は、**家庭で1000万t、事業系で940万t、合計2000万t**近くにも及ぶ。

　この傾向は現在も続き、農林水産省の報告によれば、2005年の食品廃棄物量は、家庭から約1100万t、食品関連事業者から約800万tで、合計1900万tにも及び、06年も同様な傾向にある[(4)]。戦後の日本が選択した畜産振興政策と食の洋風化は、かつて日本人の美徳でもあった「もったいない精神」を喪失させ、食品廃棄物を家畜の餌として本格的にリサイクルさせる仕組みもつくらせなかった。

　さらに、近代畜産は日本人の心だけでなく、河川や地下水の水質まで変え始めている。畜産物消費は大都市周辺を中心に増え、酪農・養豚・養鶏も大都市周辺に成立してきた。だが、都市化が進むなかで、排泄物の臭い、ハエの発生、鳴き声などの問題で、1970年代ごろから山間地や人里離れた過疎地域への移動を余儀なくさせられる。それを契機に畜産施設は団地化されて大規模化し、餌の移送コストを下げるために港の近くに集中するようになった。一般国民の目から遠のいた畜産現場では、糞尿や畜舎の処理水などの管理が適切でな

い時期もあり、河川や地下水の汚染源となり、社会的な問題となっていく。

　それを受けて、1999年に「家畜排せつ物の管理の適正化及び利用の促進に関する法律」（家畜排せつ物法）が施行された。しかし、家畜排泄物や施設処理水の混入によって河川の汚染が極度に進み、生物多様性に深刻な影響をもたらした北海道の酪農地帯もある。宮崎県など南九州では、家畜排泄物や処理水が地下水を汚染し、飲用禁止になった畜産地帯が多発している。

　2006年に発表された東京農工大学などが実施した全国19河川の水質調査の結果では、すべての河川に抗生物質や医薬品が含まれていた[5]。河川上流にある畜産施設から動物用抗生物質が混入し、その成分が下水処理場で十分に除去できない実態が判明したのである。

　農の営みにも、近代畜産は大きな影を落としている。戦後、急激な近代農法の導入により、農家は堆肥による土づくりを止め、速効性のある化学肥料と農薬に依存して米や野菜を栽培するようになった。その結果、土は痩せてミネラル分が不足し、野菜の味と品質が低下していく。

　農林水産省がいくら耕畜連携を推奨し、農場副産物である稲ワラなどの家畜への利用や、家畜から排泄された糞尿を用いた堆肥を水田や畑地へ還元するように呼びかけても、農業従事者の高齢化も追い打ちをかけ、普及は困難である。同様に、特定地域への畜産団地化が進み、近隣に家畜が存在せず、必要とする堆肥を入手できない農村地域も増えている。

　この特定地域への畜産団地化は、口蹄疫や鳥インフルエンザなどの家畜の病気発生時に、拡大や蔓延予防のための法的な措置による大量の殺処分で、地域経済へ壊滅的な影響を及ぼす。最近の状況を考慮すれば、日本の畜産業を安定化させ、国民に継続して安心で安全な畜産物を提供するためには、家畜の伝染性の病気などの発生を想定した農場配置デザインの検討と導入が必要となっている。

2　農と食を取り巻く世界の動き

(1) 止まらない地球温暖化

　地球温暖化に影響するおもな温室効果ガスは、二酸化炭素、フロン、メタン、

亜酸化窒素⁽⁶⁾、対流圏オゾンである。なかでも、もっとも影響を与えているのが二酸化炭素で55％と圧倒的に多く、フロンが24％、メタンが15％、亜酸化窒素が6％と報告されている。1800年の大気中の二酸化炭素濃度は、256 ppmであった。18世紀なかばにイギリスで始まった産業革命を契機に、19世紀前半には290 ppmに上昇する。増加の約50％が化石燃料の燃焼、25％が吸収する植物の喪失が原因とされる⁽⁷⁾。

　その後も世界的な経済発展が続き、二酸化炭素濃度は1993年に343 ppm、2004年に379 ppmとなり、2050年には500 ppmにまで上昇すると予測されている。予想以上に進む地球温暖化は**気象にも多大な影響**を与え、巨大化した05年のハリケーン・カトリーナは、アメリカの自然災害で史上最悪となった。さらに、06年の異常気象では、アメリカの冬小麦生産地帯で70％も減産し、ロシアやウクライナでも軒並み減産を余儀なくされる。オーストラリアでは旱魃によって小麦が100年ぶりの減産(対前年比60％減)となり、畜産業に甚大な影響を与えた。07年には小麦の主要な輸出国であるカナダで19.7％、EU 27カ国で2.4％の減産となった。

　こうした**世界的な減産**は家畜の餌となる穀物価格を高騰させ、加工型畜産が定着した日本の畜産業にも大きな打撃をもたらしている。2007年には1200戸の酪農家が廃業に追い込まれ、例年以上の高い数値となった。餌代が経営コストの約70％を占める養鶏業も厳しい局面を迎えており、小規模な農家は離農し、吸収・合併が進んで業界再編が予測される。人類の食料、家畜の餌、石油の代替燃料の三者で穀物をめぐってし烈な争奪戦が続くなか、穀物自給率28％の日本畜産業に残された選択肢は、**飼料基盤を国内に求める**しかない。

(2)世界の農と食を急変させる中国やインドなどの台頭

　著しい経済発展をとげているブラジル・ロシア・インド・中国(BRICs)では、食料需要が急速に拡大している。世界人口の約30％を占める中国とインドを中心に、少しでも自国内の農業生産力を高めて食料を確保するため、肥料需要も拡大した。ちなみに、FAO(国連食糧農業機関)の資料によれば、1961年に中国が使った化学肥料の窒素量は5.17 kg/haで、世界平均値8.48 kgの61％にすぎない。ところが、2002年には61年の32倍の164.8 kgとなり、世界平均値55 kgの3倍となった。

そのため、原料価格の国際的な高騰が続き、日本国内でも2005年から連続して肥料価格は値上がりしている(図Ⅲ-2-3)。中国は、窒素質肥料である硫安の原料となるナフサの輸出規制を始めた。さらなる世界的な肥料原料の高騰も予測され、農業生産への影響は計り知れない。

世界最大の農産物生産・輸出国アメリカでは、家畜の餌として作付けしてきたトウモロコシを、価格が高騰して需要も急増しているバイオエタノール用に転換する農家が増えている。餌用トウモロコシのほとんどをアメリカから輸入している日本の畜産業は、縮小せざるをえない状況に追いやられる可能性がある。

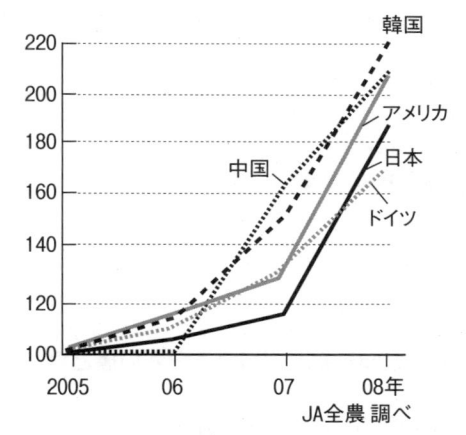

(出典)『日本農業新聞』2008年6月28日。
(注)2005年を100とした指数である。

図Ⅲ-2-3 各国の肥料価格の推移

そして、食料の純輸出国であった中国は、**農業生産力を高めているにもかかわらず、純輸入国に変化し始めている**。たとえば、大豆の輸入が始まったのは1995年で、約40万tであった。以後、96年に111万t、2000年に1000万t、07年には3082万tと急増し、世界総輸出量の約45%を輸入している[8]。

中国における2007年の豚の飼育頭数は世界の50.7%にあたる5億頭、鶏卵の生産量は2584.6万tで世界総生産量の41%、羊や山羊の飼養頭数も世界一である。肉類の生産量は06年より1000万t以上も増加し、2位のアメリカの約2倍にあたる9058万tとなった。しかし、牛肉の消費量はすでに874万tと世界一であるうえに、持続的な経済発展によって都市部では食の洋風化が進み、畜産物の消費が拡大している[9]。その結果、07年にはニュージーランドとオーストラリアからホルスタインの成牛を400頭輸入し、都市近郊での生乳生産を開始した。

2億人とも3億人とも言われる富裕層は、食の安心と安全を求めて、世界中から良質な農産物や食品を輸入している。実際、日本は2006年から世界市場で魚や豚肉などを中国やロシアに買い負けする事態が目立ち、サケやマダラな

ど魚の種類によっては輸入できない事態も発生した。

こうした自国の農業生産の向上と食の確保に向けた活発な動きは、中国だけにとどまらない。水産物や牛肉の輸入量を増加させているロシアや2007年から小麦の輸入国に転じたインドなど、BRICs諸国でも起きている。それは、肥料や穀物の国際価格の高騰を招き、貧しい開発途上国の国民の食を奪い取る結果をもたらす。そうならないためには、食生活における畜肉タンパク消費への極度の偏重を見直し、以下に述べるように家畜の意義と飼い方を考え直さなければならない。

(3) 方向転換を迫られる日本の農と食

1955年ごろから経済成長を始めた日本は、60年に121品目、63年に25品目の農林水産物の輸入自由化を決定した。それは、日本で生産されていた農林水産物の71％を占める。これによって、60年と70年を比べると、82％であった穀物自給率は46％に激減し、79％あったカロリーベースの食料自給率は60％に急落した。その後も低下し続け、07年の穀物自給率は28％で、29％のサウジアラビアやアルジェリアといった砂漠地帯にある国々と同水準だ。また、カロリーベースの自給率は60年のおよそ半分にあたる40％となり、先進国の最低順位が続く状態である。

耕作放棄地も加速度的に増加している。農林水産省の「農林業センサス」によれば、1975年から85年にかけて耕作放棄地比率は2％程度で推移していたが、90年から95年に4％前後となり、2005年には9.7％に急増した。

それに連動して農業従事者も高齢化し続け、09年には農業を主業とする基幹的農業従事者のうち65歳以上が61％を占めている(稲作の場合は60歳以上が80％)。農林水産省の試算によれば、2000年に209万人であった75歳未満の従事者は、10年には半減して117万人となる。さらに2020年には、農地と人と技術からなる「農業生産力」は、05年を100とすると75に下がるという。言い換えれば、作付面積、規模階層別の農家数、単位あたり収量の25％の減少であり、日本農業は看過できない状況に追いやられることを意味する。

世界人口の2.2％にすぎない日本は、世界最大の食料輸入国となった。フードマイレージ(食べ物の輸入総量×輸送距離)もトップで、二酸化炭素を大気中に放出し、地球温暖化に荷担している。大量輸入・大量廃棄の構造は、一貫し

て変わらない。食料の生産基盤をもつ日本は、なぜ、穀物自給率・カロリーベース自給率を上げるために具体的な政策転換をしないのだろうか。

　2008年5月6日の『朝日新聞』に「世界的な食料高騰を巡り、ブッシュ米大統領が『インドの経済成長に一因がある』と発言した」とする記事が掲載された。仮に、今後さらに地球温暖化が進み、農業生産力が消費に追いつかなくなり、穀物の国際価格が高騰して開発途上国の国民に穀物の供給が途絶えたとき、先進国日本が選択した戦後の農業・食料政策が各国から非難され、国際的な責任が問われるのは、明らかである。

3　畜産関係者と生活者が再生させる日本型畜産

(1)全国で引き継がれている、ほどよい畜産への礎

　戦後に導入された経済効率を追求する近代畜産は、配合飼料・機械化・施設化・薬品を組み合わせ、家畜を狭い空間へ押し込めた。その飼育環境のもとで、家畜は運動不足やストレスをため込んで、悲鳴を上げている。東京都などの資料によれば、2000年度に出荷された家畜で、屠殺禁止、個体そのものの廃棄、一部廃棄された割合は、**牛で49.7％**、**豚で69.9％**にもなった。おもな原因は脂肪肝、肝硬変、腸管膜脂肪壊死などで、1975年から2000年の25年間で、その数は牛で約12倍、豚で約3倍となっている。

　いのちを育てているにもかかわらず、経済効率と必要以上の安定した品質を追求するあまり、肉・卵・乳製造機と化した家畜は、もはや生き物として扱われていない。人間の食料である穀物を大量に与えられ、畜産製品を産み出す装置として位置づけられている。狭い畜舎で出荷前まで高カロリー・高タンパクの餌を与えられ、病気やストレスで死なないように、抗生物質という薬で生命を維持されていると言っても過言ではない。

　一方で、国内・地域内の自給飼料にこだわり、家畜の力（機能）を引き出す経営を継続している生産者も、全国に点在する。養鶏では昔からの「**放し飼い**」**養鶏**だ。広い敷地内で自由に鶏が動き回り、青草などの餌が与えられる。乳用牛や肉用牛、豚などの畜産経営でも、山や平坦地の**屋外飼育**に成功している事例が、熊本県産山村の上田尻牧野組合、高知県南国市の（有）斉藤牧場、島根県

家畜福祉を取り入れたスイスの放し飼い養鶏。養鶏場には必ず草地が隣接している（写真提供：大山利男）

雲南市の(有)木次乳業、岡山県吉備中央町の吉田牧場、秋田県にかほ市の土田牧場、小坂町のポークランドグループ、岩手県田野畑村の熊谷牧場、北海道旭川市の斉藤牧場、標津町の興農ファームなど各地に見られる。山野を活用した酪農・肉牛・養豚に取り組み、成功している農家は、全国に存在しているのである。

大山利男によれば、ヨーロッパ諸国において動物の飼育環境などに配慮する**動物福祉**は、農業分野における重要な政治的・経済的焦点の一つになっている[10]。そして、動物福祉に配慮した飼養管理に関する法律が定められ、その遵守が法的義務になりつつある[11]。

日本ではその動きが遅いものの、2007年に松本家畜保健衛生所(長野県)が家畜福祉に関する認定基準を定め、その気運が高まりつつある。「家畜にも人にも優しい信州コンフォート畜産支援事業」に基づき、信州コンフォート畜産認定基準値が制定された。畜産農家は定められた基準をもとに審査を受け、基準値内にあれば同衛生所から認定書が交付されることになっている。

(2)日本に存在する、人類の食料と競合しない飼料基盤

2008年に日本で飼育された肉用牛は289万頭、乳用牛は153.3万頭、豚は974.5万頭、ブロイラー鶏は1億299万羽、採卵鶏成鶏雌は1億4250万羽であった。農林水産省は、これらの家畜を国産の自給飼料で飼育するには新たに1200万haの農地を必要とし、現実的でないとする。しかし、それは近代畜産を前提とした考え方である。

日本は国土が狭く、急傾斜地が多いが、豊富な雨量と日射量に恵まれており、単位面積あたりの生産力は高めやすい。それゆえ、草地農業・安定農業を

行い得る余地が、北海道ばかりでなく、九州の涯でも、地形が急峻な四国でも、広く残されている。低生産性のまま放置されている山地に、**日本的な草地農業**を新たに発展させられると述べた楢原恭爾[12]の意見は、現在も通用する。とこ

ニュージーランドにおける肉牛の放牧
一年中屋外で飼育され、畜舎もない

ろが、条件の不利な山岳地帯に定着しているスイスの畜産や、放牧草地で一年中家畜を育てるニュージーランドの草地農業に学び、日本型草地畜産を追求した研究者は、これまでごく少数で、その分野の研究はあまりにも遅れている。

　日本には、広大な面積を有する森林という貴重な飼料基盤がある。その面積は2500万haにも及ぶ。たとえば、林間放牧によって下草を餌として活用すれば、牛換算で約200万頭を飼育できる。また、農場副産物である稲ワラや麦ワラは約1000万t産出される。さらに、減反田と耕作放棄地の面積は約140万haあるから、飼料稲だけにこだわらず、稲と麦を組み合わせてサイレージ（発酵飼料）にすれば、**粗飼料と濃厚飼料の同時生産**も可能となる。加えて、年間1900万tの食品廃棄物を未利用資源として位置づけ、サイレージや乾燥して餌として活用すれば、国内の自給体制はより強固になる。

　こうした具体的な検討を始めれば、人間の食料と競合しない飼料の掘り起こしにつながる。これまで未利用資源を餌として循環利用してきたのは、農家の有志や民間の私的な実証機関である[13]。短期間でそれらの技術を科学的に解明し、広く普及するためにも、大学や国などの研究機関が民間との技術・研究交流を早急に深める必要がある。たとえば、北里大学獣医学部附属フィールドサイエンスセンター（北海道八雲町）では1994年から放牧と貯蔵自給飼料主体の生産システムの開発に取り組み、100％自給飼料による牛の赤肉生産を成功させている。

(3) ほどよい畜産経営は規模の見直しから

　最近では、家畜から排泄される糞尿を堆肥化し、田畑に有機質として投入しながら作物生産に活用し、そこで生産された稲ワラや麦ワラを家畜の餌にする、地域内資源循環型農業が推奨されている。いわゆる耕畜連携である。だが、前述したように畜産業が特定地域に集中して連携を取ることのできない農村もあれば、逆に、過剰に生産された堆肥の処理に困り、焼却処分している畜産地帯もある。

　日本の肉用牛・乳用牛・豚・ブロイラー・採卵鶏の都道府県別飼養頭・羽数ベスト4は、以下のとおりである（2008年2月）。

　①肉用牛＝北海道17.7％、鹿児島県12.7％、宮崎県10.2％、熊本県5.1％。
　②乳用牛＝北海道53.5％、栃木県3.7％、岩手県3.3％、熊本県2.9％。
　③豚＝鹿児島県13.7％、宮崎県9.2％、茨城県6.5％、群馬県6.5％。
　④ブロイラー＝宮崎県17.3％、鹿児島県16.7％、岩手県15.3％、青森県5.5％。
　⑤採卵鶏＝千葉県7.1％、茨城県6.9％、愛知県5.7％、鹿児島県5.5％。

　飼養戸数をみれば、いずれの畜種とも小規模層が減少し、**大規模化**が進んできた。肉用牛では、飼養頭数200頭以上の層は飼養戸数では3.0％にすぎないが、飼養頭数の51.2％を占める。豚も同様で、肥育豚2000頭以上の層が飼養頭数の59.7％と、大模化が加速している。ブロイラーでは「30万羽以上」の層が増加しており、飼養戸数では14.9％だが、年間出荷羽数は50.4％を占める。採卵鶏では「10万羽以上」の層は飼養戸数では11.0％だが、出荷卵数では60.2％にもなる。

　このように北海道と南九州に畜産地帯が集中し、採卵鶏は大都市近郊に集中している。2005〜06年に、アジアを中心に多発した鳥インフルエンザを考慮すれば、ブロイラーや採卵鶏の養鶏場を特定地域に団地化するのは、経営上大きな損失を被ることになり、安定供給のうえで再検討されなければならない。養鶏場同士の距離によっては鶏肉や鶏卵の移動が禁止され、鶏舎内の鶏がすべて殺処分される可能性も大きく、畜肉食品の消費割合が高い国民の食生活へ与える影響が懸念されるからである。

　経済効率上は、港の近くに畜産団地があれば餌の輸送コストが低下する。また、施設内で飼育すれば人の目が届くから管理しやすい。実際、ブロイラーや

採卵鶏などではコンピュータによる一元管理体制が導入されている。しかし、世界的な穀物や石油製品の高騰、地球温暖化、さらに国内における山積された堆肥処理問題を解決するためには、小・中規模型畜産の見直しが重要と考える。

(4) 日本の畜産を変革させる生活者の肉質評価

飽きることなく繰り広げられる、食に関するテレビ番組。登場する芸能人や司会者は、肉料理を食べるたびに「柔らかくて美味しい」の連発である。十数年以上も垂れ流され続けてきた柔らかさだけの畜肉の品質評価は、みごとに日本人を洗脳しきった。本来、畜肉は肉のうまみ、多汁性などによる食感、風味などで総合評価されるべきであり、野菜と組み合わせた煮物などの和食やスープなど、それぞれの肉質に見合った調理方法も存在する。ところが、日本においては簡便さから焼き肉やバーベキューが主流であり、次いで、すき焼きやしゃぶしゃぶだ。若い世代にとっては、鶏肉といえば空揚げが定番である。

餌として与える穀物の量を減らし、放牧中心で育てた牛・豚・鶏の肉は粗脂肪含量が少なく、食感に乏しいと評価されやすい。しかし、これまでの報告をみると、放牧牛の肉には抗ガン作用などの機能性が知られている共役（きょうやく）リノール酸が慣行肥育牛より多く含まれており、「風味の強さ」については高く評価され、放牧や粗飼料で生産される赤肉の大きなセールスポイントになっている[14]。肉のうまみや風味については高く評価されている。

したがって、生産者、技術普及員、加工業者、研究者が、放牧によって育てられた畜肉のよさを食べる側の生活者に広く宣伝し、**育てる側と食べる側の連携**を図る必要がある。そして、地域内にある未利用資源を活用した畜肉や有機畜肉を健康、環境、いのちなどの視点から総合的に評価し、具体的な購入選択行動で支援する生活者を増やすべきである。

同時に、畜産関係者は、有機畜産などによって生産された畜産物に対して付加価値をつけるのではなく、本来あるべき**家畜の力（機能）を引き出す当たり前の飼育方法**であり、決して特別なものではないことを理解しなければならない。

4　日本型畜産の再構築

(1)家畜の品種に多様性を

　日本における家畜品種の飼養頭数・羽数をみると、前述したように肉用牛は黒毛和牛、乳用牛はホルスタイン、採卵鶏は単冠白色レグホーン、肉用鶏はブロイラーに、それぞれ特化している。一方で豚は、発育、産肉性(肉質を含む)、飼料の利用性の観点から、それぞれ優れた品種をかけ合わせて交配した雑種が多い。

　たしかに、穀物の多給によって黒毛和牛は肉質が改善され、いわゆる霜降り肉を多く生産し、ホルスタインはたくさんの乳を生産する。巣を作って卵を抱く性質がなく、卵を孵し育てる能力をもたない単冠白色レグホーンは、摂取した穀物の半分近くを卵生産にまわすほど生産能力が高い。同様に、ブロイラーも餌の半分を体重にまわすぐらい生産能力に優れている。

　だが、南北に長く、アジアモンスーン地帯に位置する気象条件と山地が占める面積の多い日本の立地条件を考慮すれば、家畜の種類と品種に多様性をもたせるべきである。アヒル、山羊、羊などの小・中家畜や、山地に生える栄養価の低い草などでも肉や乳を生産する品種の牛を導入するなど、大きな転換が求められるだろう。

　すでに、高知県や北海道では**山地酪農**に適したホルスタインの改良と選抜が行われ、適した系統が造成されてきた。乳生産能力のみを重視したホルスタインではなく、乳と肉の生産能力を考慮したヨーロッパ型に品種を切り替え、草などの粗飼料利用効率の高いジャージーやブラウンスイスの飼養頭数を増やすことも有効である。肉牛では、草でも肉の生産性の高い**褐毛和牛**、草を肉に換える能力に優れ短期間で出荷可能な**無角和牛**、放牧時にダニ、ピロプラズマ病に対して抵抗力のある**日本短角牛**など、地域の条件に適した品種がある[15]。

　また、鶏では飼養羽数こそ少ないが卵肉兼用種で放し飼い養鶏に適するといわれる**名古屋コーチンや横斑プリマスロック**が飼育されている。

　さらに、中家畜の羊は現在1万頭規模でしか飼われていないが、ピーク時の1957年の飼養農家戸数は64.3万戸で、頭数は99.4万頭であった。沖縄県、長

野県、山梨県などで小規模に飼われている乳肉兼用種の山羊は、頭数こそ少ないものの特定地域に定着しており、今後の発展が期待される。

　ニュージーランドやヨーロッパ諸国では、地域の気象・地形条件や草の栄養成分に適応した数多くの家畜品種が導入されている。日本でも戦後に近代畜産が定着するまでは、草を乳と肉に換える能力の高い家畜品種によって畜産が支えられてきた歴史と実績がある。そこに注目するならば、山野だけでなく水稲、畑作、果樹などの栽培と結びついた適正規模の有畜農業の導入によって、家畜品種の多様性を新たに構築できると考える。

(2) 鴨飼育と水稲栽培を結合させた合鴨農法

　農薬・化学肥料・農業機械を組み合わせた近代農業が定着するまで、堆肥を中心とした土づくりによって維持されてきた田んぼ内の生物層は豊かであった。そこにはフナ、ドジョウ、タニシ、セリなど多くの小動物と野草が育ち、畦には大豆が植えられ、農家の貴重なタンパク源やミネラル源として食卓を飾っていた。田んぼはまさに、動物と植物に囲まれた豊かな自然そのものにほかならなかったのである。

　この視点を現代に取り入れたのが、合鴨－水稲同時作としての**合鴨農法**だ（第Ⅰ部4参照）。その大きな特徴は、水稲と水稲の株間の未利用空間や、邪魔者扱いをしてきた草と虫を、それぞれ農業資源として位置づけたところにある。近代農法において、田んぼはイネを作る場でしかなかった。これに対して、鴨飼育と水稲栽培を有機的に結合させた合鴨農法は、田んぼという空間で鴨肉と米が同時に産み出される総合技術であり、農薬と化学肥料によって汚染された生態系を回復し、フナやドジョウなどの失われた生き物を取り戻している。

　こうした合鴨農法に、水田でイネに強い被害を与え

無農薬と無化学肥料で水稲栽培を可能にした合鴨農法
イネの株間にアゾラを導入し、鴨も同時に飼育する

る雑草として扱われていた水生シダ植物アゾラが導入された。アゾラの葉の中には、大気中に無尽蔵にある窒素ガスを固定する能力の高いラン藻という菌が棲んでいる。鴨はアゾラを好んで食べるので、糞量が増え、イネへ供給する栄養分も多くなる。それゆえ、堆肥や他の農業資材を使わなくても、鴨という家畜とアゾラの組み合わせによって、無農薬・無肥料で近代農法と同等、あるいはそれ以上の収量の米が産み出される。

　ニュージーランドの草地農業は、19世紀なかばから、こうした生態学的な養分循環型農業生産システムを導入してきた。草地にイネ科牧草(ライグラス類)とマメ科牧草(クローバ類)を混ぜて育て、大気中の窒素ガスをクローバの根の周辺に棲む根粒菌に固定させて牛や羊を放し、世界一低コストで乳と肉を生産し続けている。

(3)国内にある未利用資源を活用した家畜生産システムへの大転換

　国内にある未利用資源でもっとも家畜生産に活用できるのは、2500万haもある山野(山と野原)である。かつてはここで、農家が牛を自由に放し飼いしていた。しかし、明治時代に入って山野の所有権に官有(国有)と民有(私有)の区別が導入され、森林法の制定によって国有林や他人の民有林への放牧が禁止される。

　さらに、戦後に導入された近代農業は、堆肥の供給源であるとともに田んぼを鋤き起こす役割を担っていた牛を必要としなくなり、牛に肉・乳生産だけを求めるようになった。そして、すでに述べたように、工業社会の展開と同じく、畜産経営でも発育や肉質などの経済効率のみを追求する考え方が支配的になり、家畜は狭い施設で管理され、輸入した穀物を多給されるシステムに豹変したのである。

　では、いびつな生産構造になった日本の家畜生産システムを大転換するためには、どうすればいいのだろうか。

　第一に、一日も早く**森林法の改正**を行い、牛をはじめとする家畜が山に入りやすい環境を整えることが必要である。家畜を広々とした山野に放す生産システムへの転換は、人間の食料と競合しない**草の有効利用**となる。それは、貧しい開発途上国の支援や、ますます深刻化する地球温暖化の抑制につながると同時に、牛が本来もつ草食動物としての力(機能)を引き出すことになり、人道的

にも世界的な評価を受けるであろう。

さらに、山野の形状と草の種類を考慮すれば、牛だけでなく、豚、羊、山羊、家鴨などの家畜の放牧も可能になる。林業が廃れ、山野の手入れもままならない現在、山野への家畜放牧は**林業の再生**にもつながる。

第二に、肉質の評価基準を柔らかさのみに求めた国民の**意識改革**が重要である。そのためには、繰り返しになるが、農業・流通業・飲食業に携わる人びとが率先して、広々とした山野で草を食べた家畜の肉や乳のうまみと食感の素晴らしさを消費する側に伝えるように、努力しなければならない。

第三に、環境問題・食料問題・地球温暖化を総合的に捉えるならば、山野草で短期間に乳肉を産み出す**羊や山羊**などの**導入**を本格的に検討することが大切である。牛などの大家畜は、地球温暖化の原因となるメタンガスを大気中に大量に放出し、餌も多く必要とするからである。

第四に、国内で農業生産と食品生産の場から大量に発生している**副産物の利用**である（第Ⅰ章5参照）。農業副産物として、イネの収穫時と調製時に稲ワラ、モミ殻、屑米、米ぬか、ムギの収穫時と調製時に麦ワラ、モミ殻、屑麦、ふすまが産み出され、それらの量は1000万tにもなる。その多くは収穫時に切りワラとして還元されるほかは焼却処分され、有効に利用されていない。野菜の収穫時にも、規格外品や大量の野菜屑が発生している。また、豊作時には値崩れを防ぐためにかなりの野菜が畑に鋤き込まれているのが現状である。一方、食品工業副産物として、ビール粕、ウィスキー粕、醬油粕、豆腐粕、ジュース用果物の搾り粕などが産み出されているが、多くは廃棄処分されている。さらに、家庭内からの食品廃棄物もある。

これらは、戦後、家畜の品種を特化させながら、高品質で高カロリーの飼料を給与し、高い効率を追求してきた多くの農業・企業関係者にとって、あまり魅力のある餌ではないらしく、その活用は予想以上に進んでいない[16]。

これまでの日本の畜産業の歴史を振り返ると、技術や経営において研究機関や行政が先導して、加工型畜産を推進してきた。しかし、前述したように、国内・地域内の自給にこだわり、畜産経営を成功させてきた農家が全国にある。

そこで、こうした農家や技術者などの農業関係者と行政担当者が共同体制を取り、地域にある未利用資源を活用した家畜生産システムを導入し、少なくとも1地域に複数の実践牧場を設けるべきである。そして、市民と行政が連携し

て、その生産物を学校給食や地元で活用できるような体制を整備する。その場合、努力目標ではなく、確実に年間利用する量を決め、それを地域社会に公表し、支援体制も強化する。いわゆる「地育地食」を具体化するのである。このような体制が機能すれば、日本農業と食の未来は明るいものになる。

(1) 筑波常治『五穀豊穣―農業史こぼれ話―』北隆館、1972年、206～207ページ。
(2) 松尾幹之『畜産経済論』御茶の水書房、1968年。
(3) 前掲(2)。
(4) 農林水産省「食品ロスの削減に向けて」2009年3月。
(5) 「河川に抗生物質、医薬品」『秋田魁新報』2006年7月28日。www.eco-online.org/contents/news/2006/0731.shtml。
(6) 大気中にわずかに含まれる無色の気体で、燃焼や窒素質肥料などがおもな発生源である。
(7) Saburo Y. and Paul H. A., *Save Our Planet*, Seibido Publishing Co. Ltd., 1996, pp.23-25.
(8) 阮蔚「高まりつつある中国の米州大陸への食料依存―穀物メジャーの参入で変わる中国・ブラジルの大豆産業―」『農林金融』2008年3月号、15～29ページ。
(9) 『地理統計要覧2009年版』二宮書店、2009年、55～83ページ。
(10) 大山利男「スイスにおける動物福祉規制と農業環境政策」『農村研究』第100号、2005年、169ページ。
(11) 欧州連合(EU)では、アニマル・ウェルフェアは、動物倫理から農家保護や畜産物販売の手段へ移行している。農家を保護し、畜産物の販売を進めるため、2006年1月に「動物保護と福祉に関する2006―2010年EU行動計画」を決定した。そして、2010年までにヨーロッパ仕様最高級畜産物ブランドの確立をめざす政策を推進中である。
(12) 楢原恭爾『日本の草地社会』資源科学研究所、1965年。
(13) たとえば、岡山県旧長船町(現・瀬戸内市)の水田酪農研究所(詳しくは、島一春『地域農業奮戦記―水田酪農家・牧野勉の実践―』家の光協会、1980年、参照)や全国合鴨水稲会、北海道の斉藤牧場(詳しくは、斎藤晶『牛が拓く牧場―自然と人の共存・斎藤式蹄耕法―』地湧社、1989年、参照)。
(14) 萬田富治「生産と消費を結ぶ100%飼料自給による赤肉生産」『第2回有機農業技術総合研究大会資料集』2008年、62～66ページ。
(15) (社)中央畜産会「家畜改良関係資料」(2007年2月1日現在)によれば、乳用種は雌のみの頭数で、ジャージー牛1万647頭、ブラウンスイス牛1075頭、肉用種は雄、雌、肥育牛の合計頭数で、褐毛和牛3万1532頭、日本短角牛7219頭、アンガ

ス牛3875頭、無角和牛233頭、ヘレフォード牛124頭である。
(16) 2007年からの穀物価格の高騰を受けて、全国的な食品工業副産物の実用研究が本格的に始まりつつある。たとえば、兵庫県加西市のエコフィード循環事業協同組合は07年から事業を本格的に稼働させ、豚を中心にした食品リサイクル飼料の製造・販売を始めた。新潟県上越市の(株)肉のたなべは、1998年から市内の食品工業副産物の飼料化の研究を始め、現在、(有)ゆめ牧場を開設して300頭の豚を飼育している。岡山県和気町で数千頭の肉用牛を飼育している小林牧場では、40年以上前から、食品工業副産物を餌に導入してコストの低減を図り、安定経営に役立ててきた。

〈参考文献〉
有吉佐和子『複合汚染(上)』新潮社、1975年。
有吉佐和子『複合汚染その後』新潮社、1977年。
石弘之『地球環境報告』岩波新書、1988年。
伊藤宏『食べ物としての動物たち―牛、豚、鶏たちが美味しい食材になるまで―』講談社、2001年。
加藤龍夫『農薬と環境破壊56話―人間らしい暮らしをとりもどす智慧―』光雲社、1990年。
岸田芳朗「日本の食料と農業」藤本玲子・猪俣伸道編著『いま食を考える』弘学出版、1993年。
岸田芳朗「アイガモ」民間稲作研究所編『除草剤を使わないイネつくり―20種類の抑草法の選び方、組み合せ方―』農山漁村文化協会、1999年。
立川涼『環境化学と私―道後平野から世界へ―』創風社出版、1995年。
日本緬羊協会『めん羊種畜の生産・供給及び供用の現状等に関する調査報告書Ⅱ』2002年。
農畜産業振興機構「畜産国内編2007年度畜産物の需給動向」2007年。
農林水産省編「食料需給表」2009年。
農林水産省農林水産技術会議事務局編『昭和農業技術発達史4 畜産編・養蚕編』農林水産技術情報協会、1995年。
荷見武敬・鈴木利徳『新訂有機農業への道―土・食べもの・健康―』楽游書房、1980年。
英伸三『日本の農村に何が起こったか』大月書店、1989年。
有機農業技術会議編「有機農業技術確立のために」2007年。
吉田忠・宮崎昭『アメリカの牛肉生産―経済構造と生産技術―』農林統計協会、1982年。

第3章 健康な土をつくる
――有機農業における土と肥料の考え方――

藤田　正雄

1　有機農業の土は何が違うのか

(1) 土がよくなったと感じるとき

　地表面に枯れ草やワラを敷いておくと、やがてミミズやクモなどの土壌動物が見られるようになる。そして1年もすれば、地表面に敷いた枯れ草やワラは量が減り、ほとんど土と見分けがつかない。その上に、さらに枯れ草やワラを敷く。この繰り返しによって、土は年々黒みを帯びて、よくなっていく。ここに、植物が育つ土が形成されていく仕組みがある。日本の土壌では、よくなったと感じる年数は異なっても、ほぼ同じような現象が見られる。

　一般に、作物がよく育ち、生産が持続する土が、よい土と言われている。このような土は、人間が手を加えなくても**年々枯れ草や落ち葉が地表面に還元されるところ**で見られる。その土は団粒化が発達して、層も年々深くなる。そこは、種類や生活様式の異なる**多様な土壌動物や微生物の生活の場**でもある。こうした生き物による土壌の団粒化の発達や養分保持力の増加など物理性・化学性の変化については、後で詳しく述べる。

　農地土壌といえども、よくなったと感じる、作物が作りやすくなる土の成り立ちは、人間の手が加わらない自然の土と、原理は変わらない。本稿では、作物ができ、作りやすくなった土の成り立ちを、生き物とのかかわりやそのかかわった時間の蓄積をもとに考えていきたい。

　日本では、「土」という言葉は、古くから自然の土と農地の土をあわせて表現する言葉として使われている。しかし、あえて土地や素材としての「土」から区別して、いのち育む性質を強調したいときには、「土壌」という言葉が用いられている[1]。なお、本稿では「土」と「土壌」とは同じ意味で使い、とく

に区別しない。

(2) 有機農業と慣行農業の土の比較

　土の生き物は棲みかである土壌環境に対応して生活している。栽培環境と土壌動物の間にいかに密接な関係があるかの例を、図Ⅲ-3-1に示す。有機農業畑と隣接する慣行農業畑の大型土壌動物群集（体長2mm以上の動物）を比較したものである[(2)]。慣行農業畑では、土壌動物の種類も個体数も少ない。とくに、植物遺体の分解に関与するミミズやヤスデなどの分解者が少ない。ところが、コメツキムシやコガネムシの幼虫など作物に加害する動物は多い。これは、決して特別な慣行農業畑を選んだ結果ではなく、むしろ動物数は多いほうで、皆無の畑も少なくない。ササラダニやヒメミミズなど分解に関与する中型・小型の土壌動物においても、同様である。

　この違いは何によるのであろうか。土壌中の有機物はそこに生息する微生物に加えて、ダニやトビムシなど多くの土壌動物の餌でもある。そのため、堆肥などの有機物を施用している**有機農業畑では土壌動物が多くなる**。また、不適切な耕耘は、ミミズをはじめ多くの土壌動物を極端に減少させる。すなわち、

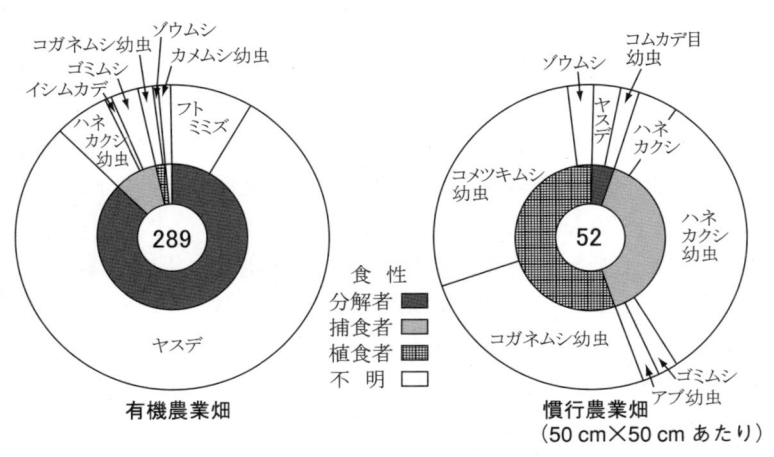

（出典）藤田正雄「土壌機能・地力増進のための土壌生物利用」『農業および園芸』第64巻第1号、1989年、230ページ表1を作図。
（注）円内の数字は総個体数。長野県高山村福井原にて1983年6月25日に調査した。
　　　食性は青木淳一『土壌動物学』（北隆館、1973年）を参考にした。

　　　図Ⅲ-3-1　有機農業畑と慣行農業畑の大型土壌動物群集の比較

棲みかや餌のないところで動物は生存できない。加えて、農薬の使用による影響も無視できない。

土壌が生成される過程をとおして、多様な生き物が生息する土壌が生成される様子を見てみよう。

2 土の生成、変化、発展

(1) 土から土壌へ——植物が育つ土壌が生成される過程——

地球が生まれて約46億年。原始地球の陸上では、生き物が生存できる条件はなく、太陽の熱、雨、風による風化を受けて、母岩(岩石＝土のもとになる物質)が崩壊した石の破片が母岩の上に堆積していた[3]。光合成能をもつ微生物の出現によって大気中に酸素が蓄積し、オゾン層が形成されるようになる約5億年前に、それまで海洋でのみ生活していた生き物が、母岩(岩石)が崩壊した堆積物の石や砂の上に棲みつく。

約4億〜3.6億年前(デボン紀)には、シダ類が陸上に広く繁茂した。この植物の上陸を支えたのは、有機物を分解する土壌動物や微生物である。このころには有機物の分解に関与するミミズやダニの祖先が存在したことが知られている。植物根や微生物の出す二酸化炭素を含んだ水が、砂を溶かして細かくする。植物の遺体は、土壌動物や微生物によって分解され、その一部が**土壌有機物**となって蓄積する。砂から溶け出た無機物が反応し合って、粘土鉱物という微細な粒子(10^{-8}〜10^{-6}mの大きさ)が生成される。

このようにしてできた砂、粘土鉱物、溶け出た無機物、土壌有機物などの量が、しだいに増えていく。そして、植物が吸収できる養分が増加し、さらに、これらすべての物質がお互いに反応し合って結合し、団粒構造が発達する。この過程で、植物の種類とともに生息できるさまざまな土壌動物や微生物が増えて、加速度的に土壌が生成された。加えて、4億年前の植物根には共生菌(アーバスキュラー菌根菌)が存在したことが知られている。

そして、約3.6億〜2.9億年前(石炭紀)には広大な森林が成立し、地上には大量の有機物が蓄積された。さらに、約1億4000万〜6500万年前(白亜紀)には、被子植物が繁栄の時代を迎えた。また、マメ科植物が出現し、根粒菌との

共生関係が生まれたと言われている。その後、さまざまな動植物や微生物のはたらきによって、多種多様な環境が形成され、500万～400万年前には、私たちの祖先である人間が生活できるようになった。現在も、土壌中に生息するさまざまな生き物のはたらきによって、土壌は変化、発展し続けている。

　土壌のなかにはさまざまな生き物が生活し、その継続したはたらきかけをとおして土壌が形成されてきたことは、化学肥料や農薬を必要としない栽培の基本となる、土づくりのヒントとなる。すなわち、土づくりにおいては、土壌の生成、変化、発展過程に関与した**生き物のかかわりとそれに必要な時間を考慮**しなければならない。

(2) 土の生き物と栽培管理

　どのような管理をすれば、多様な生き物を育む農地で栽培が可能なのだろうか。生産性の向上を求め続けた慣行農業(近代化農業)に採用された栽培管理方法を点検しながら、土の生き物と栽培管理の関係について見てみよう(図Ⅲ-3-2)。

①耕耘

　耕耘は土壌動物を直接殺傷するうえ、地表面の攪乱に伴う乾燥は**土壌動物の生息環境を著しく悪化させる**。したがって、不適切な耕耘は土壌動物の種類も個体数も減少させる。また、機械の大型化に伴い、その重圧による土壌動物の殺傷や棲みかの破壊も無視できない。

②化学肥料

　化学肥料の施用は生態系を攪乱し、そこに棲む動物の種類組成を貧弱にさせ、特定の種類を優先させる。生物群集が単純になると、生物間のバランスが崩れやすくなり、**病害虫は異常発生**しやすくなる。したがって、農薬が必要となる。

③有機質肥料

　材料や作り方によって土壌動物や微生物に与える影響が違う。効率と化学性を重視して単純な材料で作った市販の堆肥には、分解者であるササラダニやトビムシ、ミミズが見られないこともある。ビートパルプ(ビート＝砂糖大根の搾り粕)の施用量とヒメミミズ類の組成の変化をみると、施用量を多くすると生息数は増加したが、種類組成は単純化した[4]。材料の単純化は生物群集を単純

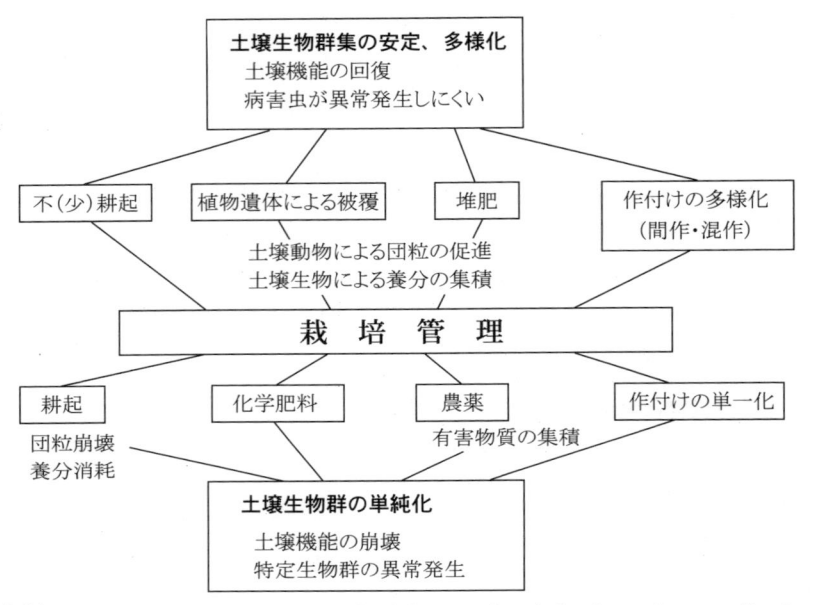

```
                    土壌生物群集の安定、多様化
                       土壌機能の回復
                       病害虫が異常発生しにくい

   ┌──────┬──────────┬─────┬──────────┐
  不(少)耕起  植物遺体による被覆  堆肥    作付けの多様化
                                      (間作・混作)
              土壌動物による団粒の促進
              土壌生物による養分の集積

   ┌──────────── 栽 培 管 理 ────────────┐

   耕起    化学肥料    農薬    作付けの単一化
  団粒崩壊          有害物質の集積
  養分消耗

                    土壌生物群の単純化
                       土壌機能の崩壊
                       特定生物群の異常発生
```

(出典) Edwards, C. A. & Lofty, J. R., The influence of agricultural practice on soil micro-arthropod populations, In : *The soil ecosystem* (ed. J. G. Sheals), 1969, The Systematics Association, London, pp.237-247 に加筆。

図Ⅲ-3-2　栽培管理と土壌生物との関連

にするため、場合によっては**病害虫が異常発生しやすくなる**。

④**農薬**

除草剤や殺虫剤などは、対象とする生き物のみならず**他の生き物にまで影響を与える**。とくに、天敵として知られている捕食性の動物(クモなど)が被害を受けやすい。

⑤**作付けの単一化**

作付けの単一化は、生物群集を単純にする。したがって、同一作物を連年反復して作付けている産地では、土壌センチュウや土壌伝染性の病原菌など**特定の生物による障害**が問題となっている。

　すなわち、効率化・省力化を優先して機械化・化学化を進めた慣行農業は、作物に直接加害しない分解者であり、かつ土壌環境形成者としての土壌動物を無視してきた。そして、結果として農地から土壌動物は減少した(図Ⅲ-3-3)。

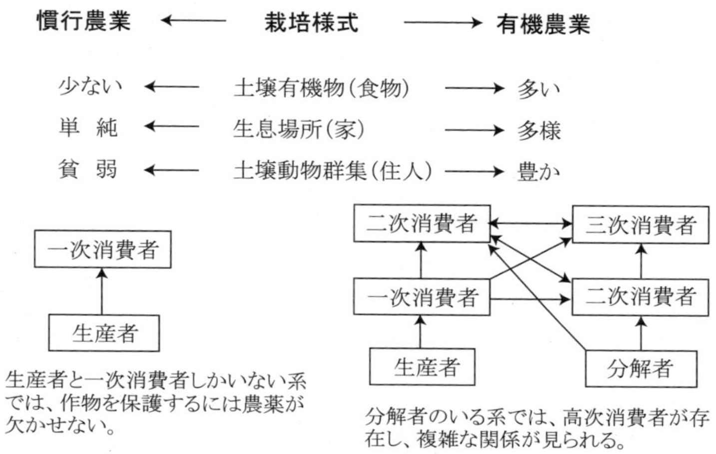

```
慣行農業  ←——  栽培様式  ——→  有機農業
少ない   ←——  土壌有機物(食物)  ——→ 多い
単 純    ←——  生息場所(家)     ——→ 多様
貧 弱    ←——  土壌動物群集(住人) ——→ 豊か
```

```
[一次消費者]            [二次消費者]↔[三次消費者]
    ↑                    [一次消費者] [二次消費者]
[生産者]                  [生産者]    [分解者]
```

生産者と一次消費者しかいない系では、作物を保護するには農薬が欠かせない。

分解者のいる系では、高次消費者が存在し、複雑な関係が見られる。

(出典)藤田正雄「土と育てる生きものたち(5)土壌生物の目線で『農』を考える」『ながの「農業と生活」』2006年4月号、42〜45ページ。

図Ⅲ-3-3　栽培様式と生物群集の関係

一方、**有機農業では、複雑な食物連鎖を可能にし、天敵の密度を安定させ、害虫の密度を低く保つはたらきが生まれる**。

　耕耘や農薬散布など短い時間で最初の状態に更新されてしまう栽培管理のもとでは、持続可能性と深い関連がある多様性は育まれない。それぞれの生き物には、食べ物、暮らし、棲みかなどが異なる多様な生活スタイル(生き方)がある。土壌の生成過程に見られたように、あるシステムが長く続くなかで、それぞれの生き物に合った多様な棲みかや餌が生成され、生物の多様性が育まれる。田畑の環境を単純にして、制御可能な対象へと変えるような管理(作付けの単一化、一斉耕起、農薬散布など)は、結果として**生物多様性を破壊**することになる。

　その一方で、耕耘は雑草を土壌に混入しながら、**土壌を砕いて柔らかくし、播種や定植などの栽培管理を容易にする**という利点がある。しかも、土壌の通気性を改善し、土壌中の微生物活動を活性化させ、**有機物の分解を促進**させる。したがって、栽培管理全体のなかで、耕耘の必要性を判断し、その頻度や方法を工夫する必要がある。土壌動物への悪影響は、不耕起部分を残す、一斉耕起をやめる、地表を有機物で被覆するなどの工夫で改善できる。

　化学肥料や農薬を使用した慣行農業畑を、農薬を使用せずに有機物を利用し

て生き物を育む有機農業に転換すると、生息する土壌動物の種類や生息数に変化が見られる。たとえば、有機物の分解者として知られているササラダニ(多くの種は体の大きさが0.3〜0.5 mm程度)は、慣行農業畑ではほとんど見られない。仮に見られても、微生物をおもに食べる種類(微生物食)のみである。しかし、転換後には生息数が増加して、微生物食に加えて、微生物と分解の進んだ有機物(植物遺体)を食べる種類や植物遺体をおもに食べる種類が見られるようになる(図Ⅲ-3-4)。もう少し大きな動物では、まず、クモやムカデなどの捕食者(天敵)が見られ、その後、分解者であり土壌環境の形成者でもあるミミズやヤスデなどが見られるようになる(図Ⅲ-3-5)。

　すなわち、栽培管理によって生息する動物の種類や生息数が変わり、そして

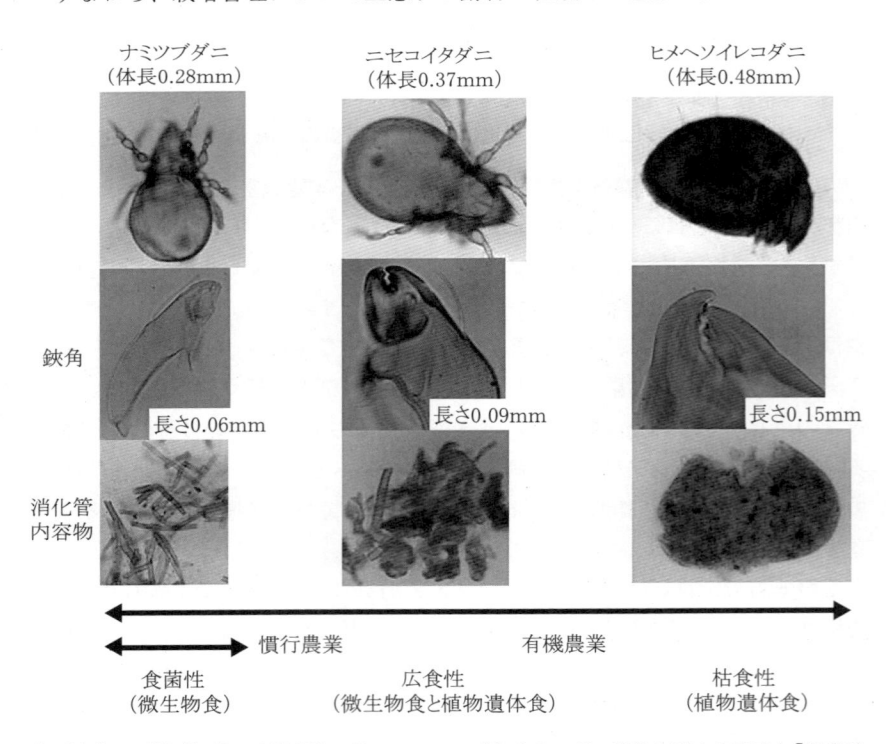

ナミツブダニ (体長0.28mm)	ニセコイタダニ (体長0.37mm)	ヒメヘソイレコダニ (体長0.48mm)

鋏角: 長さ0.06mm / 長さ0.09mm / 長さ0.15mm

消化管内容物

慣行農業 ← → 有機農業

食菌性(微生物食) / 広食性(微生物食と植物遺体食) / 枯食性(植物遺体食)

(出典)藤田正雄「畑地の土壌動物、特にヒメミミズとササラダニ群集に関する研究」『農業試験場報告((財)自然農法国際研究開発センター)』第3号、2001年、1〜69ページ。

図Ⅲ-3-4　畑地のササラダニの鋏角の大きさと食性および栽培方法の関係

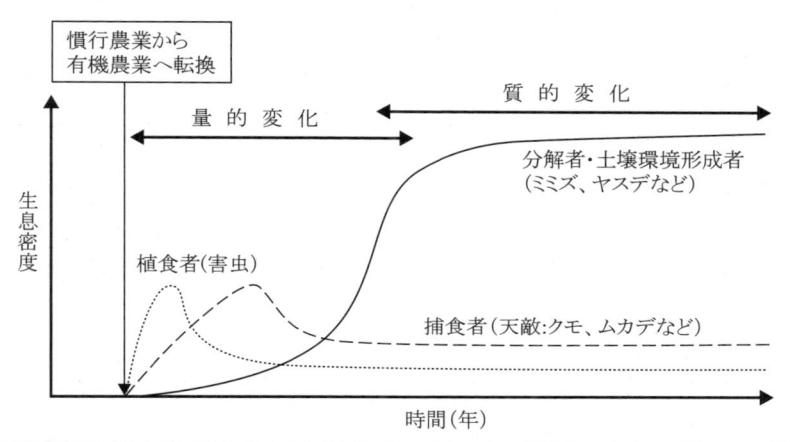

(出典)藤田正雄「土と育てる生きものたち⑽田畑の「生きもの調査」のすすめ」(『ながの「農業と生活」』2007年5月号、64〜65ページ)に加筆。
(注)量的変化から質的変化への移行は、土壌の状態や転換後の管理方法によって異なり、2〜3年で見られる場合もあるが、10年以上かかる場合もある。

図Ⅲ-3-5　土壌動物の生息を配慮した畑地の動物群集の変化

土壌そのものの性質も変わっていく。この違いが図Ⅲ-3-1(141ページ)の土壌動物群集の違いでもある。

3　有機質肥料の特徴と使い方

(1)肥料の種類

　肥料とは、作物が育つのに必要な養分を供給する物質をいう。肥料を大別すると、化学肥料と有機質肥料に分けられる。化学肥料とは化学的方法により製造される肥料をいい、有機質肥料とは動植物質資材を原料とした肥料をいう。有機質肥料には、**油粕類**、**魚粕粉末類**、**骨粉類**、**米ぬか**、**堆肥**などがある。
　有機物、とくに新鮮な有機物を土壌に施用した場合、そのなかにフェノール性酸や有機酸など作物の根に有害な物質が含まれていたり、あるいは土壌中で急激に分解してガス障害を受けたりする。とくに、水田においては湛水による還元障害が発生しやすいので、注意しなければならない。
　また、詳しくは後述するがC/N値(炭素率＝炭素と窒素の比)の高い有機物を

土壌に施用すると、作物は窒素不足を起こす場合がある。このほか、タネバエなどの害虫の発生を招くなど、施用有機物の質や土壌環境によって、さまざまな障害を作物が受けることがある。

　すなわち、有機物といえども土にとっては異物であり、土になる（土になじむ）にはそれなりの期間が必要である。その期間は材料の質によって大きく異なる。そこで、土壌に施用する有機物を作物に障害が出ないように、分解しやすい有機物をあらかじめ分解しておく必要がある。すなわち、有機物を農地への施用に適した状態にすることが堆肥化の目的である[5]。

(2)堆肥化の効用

　堆肥には、作物に養分を供給する肥料効果とともに、作物が育つ土壌に環境を改善する効果もある。有機物が糊の役目をして、土壌粒子は多孔質の塊になる。この塊が団粒構造と言われる。堆肥の施用によって、土壌の団粒構造の発達や、土壌動物や微生物の棲みかの拡大が見られる（図Ⅲ-3-6）。

　たとえば、火山灰土では、1μm以下の大きさの土粒子が30μm前後の団粒（二次粒子）を形成し、さらに、その団粒が数mmの大きさの団粒（三次粒子）を形成する。団粒構造の形成により、土壌中に大きな隙間（大間隙）ができ、柔らかく水はけのよい土壌となる。団粒の中の小間隙には水分が保持されるために、水もちのよい土壌となる。土壌の団粒構造の発達は、緩衝能（環境や養分の急激な変化に対応できる力）や陽イオン交換容量（CEC、土壌肥沃土の指標）を高

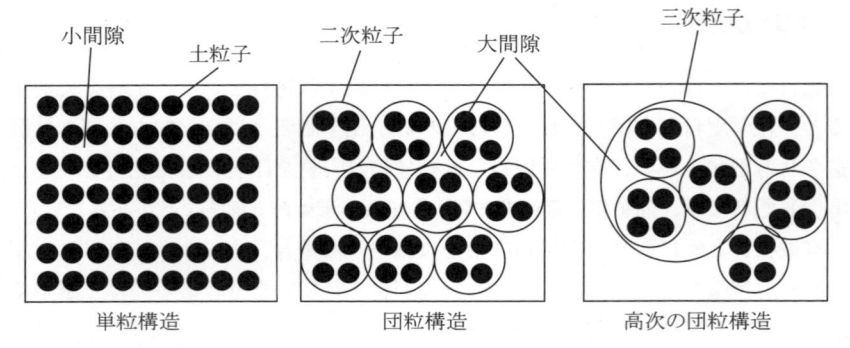

（出典）岩田進午『土のはなし』大月書店、1985年。

図Ⅲ-3-6　土壌の単粒構造と団粒構造

めて、土壌の養分保持力も高める。これによって、降雨による陽イオン（アンモニウム、カリウム、カルシウム、マグネシウムなど）の流亡が少なくなる。

さらに、堆肥が化学肥料と大きく異なるのは、効果が徐々に現れるとともに、連年施用によって、効果が累積していくことである。堆肥を連用すると、分解されにくい有機物が土壌中に蓄積され、**腐植物質**となって長期的な養分供給力がしだいに高まることが知られている。腐植物質は、土壌に供給された有機物が土壌動物や微生物の作用および非生物的な作用によって分解される腐植化過程で生じる。最終的には二酸化炭素、メタン、窒素などの気体となって大気中に放出されるが、その期間は100年を超えるものもある。土壌中に適度な養分があって、長期的な分解を継続できる腐植物質があれば、土壌動物や微生物の種類や生息数が安定する。

有機農業においては、肥料効果を目的として有機質肥料が施用される場合が多い。しかし、堆肥など有機質肥料施用の主目的は、**土壌の機能を回復するために必要とする時間を短縮**し、生き物が生活できる場を形成することにある。肥料効果は、その結果として得られるものである。

（3）窒素の無機化と有機化

肥料効果のなかで、もっとも大切とされるのが窒素である。土壌中で堆肥を分解する土壌動物や微生物は、堆肥に含まれる炭素を二酸化炭素に変えてエネルギーを獲得（呼吸作用）するとともに、体の構成に利用する。**微生物のC/N値は6.7程度**とされている。たとえば、C/N値が20の堆肥が微生物に利用されれば、窒素1に対して炭素20だったものが、微生物による分解後は、窒素1に対して炭素6.7になる。この分解過程によって、13.3（＝20−6.7）の炭素が呼吸作用に使用されて、二酸化炭素として放出されたことになる[6]。

有機物の分解は、そのC/N値によって支配される。温帯の農地土壌中での有機物の分解や堆肥化過程では、**C/N値は10付近に収束**する。

一般に、**C/N値が20以上**で、炭素が過剰な堆肥が土壌中の微生物分解作用を受けると、炭素に対して窒素量が少ないため、微生物は不足する窒素分を土壌中に存在する無機態窒素を吸収して補う[7]。これを窒素の有機化という。結果として作物が吸収利用できる窒素が不足し、作物は窒素不足（窒素飢餓）で生育不良になる。逆に、**C/N値が20以下**であれば、微生物が必要とする炭素に

比べて窒素が余分にあるので、余分な窒素をアンモニアとして体外に放出する。これを窒素の無機化といい、作物が吸収利用できる窒素が増えることになる(図Ⅲ-3-7)。

堆肥などの有機質肥料は化学肥料に比べて、施用時の肥料効率が低いため、施用量が必要以上に多くなる傾向にある。有機質肥料に含まれる窒素などの肥料成分が過剰に施用されれば、作物の障害や収量、品質の低下の原因となるだけでなく、環境の汚染にもなる[8]。したがって、有機質肥料に含まれる肥料成分を適切に評価して、施用量を年々減らすなど過剰施肥を避けることが大切である。

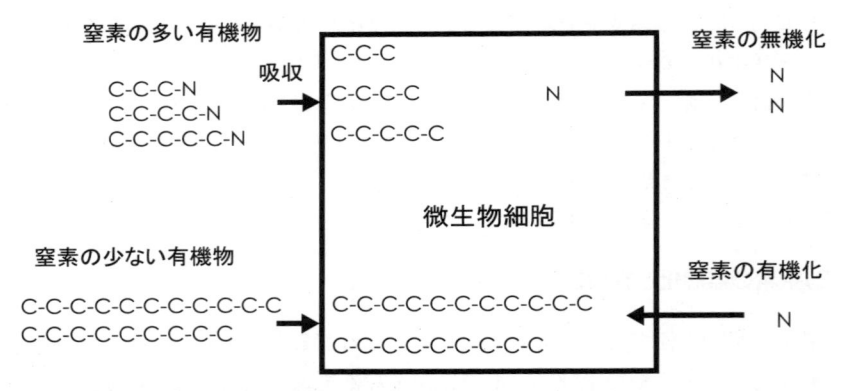

(出典)西尾道徳『有機栽培の基礎知識』農山漁村文化協会、1997年。

図Ⅲ-3-7　窒素の無機化と有機化

(4)堆肥と厩肥

日本では、生産性を上げるために安い輸入穀物を家畜飼料にして、耕種農業とは切り離された畜産が20世紀の後半から普及した。その結果、利用されない家畜糞尿が畜産地域に滞るようになる。家畜糞尿が多量に出回る以前は、家畜糞尿を用いずにワラ類や作物残渣を堆積・腐熟させたものを**堆肥**、家畜糞尿や敷料を含む家畜糞尿を堆積・腐熟させたものを**厩肥**と区別していた。しかし、現在では堆肥と厩肥の区別をせずに、稲ワラ堆肥、牛糞堆肥などと主たる材料を冠した名称で用いられている。

とはいえ、植物性の材料を主として堆肥化した堆肥と、動物性の材料を主と

して堆肥化した厩肥とでは、材料のC/N値が大きく異なる。したがって、堆肥化に必要な期間、肥料効果の発現の仕方などに違いがある。また、堆肥化過程において関与する土壌動物や微生物も違う。ワラや作物残渣など植物性の有機物の分解に関与する土の生き物と、家畜糞尿など動物質の有機物の分解に関与する土の生き物とでは、その食性が異なるためである。

1971年から有機農業に取り組んできた埼玉県小川町の金子美登さんは、当初は牛糞堆肥を利用していたが、転換15年目から植物質の堆肥に切り替えている[9]。その結果、作物に加害する虫が減少した(5ページ参照)。堆肥の肥料効果の違いとともに、堆肥化に要する時間、堆肥化過程で関与した生き物の違いも影響しているのであろう。

(5)堆肥とボカシ肥料の特徴とつくり方

作物残渣や生ごみ、家畜糞尿を堆肥化する際、**十分に腐熟させてからの施用**が作物や土壌にとって望ましい。前述のように、堆肥化によって材料中の分解しやすい有機物は分解して、土壌に施用しても土壌中で急激な分解が起こらないため、作物に害を及ぼすことが少ないからである。堆肥の施用時期は、作付の前年秋が望ましい。冬季間かけて施用した堆肥がゆっくりと時間をかけて土になじむことが大切である。

堆肥化を順調に行うためには、材料のC/N値、含水率、切り返しによる酸素の供給などが大切である。堆肥化に伴って発生する発酵熱(60℃以上)によって、材料中に含まれる病原菌、害虫の卵、雑草の種子などを死滅させることも可能である。なお、堆肥化に必要な期間は**表Ⅲ-3-1**に示した材料のC/N値によって異なる。稲ワラや麦ワラなどC/N値の高い有機物を材料とした堆肥の施用目安は、**C/N値20以下**である。

一方、有機物を土と混ぜて低温でゆ

表Ⅲ-3-1　有機質肥料と堆肥材料のC/N値

材料名	C/N値
オガ屑	413
大麦ワラ	55
小麦ワラ	40
水稲ワラ	37
ライ麦の茎、葉	28
腐葉土	23
トウモロコシの茎、葉	12
牛糞	12
クローバの茎、葉	11
豚糞	11
米ぬか	11
ナタネ油粕	6
鶏糞	6
魚粕	4

(出典)長野県ほか『土づくりガイドブック第2版』(2006年)を参考にした。

っくりと熟成させ、肥料成分が揮発しないようにつくるのが、**ボカシ肥料**である。米ぬか、油粕、魚粉などの有機質肥料を土壌に直接施用すると、タネバエなどの害虫が発生しやすくなる。そこで、有機質肥料をあらかじめ好気条件下で分解する。土と混合して熟成してあるため肥料成分濃度が低くなり、作物の根を傷めず、肥料の効き方がゆっくりになる。

　ボカシ肥料の製造方法はさまざまで、用途に応じて、材料の種類や混合割合の組み合わせも多様だ。土を入れずに有機質肥料だけでつくる方法もあれば、微生物資材を用いて嫌気条件下でつくる方法もある。

　ボカシ肥料はその材料のC/N値の低さから理解できるように、堆肥に比べて肥料効率がよく、肥料効果をねらって利用される。ただし、腐植物質として土壌中に蓄積される量も少なくなるため、堆肥などを併用して土壌環境の改善に心がけることが大切である。また、施用上の留意点としては、播種や定植の少なくとも2週間前、できれば1カ月前の施用が望ましい。ボカシ肥料といえども有機質肥料であり、土になじむ時間を必要とすることを忘れてはならない。

4　作物にとって肥料とは何か

(1) 施肥を基本とする慣行農業

　化学肥料を用いずに、すべての肥料を有機物で代替して有機物を適切に組み合わせた**無化学肥料栽培**がある[10]。各種有機物の養分供給特性を把握し、それらを適切に組み合わせて、作物の養分供給特性に対応した肥培管理を行わなければ、収量の安定確保がむずかしいという考えから、有機物を用いて化学肥料と同等の肥料効果が得られるように検討された。ただし、農薬の使用については言及されていない。ここでの土壌は、単に物理的・化学的性質をもつ物質である。作物が吸収する養分を何らかの肥料成分として施用しなければ収量は得られないという考えで、栽培されている。

　たしかに、不良農地、とくに開墾時においては、作物生産にとって補うべき必要のある物質がある。たとえば、日本の農地土壌の27％を占める黒ボク土などの火山灰土壌は、リン酸の固定力がきわめて強く、作物が吸収できる可給

態リン酸が乏しい。この対策として、リン肥料を一時に多量に施用してリン酸の固定力を弱め、毎年リン肥料を多用することで可給態リン酸を補っている。しかし、多量のリン肥料を用いる慣行農業では、**農地それ自体が環境汚染源**である。地下水や河川の汚濁(窒素やリンなどの栄養塩類の増加)を招くなど、私たちの生活そのものに悪影響を及ぼしてきた。

　日本の農業発達史をみるかぎり、作物生産上、不良農地の土壌改良は欠かせない。だが、改良後いつまでも作物の吸収量の2倍以上の肥料成分を補わなければならない栽培法は、どこかに**無理**があると考えるべきである[11]。養分の過剰は水質汚濁の原因となるだけでなく、それを利用する特定の種の多発生を招きかねない。すなわち、病害虫の発生の原因となり、農薬の使用を促進する。

(2)土の生き物と作物の共生関係

　土壌には、多様な機能がある(表Ⅲ-3-2)。そして、さまざまな土壌動物や微生物が生活して、物質やエネルギーの流れに関与している。土壌中または地表の有機物は、これら土の生き物のエネルギー源である。土壌が生成される仕組みに見られるように、物質やエネルギーを得るために、多くの土の生き物が生活する。これらの生き物は、お互いに関連し合うとともに、周囲の非生物的環境とも密接な関係をもっている。

表Ⅲ-3-2　土壌の機能

生き物を育む機能
有機・無機成分の分解や変換に関与する代謝機能
養水分の保持機能
有害物質の浄化機能

　陸上の植物種の約80%は、地下部で菌根菌との**共生関係**をもつ。大多数の動物も、消化管に共生微生物を保有している[12]。多くの陸上植物と共生関係にある**アーバスキュラー菌根菌**は、土壌中のリン酸を菌糸をとおして植物に提供し、植物からは光合成産物をもらってエネルギー源とする。マメ科植物と共生関係にある根粒菌は、ニトロゲナーゼという酵素を介して、空気中の窒素を固定する。マメ科植物は根粒菌から窒素固定によって生み出されたアンモニウムイオンを受け取り、根粒菌はマメ科植物から光合成産物を受け取ってエネルギー源としている。

　ミミズなどの土壌動物や根粒菌、菌根菌などの微生物などの土の生き物は、

窒素やリンの一時的な貯蔵庫でもある。雑草や緑肥作物は地表への有機物の還元や地下部から地表への養分の移動に寄与している。貯蔵された養分は土壌動物や微生物のはたらきによって、再び植物に利用されやすい物質に変化する。

一例として、ミミズが生息する土壌を用いてミミズを飼育し、飼育に用いた土壌(飼育用土壌)と、飼育したミミズの糞(ミミズ糞)の化学的性質の比較実験を見てみよう(表Ⅲ-3-3)。ミミズ糞は飼育用土壌に比べて、**硝酸態窒素**や**可給態リン酸**など水に溶けやすい養分が多くなる。また、養分保持力の指標となる**陽イオン交換容量(CEC)**も高くなる。このように、ミミズ糞に含まれる養分は、飼育用土壌に比べて植物が利用しやすい状態になっているのである。農地の動植物および微生物は、窒素、リン酸、カリウムをはじめミネラルなどの養分循環に大きく寄与している。

表Ⅲ-3-3 ミミズ糞と飼育用土壌の化学的性質の比較

	pH(H_2O)	EC (dS/m)	アンモニア態窒素 (mg/kg)	硝酸態窒素 (mg/kg)	可給態リン酸 (mg/kg)	CEC (cmol$_c$/kg)	全炭素 (%)	全窒素 (%)
飼育用土壌	6.9	0.17	16.3	50.5	2380	28.2	7.4	0.38
ミミズ糞	6.4	0.56	12.6	275	2540	30.3	6.9	0.39

(注)EC(電気伝導度)は電流通過の難易度を表し、水溶性の全塩類濃度の大まかな尺度となる。CEC(陽イオン交換容量)は土壌の養分保持力を表し、土壌肥沃度の指標となる。

(3) 養分を"生み出す"土壌の仕組み

ミミズの体内からは、有機物の分解を速やかに行うためのいろいろな**酵素**が**分泌**されている。たとえば、ホスホターゼという酵素は、ミミズの腸管内で有機態リン酸化合物を加水分解するとともに、土壌中でもその活性が持続し、土壌の有機態リン酸の可給化(水に溶ける状態、すなわち可給態リン酸になること)に寄与する。加えて、ミミズの腸管内には窒素固定を行う細菌が生活している。このように、ミミズの腸管内では、牛のルーメン(第1胃)のようにさまざまな生化学反応が行われ、土壌とは異なった環境を形成しているのである。

前項で述べたように、ミミズ糞の可給態リン酸や硝酸態窒素が飼育用土壌に比べて増加したのは、腸管内で濃縮されると同時に、さまざまな酵素や細菌の

はたらきによると考えられる。こうして、土壌動物や微生物の活動によって土壌の化学的性質が改善される。

このような土壌機能が備わった農地では、さまざまな生き物の関与による有機物の分解作用をはじめ、多くの異なる仕組みの総和として**養分供給機能が発現**する。したがって、作物生産に必要な肥料分が収穫物に含まれる量より少なくても、**減収**しない。むしろ、肥料分の補充を最小限にとどめることで、作物に必要な養分を生み出す新たな機能が発揮できるようになる。生き物には不適な条件に適応して生きる力がある。

たとえば、化学肥料と有機質肥料を窒素量で統一してエダマメを栽培した場合、有機質肥料を施用したほうが根粒数が多くなる。さらに、有機質肥料のほうが菌根菌との共生関係が高まる（図Ⅲ-3-8）。窒素とリン酸がすぐには利用しにくい状態にある有機質肥料を施用したエダマメでは、微生物との共生関係を高めて、生育に必要な窒素とリン酸を得るようにしているのである。

また、白クローバを用いた**緑肥間作**によって、トウモロコシのリン酸吸収が促進され、リン肥料を施用しなくても十分な生育を確保している[13]。トウモロコシ細根のアーバスキュラー菌根形成率は、緑肥間作をしないでリン酸施肥または無施肥処理したよりも、白クローバを用いて緑肥間作した処理で高い。これは、白クローバがアーバスキュラー菌根菌の宿主としての役割を果たしたためと考えられる。

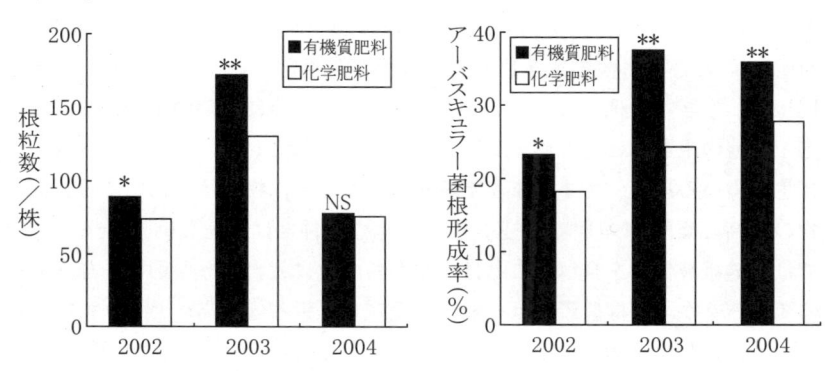

（注）収穫時（8月）調査。有意差検定結果 NS：P＞0.05（有意差なし）、＊：P≦0.05（5％水準で有意差あり）、＊＊：P＜0.01（1％水準で有意差あり）。

図Ⅲ-3-8　肥料の違いとエダマメの根粒数、アーバスキュラー菌根形成率の比較

土の中の植物根は、むき出しの「根」で存在しているのは稀で、むしろ「菌根」という共生体で存在しているのがふつうである[14]。このような共生関係を考慮した栽培管理が、持続性のある農業には欠かせないであろう。

　一方、地上部を支える役割をもち、「植物の隠れた半分」[15]と言われる根は、養分や水分を吸収するばかりではなく、二酸化炭素や糖、アミノ酸、有機酸、核酸、酵素などの有機物を分泌している。植物根から分泌する有機物の量や組成は、植物の種類や環境の変化に応じて変動する。すなわち、生育段階や栄養状態、病害虫による被害、土壌の養分や水分の状態に応じて、分泌する有機物を変えているのである。少し足りない状態のほうが、生物は生きるための努力をする。

　過剰な施用を抑制するためにも、農地を取り巻く多様な環境のなかで、窒素やリン酸などの養分の動きを捉えるべきである。

5　作物が健康に育つ環境——土づくりの基本——

(1) 健康な作物とは

　生き物にとって健康とは、環境に適応し、かつ、その能力が十分発揮できるような状態で生活することである。これは作物でも例外ではない。

　それぞれの生き物はその生活に適した棲みかや餌などの生活資源の範囲(生態的地位)のなかで、他の生き物と関連しながら生きている。土壌の生成過程と同様に、生き物は種としてそこで生活し続けるために、時間をかけて環境に順応し、他の生き物との関係を築きあげてきた。したがって、他の生き物とともに生きている以上、さまざまな制約が存在する。作物栽培においても、ある作物の最高の条件(栽培環境)が必ずしも最適な条件とは言えない。

　では、健康な作物を食べることは、私たちの食にどのような影響を与えているのであろうか。有機農産物は一般に、美味しく栄養価も高いとされている。とはいえ、過剰な有機物を施用して不適切な養分管理を行えば、その特色は活かされない。適切な有機物施用による作物の品質向上の仕組みをみてみよう(図Ⅲ-3-9)。

　先に述べたように、土の生き物のはたらきによって、団粒構造が発達した、

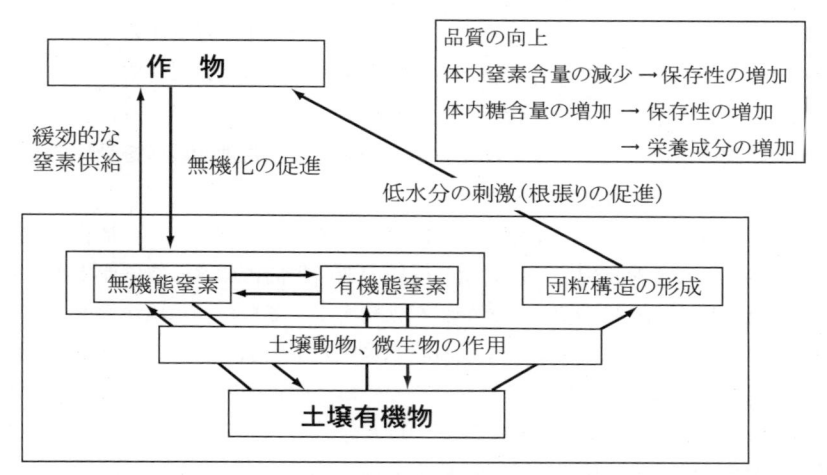

```
                    ┌─────────────┐          ┌────────────────────────────────┐
                    │  作 　 物   │          │ 品質の向上                     │
                    └─────────────┘          │ 体内窒素含量の減少 → 保存性の増加│
       緩効的な        ↑        ↑            │ 体内糖含量の増加  → 保存性の増加│
       窒素供給        │無機化の促進          │           → 栄養成分の増加    │
                     低水分の刺激(根張りの促進)└────────────────────────────────┘
```

図Ⅲ-3-9　作物の品質向上のメカニズム

(出典)森敏「食品の質に及ぼす有機物施用の効果」(日本土壌肥料学会編『有機物研究の新しい展望』博友社、1986 年、85～137 ページ)、藤原孝之「有機野菜の品質評価研究の現状と今後の展望」(『農業および園芸』第 76 巻第 7 号、2001 年、743～748 ページ)を参考に作図。

水はけも水もちもよい土壌になる。そして、土壌動物や微生物による有機物の分解作用(養分の無機化)では、土壌中の作物が利用可能な養分量が少なく、その放出も緩効的になる。

　水はけのよい土壌では、作物体内の水の量が減るが、糖の移動量はさほど影響を受けないので、収穫物の糖度が上昇する。また、低窒素条件下では、アミノ酸やタンパク質に合成されるはずの糖が余る。したがって、アミノ酸やタンパク質の低下に伴って糖度が上昇し、糖からビタミンＣが合成されるため、ビタミン含量が上昇する。糖濃度が高いと収穫後の組織の崩壊も遅れて、貯蔵性が高まることが知られている[16]。「不適な環境に適応して生きる力を発揮できる」栽培環境が、多様な土の生き物を育み、健康な作物を生み出すのだ。

(2)作物が健康に育つ土壌

　団粒構造の発達した土壌は、肥沃な土壌と言われる。団粒構造が発達した土壌を裸地にして、ミミズが生活できない状態にすると、降雨、重力、踏み固めなどの物理的破壊を受けて団粒構造が破壊される。しかし、再びミミズが生活

できるようにすると、ミミズの摂食により腸管内を土壌が通過するなかで、土壌粒子は腐植や体液などの有機物が糊の役目をして、水に対して安定な多孔質の塊、すなわち耐水性団粒が新たに生成される。何度も述べたように、土壌動物や微生物の活動できる土壌では団粒構造が発達し、物理的破壊を受けても団粒構造が安定的に存在するのである。

　団粒構造は、表面などに窒素やリン酸などの養分を保持し、かつ植物の根にバランスよく養分を供給する。また、団粒の間の隙間には水と空気が出入りして、植物の根の生育に必要な水と酸素を供給する。さらに、土壌が適度に柔らかくなり、水はけと水もちがよくなる。水はけのよい土壌では、余分な水が排水されて、土壌は乾いた感じになる。このため、団粒の内部に保持された水で水不足になることはないが、作物は軽い低水分ストレスを受けて、水を求めて根張りをよくすると同時に、根の吸収力も高まる[17]。

　一方で、健康な作物の特徴は**根張りのよい育ち方**にあると言われている[18]。植物の根張りは、土壌の物理的性質・化学的性質、そこに生息する生物群集との関係によって決まる。土壌の団粒構造が発達して、腐植含量が高まると、養分や水分の保持力が高まり、地力窒素の供給力が高まる。すなわち、作物の根張りと土壌の物理性・化学性の改善によって、作物の生育に必要な養分や水分を各生育時期の必要量に応じて供給できる土壌になる。さらに、根圏域の土壌動物や微生物のバランスがよくなると、特定の病原菌や害虫がはびこりにくくなる。

　土壌の有機物分解機能が回復・発揮すれば、作物に必要な養分を生み出す役割のほかに、他の多くの生き物を養うことになる。そして、土壌の物理性・化学性の改善をはじめ病害虫の抑制や有害物質の浄化などの機能も回復することで健全な土壌が育まれ、健康な作物が生育できるようになる。

6　いのち育む農

(1) 風土に根ざした農

　本稿では、素材としての「土」から多様ないのちを育み作物が育つ「土壌」へと変化する様子を、土の生成という歴史的視点と生き物による環境形成作用

の視点で捉えた。また、人間の田畑への関与の仕方が田畑の生き物に大きく影響していることを示した。土の生き物による団粒構造の形成作用、特定の生き物の大発生を抑制する作用など、生き物の存在が作物の生育にとって大切であることが理解していただけたであろう。

一般に、作物に害を及ぼさない土壌動物や微生物は無視され、害を及ぼす動物（昆虫）は害虫として、微生物は病原菌として扱われてきた。土壌環境の形成に欠かせないミミズでさえ、モグラの餌になるという理由で排除の対象とされる場合すらある。しかし、本項の記述から、「**作物が健康に育つ環境**」と「**土の生き物が豊かに生活できる環境**」とは矛盾しないことが、理解していただけたと思う。

栽培管理は、農地で生活する生き物に対する条件付けでもある。すなわち、土の生き物が持続的に生活できる管理が、持続可能な栽培管理となる。また、水たまりがなければ産卵できないカエルが畑で生活しているように、田畑の生き物はその周囲の棲みかや餌などと関連しながら生活している。すなわち、農地を周囲から隔離された「島」のように捉えるのではなく、周囲の環境と一体のものとして捉えることが大切である。その意味でも、**地域資源を活用した堆肥づくり、土づくりが大切である。**

作物の種子も、地域の自然環境や生き物と密接なつながりがある。たとえば、トウモロコシのアーバスキュラー菌根形成率は、栽培地により近い地域で育成された種子のほうが高くなるという報告もある[19]。

田畑は、私たちの祖先が自然環境の制約を受けながら、長い歴史のなかでつくりあげてきた。その営みをとおして地域の食文化や生活様式が形成されてきたのである。人間が意識する意識しないにかかわらず、地域独自の種子（品種）が成立したように、地域環境に合った土の生き物も存在した。

日本の生活様式、食文化、栽培管理の変化とともに、栽培地から遠く離れたところで生産された種子を多く使うようになり、その役割を無視された土の生き物は田畑から見られなくなった。だが、画一的ではなく、地域性と個別性を大切にする、地域の**風土**に根ざした**農**をこれからの日本の農業の中心に位置づけるべきである。

(2)土づくりは生き物との共同作業

　石油に代表される地下資源に依存した慣行農業は、「本来」地球にそなわった動植物を育む「自然のめぐみ」を、化学肥料や農薬の利用に代表される人工的なシステムに置き換えてきた。その結果、「自然のめぐみ」の大切さを忘れて、多くの種を絶滅の危機にさらして、その存在すら消し去ろうとしている。しかし、「本来」自然のもつ豊かなめぐみとともにあらねば農業は持続できない。

　有機農業の土づくりは、土によって自然の本質を代表させている。土は自然の名代なのである[20]。すなわち、土づくりは人間だけではできない（土はつくれない）。人間にできるのは、自然の生成、変化、発展過程を人為的に再現し、手助けし、「本来」自然のもつめぐみを意識的に形成することである。土づくりのための技術を採用するときは、土の生き物の時間に合った技術を検討し、採用してほしい（表Ⅲ-3-4）。

表Ⅲ-3-4　栽培技術（土づくり）の採用基準

生き物を育む
再生可能で豊富な資源を利用する（持続性のある農業）
多様性と個性を活かす（画一化しない）
無理なく、田畑の現状に合っている
多くの人が参加できる
効率化や利潤の追求を第一としない

　先に述べたように、有機農業と慣行農業の土壌では生息する土の生き物に違いがある。栽培管理の違いによって生息する生物群集も変化する。土壌動物や微生物など土の生き物を活用するには、活躍させようとする生き物に適した土壌条件を整える必要がある。

　化学肥料や農薬の利用は、化学物質としての機能を施用直後より発揮する。これに対して、生き物が介在する場合は、その生き物が**定着・生存**し、**生活**することによって初めて、機能が発揮される。この点が、化学肥料や農薬に依存した慣行農業と、有機物を利用した有機農業との大きな違いでもある。土の生き物が定着し、その機能が発揮できれば、化学肥料や農薬に頼らなくても、作物が生産できる農地に生まれ変わる。地下資源ではなく、**地上や地中で生活する動植物が生み出す資源に軸足を移した有機農業への転換**が早急に求められる。

　地球温暖化による環境の変化が現実のものとして、実感させられるように

なってきた。生態系の変化に応じて、人間の意志決定も変化する[21]。自然と人間のかかわりが深い農地から、人間と自然の適切なかかわり方を模索し、持続可能な農業を次世代に引き渡さねばならない。

(1) 久馬一剛『土とは何だろうか?』京都大学学術出版会、2005年。
(2) 藤田正雄「土壌機能・地力増進のための土壌生物利用」『農業および園芸』第64巻第1号、1989年、229〜234ページ。
(3) 犬伏和之・斎藤雅典「土壌生態圏はいかに進化したか」『化学と生物』第42巻、2004年、47〜53ページ。
(4) 中村好男・藤田正雄・西村和雄「有機物被覆がヒメミミズ類の個体数および水平分布に及ぼす効果(重粘性土壌畑の土壌動物による育土3)」『Edaphologia』第20号、1979年、1〜12ページ。
(5) 藤原俊六郎『堆肥のつくり方・使い方―原理から実際まで―』農山漁村文化協会、2003年。
(6) 前掲(5)。
(7) 西尾道徳『有機栽培の基礎知識』農山漁村文化協会、1997年。
(8) 西尾道徳『農業と環境汚染―日本と世界の土壌環境政策と技術―』農山漁村文化協会、2005年。
(9) 鈴木麻衣子・中島紀一・長谷川浩「地域の自然に根ざした安定系としての有機農業の確立－埼玉県小川町霜里農場の実践から－」日本有機農業学会編『有機農業研究年報vol.7 有機農業の技術開発の課題』コモンズ、2007年、115〜133ページ。
(10) 小野寺政行・中本洋「北海道における堆肥と各種有機質肥料を用いた露地野菜の無化学肥料栽培」『日本土壌肥料学雑誌』第78巻第6号、2007年、611〜616ページ。
(11) 前掲(8)。
(12) 川口正代司「根における共生のいとなみ」「植物の軸と情報」特定領域研究班編『植物の生存戦略―「じっとしているという知恵」に学ぶ―』朝日新聞社、2007年、141〜160ページ。
(13) 出口新「リビングマルチによる飼料用トウモロコシのリン酸減肥栽培の可能性」『農業および園芸』第83巻第3号、2008年、353〜357ページ。
(14) 矢野勝也「植物とVA菌根菌の窒素をめぐる駆け引き」『根の研究』第15巻第1号、2006年、11〜17ページ。
(15) H・デクルーン&E・J・W・フィッサー編、森田茂紀・田島亮介監訳『根の生態学』シュプリンガー・ジャパン、2008年。
(16) 森敏「食品の質に及ぼす有機物施用の効果」日本土壌肥料学会編『有機物研究の新しい展望』博友社、1986年、85〜137ページ。

(17) 前掲(7)。
(18) 中川原敏雄「有機農業の育種論－作物の一生と向き合う－」本書第Ⅲ部第4章。
(19) 小林創平・村木正則・榎宏征・加藤邦彦・唐澤敏彦・野副卓人「トウモロコシにおけるVA菌根菌感染率の品種間差と要因解析」『日本土壌肥料学会講演要旨集』第52集、2006年、47ページ。
(20) 宇根豊『天地有情の農学』コモンズ、2007年。
(21) 佐竹曉子「数理生態学からサステイナビリティー・サイエンスへの挑戦：森林衰退／再生への道をわける条件」『日本生態学会誌』第57巻第3号、2007年、289～298ページ。

〈参考文献〉
藤田正雄「土を育てる生き物たち(10)田畑の「生き物調査」のすすめ」『ながの「農業と生活」』2007年5月号、64～65ページ。
藤田正雄・伊澤加恵・藤山静雄「不耕起・ライ麦処理による大型土壌動物群集の変化とそれに伴う土壌理化学性と畑作物収量の改善」日本有機農業学会編『有機農業研究年報Vol.5 有機農業法のビジョンと可能性』コモンズ、2005年、182～202ページ。
藤田正雄・中川原俊雄・藤山静雄「緑肥間作の導入による大型土壌動物群集の変化とそれに伴う土壌理化学性と畑作物収量の改善」日本有機農業学会編『有機農業研究年報Vol.6 いのち育む有機農業』コモンズ、2006年、136～152ページ。

▶西村和雄の辛口直言コラム◀

リンの過剰蓄積が起きた理由

　最近、心配事がひとつ増えました。それは、農地に過剰なリンが蓄積しているのではないかという危惧です。酸性土壌が多い日本では、矯正しないと酸性が強すぎて溶け出すアルミニウムにリンが結合し、作物がほとんどリンを利用できなくなります。アルミニウムと結合したリンを有効に利用できる植物は、茶・椿・山茶花など、ツバキ科の植物だけのようです。

　リンが過剰蓄積すると、鉄や亜鉛などの微量元素と結合して、作物が吸収利用できないような化合物にしてしまうことが十分に考えられます。当初は口をあけているアルミニウムを満足させるためのリン投与でしたが、過剰蓄積になったのは、畜糞の多投与が原因です。

　リンの過剰が進行すると、カルシウムやマグネシウムまでリンに結合し、不足状態になることは十分に考えられます。カルシウムの不足は、緩慢に進行するために、わかりにくいのが特徴です。10年前と比べて、葉物野菜が柔らかくなっていませんか？　すぐにズルズルになったりしませんか？　放っておくと、大変なことになりますよ。

リンの過剰による影響

　リンは過剰害が出にくい元素だといわれてきました。専門書にも、「リンが過剰になっても、作物の反応は鈍いのが特徴で、過剰害は出にくいといわれている」なんて、書いてあります。

　でも、怖いのは、リンそのものの過剰ではなく、リンがカルシウム・マグネシウム・鉄・銅・亜鉛・マンガンなどの栄養素と結合して溶けにくくなり、作物に吸収されにくい化合物になることです。まさか、そこまでリンを入れていたとは。

　カルシウムが不足すると、組織が軟弱になります。切るときバリバリと音がするほど堅いはずの野菜が、なんとなくフニャフニャしてきたり、すこし物に当たっただけでズルズル腐ったりするのは、カルシウムが不足気味の証拠です。

　マグネシウムの不足は、古い葉に出やすいので注意してください。本物の有機野菜は葉の色が薄く、周辺の野草とほとんど同じ葉色を示しますが、古い葉にむらが出ていると警告信号です。葉脈の緑色は残っているのに、葉脈と葉脈との間は葉色が薄くなっていたり黄ばんでいたら、マグネシウムの不足といえます。光合成がうまく働かなくなっているのです。

第4章 有機農業の育種論──作物の一生と向き合う──

中川原敏雄

1 種採りのすすめ

(1)自生する作物

　種を播いていないのに、畑の中からトマトやカボチャなどが雑草のように自然発芽してくることがある。自然生えや野良種と呼ばれるこれらの**自生野菜**は、収穫残渣や生ごみ堆肥に混じって自然に生えたものだ。

　歩道のアスファルトを押しのけて生長する自然生えダイコンが「ど根性大根」としてマスコミで紹介され、一躍脚光を浴びてから、各地でいろいろな自然生え野菜が紹介されるようになった。こうした野菜は、道端や土手など野菜の生育に不適な場所でも平気で生育している。栽培野菜に比べて葉は小ぶりだが、肉厚で、病害虫の被害がない。そして、がっちりしていて、根がよく張っている。

　日本には古くから自生のダイコン、ツケナ、カブが各地にあり、**救荒植物**（饑餓の際に食料にできる植物）として凶作時や戦時中に利用されていた。ダイコンでは福島県会津地方の弘法大根、山形県庄内地方の野良大根、滋賀県の伊吹大根があり、ツケナやカブでは山形県西置賜郡のヒッチ蕪、新潟県魚沼郡（当時）の弘法菜、兵庫県城崎郡（当時）の平家蕪、島根県仁多郡の正月蕪がある。

　こうした自生種の起源は明らかではないが、林の中などには生えず、荒れた耕地や人里の周辺に自生している。野生植物と栽培植物の両面の特性をもったユニークな野菜たちである。

　では、作物には自生する力が本当にあるのだろうか。そこで、作物の自然生え能力を見るために、施肥・耕耘されていない自然畑で作物を栽培し、種が実ったところで株をそのまま刈り倒して（果菜類は熟した果実を土に埋めて）、

翌年自然発芽してくる**自然生え適性度**(自然生えから種を実らせる能力)を調べてみた。**表Ⅲ-4-1**では、よく発芽してくるもの(◎)からほとんど発芽しないもの(×)まで、自然生え適性度を4段階にまとめている。

もっとも自然生えしてくるもの(◎)は、オカノリ、カラシナ、ナタネ、ツルナ、ルッコラなど**あまり育種が進んでいない作物**である。これらは一度大量に種をこぼすと、毎年発芽して雑草

表Ⅲ-4-1　作物の種類と自然生え適性度

自然生え適性度	作物の種類
◎	シソ、オカノリ、カラシナ、ナタネ、ニラ、ツルナ、ルッコラ、オカヒジキ
○	ミニトマト、地ダイコン、在来カブ、ニンジン、ゴボウ、在来ツケナ、ツルムラサキ、ケール、リーフレタス、花オクラ、フダンソウ、アズキ、ササゲ、アマランサス、トンブリ、アワ、キビ、ライ麦
△	カボチャ、キュウリ、カンピョウ、マクワウリ、スイカ、トマト、ナス、ピーマン、ネギ、ヒエ、コムギ、ダイズ、インゲン
×	キャベツ、ハクサイ、玉レタス、タマネギ、カリフラワー、ブロッコリー、ホウレンソウ、セロリ、ソラマメ、エンドウ、スイートコーン

化する性質がある。次に、前者ほど自然生えの個体数は多くないが、毎年発芽してくるもの(○)に、地ダイコン、在来カブ、在来ツケナのような古くから地方で栽培されてきたアブラナ科野菜や、ミニトマト、リーフレタス、アマランサス、ライ麦など**少肥で栽培できる作物**がある。これらは、自家採種したときこぼれ種からよく自然発芽し、種採りが容易である。

自然生え頻度は少ないが、品種を選び、除草など少し管理すれば自然生えし、種を実らせるもの(△)に、カボチャ、キュウリ、マクワウリなど比較的栽培が容易な果菜類、穀類などがある。自然生えがほとんど見られないもの(×)は、キャベツ、玉レタス、スイートコーンなどの多肥性で品種改良が進んでいるものや、タマネギ、ホウレンソウ、エンドウなど酸性を嫌うものなど、**栽培の歴史が浅く、まだ日本の風土に馴染んでいない**西洋野菜が多い。

このように自然生えする作物は意外に多く、栽培や採種が容易、栽培の歴史が古い、育種が進んでいないなどの特徴がある。自然生えは、根張りがよく、病害虫に強いなど、作物自身が環境に適応・定着しようとしている姿とみることができる。これまで人間の都合に合わせて育種し、栽培してきた作物たちに、野生植物のような自律して生育する力が備わっていることを自然生えは示してくれる。無肥料、不耕起でも強健に生長できる自然生えに注目し、その特性を活かしていけば、肥料、農薬、資材に頼らない農業を実現する大きな力に

なるかもしれない。

(2) 自然生えキュウリから学ぶ

耕耘、施肥、育苗、除草などの耕種管理を人間がしなければ、作物は種(子孫)を残せないのだろうか。試みに、自然に放置した畑で自生しているキュウリの自然発芽から種を実らせるまでを観察してみよう。

①発芽〜幼苗期

真夏に実を着けたキュウリの果実は、秋に入ってツルが枯れるとともに熟して土に還る。黄色に熟した果実は約1 kgになり、2カ月程度かけて、ゆっくり腐る(写真Ⅲ-4-1)。

煎餅状に薄く干からびた果実を少し持ち上げてみると、その下の土は湿っており、団粒化している。よく観察すると、ミミズが集まっているのがわかる。種はボロボロに腐って腐植した果実と団粒化した土にまぶされた状態で、冬を越す(写真Ⅲ-4-2)。

長野県の標高700 mの地域では、5月上旬ごろから自然発芽してくる。土壌動物たちのはたらきで種のまわりが少し肥沃になったところから、**巣播き**(たくさんの種を1カ所に点播きする方法)したように次々と発芽し(写真Ⅲ-4-3)、

写真Ⅲ-4-1　2カ月程度かけて土に還ったキュウリ

写真Ⅲ-4-2　腐植した果実とミミズの糞にまぶされた種

写真Ⅲ-4-3　巣播きしたように、ぞくぞくと発芽する

密生した苗のかたまりとなる。

　苗が生長するにつれて、外側の苗は小さくがっちり育つ。内側の苗ほど草丈が高く、葉が大きく、全体がドーム形となっている。

　このような発芽や伸び方の異なる苗の集団は、さまざまな条件に対応できる適応力をもっているようだ。たとえば遅霜がくると、伸びの早い大苗だけが枯れる。それらが霜よけになって、遅く発芽してきた小苗は守られ、枯れることがない(写真Ⅲ-4-4)。草むらの中でもしぶとく生きていけるのは、競い合いながら生長する共育ちといわれる集団の強さが発揮されるからではないだろうか。

写真Ⅲ-4-4　遅霜で大苗が枯れても、大苗が霜よけになって小苗を守る

　草の中で発芽した苗は胚軸を長く伸ばし、草をかき分けるようにして葉を展開する(写真Ⅲ-4-5)。生長が進むにつれて、苗の集団は大きく膨らんでくる。

写真Ⅲ-4-5　草をかき分けるように胚軸を長く伸ばして、草の上に葉を展開する

　よく見ると、どの苗にも光がよく当たるように、お互いに草丈を調整しているではないか。密生しながら、徒長することもなく生長する苗たちは、それぞれの役目をもって共存しているように思える。

②伸長期〜開花結実期

　伸長期に入ると生長が急に早まり、密生していた苗の集団が大きく膨らんで、その中から勢いのよい株が数株伸び出してくる(写真Ⅲ-4-6)。それは、野生植物にみられる自己間引き(高密度で生育する個体群では、子孫を残すのに有利な個体が優先して伸び、他の個体は生長を止めて、適正な密度に株数が自然に調整

写真Ⅲ-4-6　伸長期に入ると、勢いのよい株が伸び出す

写真Ⅲ-4-7　1つのつるに1～2個の果実を着ける

写真Ⅲ-4-8　絡みつくものがなくても、つるを四方に伸ばし、草の上をうまく這っていく

される)のように、苗全体のエネルギーが特定の株に結集する力強い伸び方である。

伸び出した株に支柱を立てて誘引すると、水を得た魚のようにつる先が大きくなり、新葉を次々と展開させて枝を伸ばす。つる性のキュウリは上に伸ばしてやると、無肥料でもまわりの草に負けず、元気に生育し、1～2個の果実を着ける(写真Ⅲ-4-7)。

③子孫を残す植物の知恵

青果栽培では1株から約100本のキュウリを収穫するが、自生キュウリにとっては、熟した果実を1個着ければ300粒前後の種(子孫)を残すことができる。草を刈って支柱を立てたほうが生育はよくなるが、熟した果実の種はハトの格好の餌になってしまうため、土に埋めなければならない。絡みつくものがなくても、つるを放射状に伸ばしながら草の上をうまく這って(写真Ⅲ-4-8)、果実を着ける。

むしろ、自然に草の中で育ったほうが、種が鳥に食べられることが少なく、子孫を残すのに都合がよい。しかも、草の中のほうがべと病やアブラムシなど病害虫が少

ない。人間がよかれと思って手助けするのは、キュウリにとっては迷惑かもしれない(**写真Ⅲ-4-9**)。

このように自然に生育しているように見える自生キュウリをよく観察してみると、発芽からつるを伸ばして実を着けるまでの一連の流れのなかに、子孫を残すためのさまざまな植物の知恵を発見できる。また、栽培では見られない**野生植物のような生活力**もみせてくれる。

写真Ⅲ-4-9 草の中で成熟したキュウリの果実

ここで紹介した自生キュウリは、野生種ではない。市販種子のこぼれ種だ(**写真Ⅲ-4-10**)。うどんこ病に強く、コンパクトな草姿で、着果肥大が早く、自生に適した生態型である。果実が短く、皮が厚いのが難点だが、これも子孫を残すのに都合よい形質かもしれない。

写真Ⅲ-4-10 つばさ(タキイ種苗)と思われる品種のこぼれ種を2年自生させ、人為的選抜をせずに固定させた品種

キュウリは、野菜のなかでは自生しにくいグループに入る(165ページ表Ⅲ-4-1)。とはいえ、草刈りなど多少の手助けをすれば、市販種でも年々自然生えが増え、2～3年で肥料や農薬のいらない種に生まれ変わる。人間に依存せずに自力で生きているときの彼らの生活スタイルのなかに、生命力の強い種を育てる仕組みや、人間がまだ気づいていない作物の能力が隠されているのではないだろうか。

(3) 作物にも意思や感情がある

自然生え野菜は、野生に戻ろうとしているのだろうか。それは、草刈りや除草で雑草の勢力が弱まった場所や、冒頭にふれたように生ごみや堆肥などが

入って、ある程度栄養条件のよい場所から発芽してくる。その点では、人間の手が加わった場所を好んで生活の場とする1〜2年生雑草(シロザ、スベリヒユ、ハコベなど)とよく似ている。ただし、雑草と異なる点は大群落をつくる生活力に乏しいことだ。

　自然生え野菜はこの弱点を克服するために、**人間に自己アピールをしている**ように思われる。もし畑で自生野菜と雑草がいっしょに生えていたら、人は自生野菜を抜かずに残すであろう。自生野菜はそれをよく承知していて、人間にとって有益であるという強みを活かし、それを生き残るための戦略にしているように思える。野生種から現在の品種になるまでには、人類が長年かけて選抜を積み重ねてきた努力がある。だが、見方を変えれば、子孫を残そうとする野菜の強い意志が、人間の好みに応えて変異を積み重ねながら、人間の力を利用して種を残してきたといえるのではないだろうか。

　自然生え野菜は粗野で不味いと思いがちだが、自然生えに適した環境をつくってやると、甘いトマト、葉の柔らかいケール、病気に強いピーマンやナスなど思いがけない株がよく出現してくる。自然生え野菜を見過ごすのではなく、人間へのメッセージと捉えて育種に活かしていけば、農業を新しい方向に導く手掛かりが生まれるかもしれない。

(4) 自家採種は作物と人間による共同育種

　自給自足の農業が行われていた時代、自家採種は栽培の一部として普通に行われていたので、栽培者は種播きから種採りまでの作物の一生を見ることができた。多収穫を目的とした多肥栽培では作物は肥満体質になり、生命力の強い種が採れないことを、当時の人びとは経験的に知っていたのだろう。在来種が途絶えずに現代に受け継がれてきたのも、農民が種を家族の一員のようにして大事に守り、無理な栽培をせず、作物の立場になった健全な育て方を心がけてきたためではないだろうか。

　そうした環境のもとで種も人間の思いに応え、環境に適応するように、何世代もかけて自身を進化させてきたのだろう。このように考えてみると、在来種といわれる自家種(自家採種した種という意味で、形質が不ぞろいで品種になっていない種も含む)は、**作物と人間の共同育種によって育てられてきた**といえる。

　近年の化学肥料、農薬、資材などの開発によって、栽培技術は飛躍的に向上

した。自然環境を活かす栽培から施設園芸など環境を調整する栽培に変わり、栽培技術は全国画一的になった。それに伴い、種は育種専門の会社で育成されるようになり、栽培と育種は切り離されて、それぞれ専業化していく。栽培は収量性を高めるために多肥化に進み、育種はそろいや形状など商品性重視の品種育成に進み、種の遺伝的変異性がますます失われ、弱勢化している。商業化された品種は、農薬と肥料がセットでなければ特性が発揮できない種に変貌してしまったのである。

しかし、農薬や肥料に依存しない自然農法や有機農業を実践するためには、栽培技術だけでは病害虫の克服、生産性の維持はむずかしいだろう。種を大事に育ててきた先人の知恵に改めて学び、**作物自身の環境適応能力**、作物が土を改善していく**環境変革作用**を見直し、その力を発揮させる栽培方法や育種を考えていかなければならない。自家採種は野菜たちにとっても、子孫を残すまたとないチャンスであり、いつでも人間の要望に応えようとしている。このように考えてみると、自家採種は野菜と人間が同じ目標に向かって努力し、会話しながら共に生きていく、絶好の機会なのである。

2　種採りから野菜の本性を知る

(1)種類によって異なる収穫時期

イネ、ムギ、雑穀類のような穀物は、完熟種実(種)を目的として栽培されるため、収穫期が作物の一生を終えるときになる。しかし、野菜は用途によって可食部が根、茎葉、花芽、果実のような植物器官や株全体と異なるため、利用している発育段階(年齢層)も異なる。したがって、生長途中で収穫され、種が実るまで生育できるものが少ない。

図Ⅲ-4-1に野菜の生育ステージから見た収穫時期を示した。野菜の一生は、幼苗期・伸長期・茎葉繁茂期(開花結実期)・成熟期に分けられ、各生育段階で利用されている。

もっとも早くから利用されるのは、モヤシ、カイワレダイコンなど発芽まもない**幼苗期の芽物野菜**だ。コマツナ、ホウレンソウなどの**葉菜類**や、ダイコン、ニンジンなどの**根菜類**は、伸び盛りの柔らかい若葉や根を利用する**伸長期**

野菜	幼苗期	伸長期	茎葉繁茂期 (開花結実期)	成熟期 生長曲線
	カイワレダイコン、モヤシ、間引き菜	コマツナ、チンゲンサイ、ホウレンソウ、サラダナ、ニンジン、ダイコン、キャベツ	キュウリ、ナス、ピーマン、オクラ、サヤインゲン、スイートコーン	トマト、スイカ、メロン、カボチャ、イチゴ、イモ類、ラッカセイ
人間	←幼年期→	←少年期→	←青年期→	←壮年期・老年期→

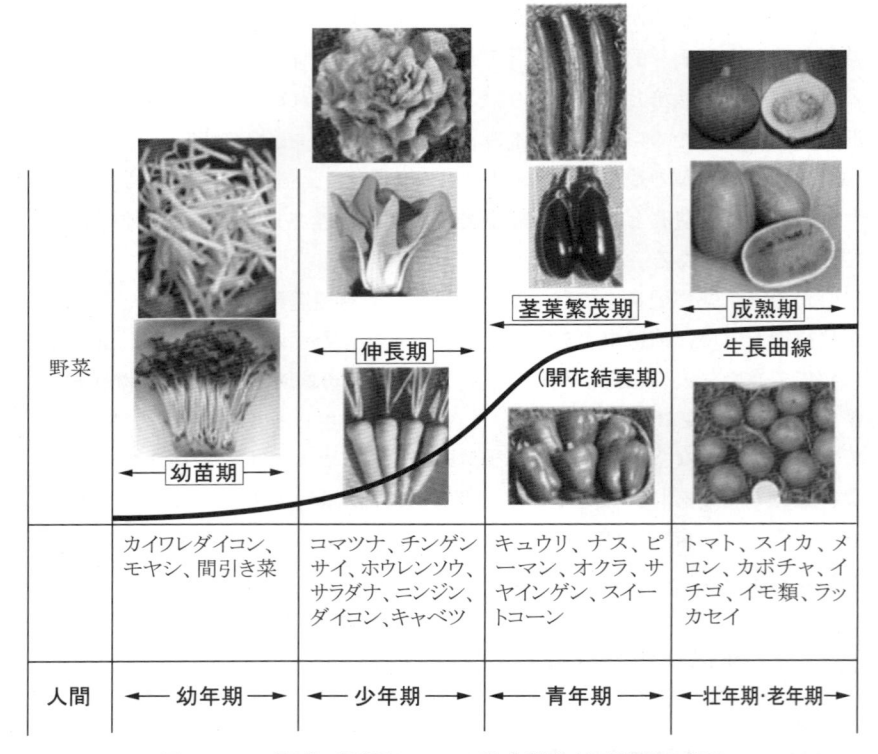

図Ⅲ-4-1　野菜が利用している発育段階（年齢層）の相違

の野菜である。それが一生における前半期であることは、一般の消費者にはあまり知られていない。とはいえ、冬の貯蔵用野菜として家の中に保管しておいたダイコン・カブ・ハクサイなどから、春の訪れとともに若芽が伸び出し、つぼみを着けようとするのを見れば、生長を続けていることが認識できるだろう。

　キュウリ、ナス、ピーマン、オクラ、スイートコーンなどの**果菜類**は、果実や茎葉の生長が盛んな**開花結実期(茎葉繁茂期)**に収穫する野菜だ。これらの収穫果実は、まだ種が実っていないので、未熟果であることがわかる。だが、そのまま日陰の涼しい場所に置いて長期間追熟(収穫後に自然に熟させること)させると、種子部が熟してきて種ができることは、あまり知られていない。たとえば、露地で収穫した食べごろのキュウリをそのまま1カ月ぐらい置いておく

と、尻部だけが膨らんで、中に数粒の種ができており、野菜の生命力の強さを体験できる。

このようにみると、種が実るときに収穫時期に達し、一生を全うできる野菜は、トマト、スイカ、メロン、カボチャなど**完熟果実を利用する果菜類**にすぎない。ほとんどの野菜は種を実らせずに収穫されるため、栽培者は自家採種をしないかぎり、野菜の一生を見届けられない。

しかし、野菜を健康に育てようとするならば、各生育段階を通して野菜の一生を見ておくことは、大事である。なぜなら、充実した種が実るときの野菜の生長が、もっとも生育のバランスがよく、充実していて、病害虫が少ないからだ。一般に考えられている収量を上げるのにふさわしい野菜の姿(肥満型)と、充実した種を実らせるのにふさわしい野菜の姿(自然な姿)は、異なるようである。前者は肥料と農薬を多く必要とするが、後者には肥料と農薬はいらない。野菜がめざすのは、収穫物の量や形ではなく、**生命力の強い種(子孫)を残す**ことである。その目標に向かって根を深く張らせ、病害虫に強い体をつくって養分を蓄え、充実した種を実らせていると考えるべきではないだろうか。

(2) 野菜の一生

野菜栽培は、子育てにたとえられる。それは、生育初期の環境や育ち方が、その後の生長や特性(性格)や草姿(体型)に大きく影響するからである。人間の一生が幼年期、少年期、青年期、壮年・老年期に分けられるように、野菜の一生も、幼苗期、伸長期、茎葉繁茂期(開花結実期)、成熟期に分けられる。そこで、キュウリの一生と人間の一生を対比させながら、各成長段階をみてみよう(図Ⅲ-4-2)。

①幼苗期

人間では幼年期に相当する。「三つ子の魂百まで」という諺にあるように、キュウリでも3葉期から4葉期までが「**苗半作から八分作**」(苗のよしあしで作柄が半分から八分は決まる)と言われる大事な時期だ。幼苗期は花芽や葉芽の分化が始まり、雌花や側枝の発生の仕方、根の張り方が決まる素質形成期である。乳幼児の食事が大切なように、**自然の有機物を材料に腐植の多い熟成した育苗培土**で育てる。

果菜類の生育適温と人間が生活する快適温度は、よく似ている。育苗では**地温を保ち、気温を低めにする**「頭寒足熱」で根の生長を促す。夜の育苗床の温度は、室温の快適温度が目安になる。夜温を活動時と就寝時に分け、活動時は茶の間の快適温度(15～18℃)、就寝時は寝室の快適温度(12～15℃)が目安になる。「早寝早起き」を実践し、就寝時間を十分にとり、低めの温度管理で急がせずじっくり生長させ、「寝る子は育つ」のように、**根張りのよい、がっちりした苗**を育てる。また、朝に灌水し、夕方には表面が乾く程度に、水管理のメリハリをつける。肥料過多や高温、多湿など過保護な条件下では、地上部の生長ばかりが進む肥満型になり、根張りが悪く、着果不良や病害虫に弱い体質になる。

②伸長期

人間では少年期に相当し、側枝の発生、根長、根形など体の基本的輪郭や特性が形成される、素質完成期である。この期間は光の強弱、温度の高低、水分の多少など環境のさまざまな変化に敏感に反応し、雌花の着き方、果実の長さ、根形などが変化する。

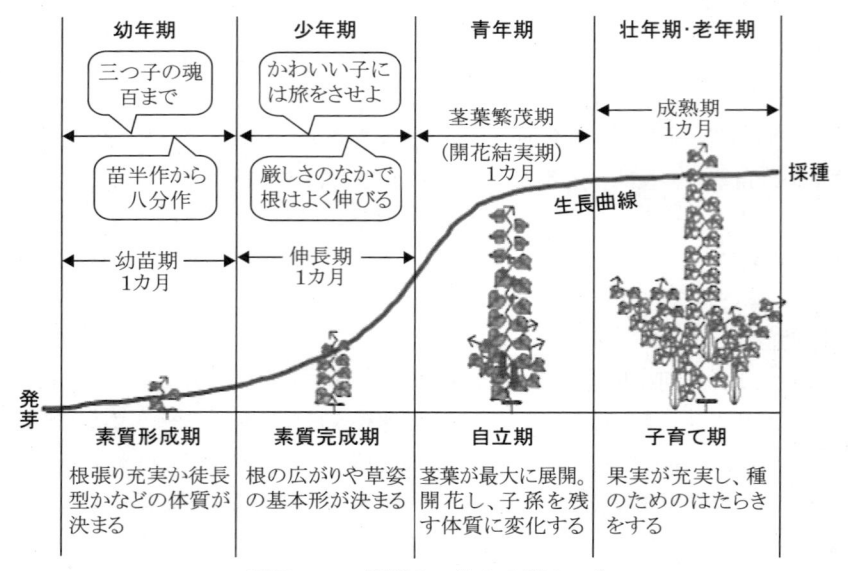

図Ⅲ-4-2 野菜の一生と人間の一生

「かわいい子には旅をさせよ」という諺があるように、野菜でもこの期間は、肥料や水をやりすぎると、地上部だけが大きくなって、根が育たない。根をよく育てるためには、**低めの気温、少なめの水分、少なめの養分**など、地上部の生育にとってはむしろ厳しい条件を体験させる必要がある。生育を急がせず、じっくり生長することによって、**根が深く張り、茎が太く短く、葉が小さく厚く育ち**、基礎体力が身につく。

③茎葉繁茂期（開花結実期）
　人間では青年期に相当し、親もとを離れ、社会に出て自立する時期である。キュウリは親づるが支柱の上位まで伸び、根が深く広く張り、自力で養水分を吸収し、自立して生育するようになる。だが、被覆や肥料のやりすぎなどの過保護な管理や、自由を束縛する強い整枝は、野菜の自立を妨げる。**腐植に富んだ土づくり、ゆとりのある栽植密度、混作・敷き草**など植物として自立できる環境づくりが必要である。
　生長のスピードが早く、子づるを次々と発生させ、一生でもっとも若々しく、生育旺盛で、活力に満ちている。また、開花結実が始まり、栄養生長から生殖生長に転換する時期でもあり、野菜自身の子育ての準備が始まる。

④成熟期
　人間では壮年期から老年期に相当し、家庭を築き、子育てをする時期である。キュウリでは繁茂した茎葉の生長が止まり、肥大した**果実の成熟**が進む。葉色が薄くなり、草勢が衰えるとともに、果実が黄色く色づき、**種が充実**する。老化した株や茎葉、根は、土に還って腐葉土となり、土を肥やす。

　このように、野菜にも人間と同じく養育期と自立期があると考えるならば、自ずと栽培の方向が見えてくるのではないだろうか。野菜に自立する仕組みがあるとすれば、それに見合った育て方をしなければならない。
　ところが、現在主流となっている野菜栽培には、野菜を自立させるという考え方はない。むしろ、野菜に勝手気ままに生育されたら栽培にとって都合が悪いと考え、人間が与えた肥料を吸い、収量が上がるように生育するのを理想としている。肥料をたっぷりやり、ポリマルチで雑草との競争をなくし、密植

し、病気にならないように農薬散布をして、種播きから収穫まで**人間の都合に合わせて管理する栽培**になっている。こうした野菜のもって生まれた仕組みを無視した一方的な栽培、野菜の自由を許さない管理では、野菜がストレスを起こすのは当然であろう。

　野菜に対しても、人間と同じように、いつかは自立して生計を営むものという見方をしてみよう。栽培者が野菜の親になり代わって(里親として)、幼苗期から伸長期に愛情をもって世話をする。こうして野菜の自立を促し、開花結実期以降は自立させて野菜に思う存分のはたらきをさせることが、栽培の基本となろう。

(3)栄養生長と生殖生長

　植物の生長は、根を張らせ、茎を伸ばし、葉を展開させて体をつくる**栄養生長**と、花芽を分化させ、花・果実・種をつくる**生殖生長**に分けられる。幼苗期から伸長期は栄養生長が盛んに行われ、茎葉繁茂期(開花結実期)から成熟期は生殖生長が盛んに行われる。

　野菜の採種や穀類の栽培では、種を収穫するのが目的だから、**栄養生長と生殖生長のバランスをとること**が栽培上重要なポイントになる。だが、野菜の青果栽培(生鮮野菜の出荷用栽培)では茎葉、根、未熟果の収穫が目的になるため、種を実らせるところまで見据えてバランスよく育てられていないようだ。むしろ、栄養生長を極端に強めて植物の栄養器官を早く大きく太らせることに重点がおかれているのではないだろうか。穀類に比べて野菜のほうが多肥栽培の傾向が強く、時期はずれの作型に分化しているのも、種を採る必要がないというところに起因していると思われる。

　しかし、採種をしてみるとその問題点が見えてくる。たとえば、青果栽培の肥料設計でキュウリを採種栽培すると、採種果が巨大化して、腐れ果の発生や稔実不良種子が多くなる。リーフレタスも同様で、大株になるが、抽だい期(花芽分化後、気温や日長などにより、花をつけた茎が伸び出す時期)に倒伏して種の品質低下を招く。このように青果栽培の施肥量で採種をすると、充実した種の採種がむずかしい。それは、青果栽培の野菜はそれだけバランスを崩した生育をしていることを物語っているのではないだろうか。

　青果栽培と採種栽培は異なるという見方が一般的である。けれども、無農薬

で品質の高い作物を育てる場合は、**収量よりも充実した種が実るようなバランスのよい生育**を心がけることが条件になろう。種の寿命が短いといわれるニンジンでも、無施肥、不耕起で栽培、採種すれば、日持ちがよく、種の発芽率が10年経っても低下しないという事例がある。これは、作物の一生をとおしてバランスよく生育させる重要性を示すものだ。

　稲作では栄養生長期の生育の姿から、出穂期以降の生育の仕方を予測し、早めの生育調整が行われている。野菜も目先の収量にとらわれず、子育てのように種を実らせるまでの一生を見据えて、各生育段階に応じた育て方を心がければ、健康な作物の姿が見えてくるのではないだろうか。

(4)作物の個性を活かす

　作物の品種は、栄養生長期間が短く、開花結実が早い**生殖生長型**と、栄養生長期間が長く、開花結実が遅い**栄養生長型**に大別できる。これらは、作物が気候条件や土壌条件に適応するため生長の仕方を調整した姿といえる。

　たとえば、キュウリは夏野菜のなかで高温乾燥に弱い。熱帯夜が続く真夏の高温期に開花結実期になると、草勢が急速に弱り、収穫期間が短くなる。そこで、盛夏に収穫されるのは夏が涼しい冷涼地に限定され、温暖地では暑さを避けるため**春播き初夏穫りの早熟栽培**と、**夏播き晩秋穫りの露地抑制栽培**に分化している。早熟栽培は、低温伸長性があり、早生で早く収穫できる生殖生長型品種が適し、露地抑制栽培には、耐暑性があり、晩生で根張りがよく、分枝性に優れた栄養生長型が適する。

　生殖生長型品種は、根の張る範囲が狭く、地上部は濃緑小葉で側枝の発生が少なく、コンパクトな立性の草姿になり、過繁茂になりにくい。したがって、**粘土質で肥沃な土壌に適する**。一方、栄養生長型品種は、根が広範囲に張り、地上部は淡緑中葉で側枝の発生が多い分枝性の草姿になり、根張りがよい。したがって、**膨軟な火山灰土壌に適し、少肥でもよく生育する**。

　このような生長型は品種によって異なるだけでなく、一品種のなかにも遺伝的ばらつきとして混在している。在来種は特定の形質がそろった固定系統が集まった集団であるため、栄養生長型と生殖生長型の性質が混在しており、選抜の仕方によって早晩性や草勢の強さを改良できる。たとえば、在来種カブのなかから葉軸が細く、ひげ根の少ない個体を**母本選抜**（採種のために特定の株を選

び出すこと)していくと、草姿がコンパクトで、太りが早い生殖生長型になり、早出し出荷が可能になる。逆に、葉軸が太く大カブになる個体を母本選抜していくと、吸肥力が強く強勢な栄養生長型になり、痩せ地でも栽培可能になる。

　一代雑種(F1)は、生殖生長型系統と栄養生長型系統を交配することによって雑種強勢が現れ、草勢が強く、収量性に優れた品種ができる。F1の生長型は両親の中間型に現れるが、生殖生長型系統のなかにも極早生から中早生まで幅があり、栄養生長型系統のなかにも中生から極晩生まで幅がある。それゆえ、F1品種も組み合わせによって早生から晩生まで品種が分化している。このように種は本来さまざまな生長型の個体が混在した雑種の状態になっている

表Ⅲ-4-2　生殖生長型と栄養生長型の特徴

形態	生殖生長型	栄養生長型
草姿	直立性 イネ科：草丈低 側枝少 茎細 つる先伏せる	開帳性、匍匐性 イネ科：草丈高 側枝多 茎太 つる先立つ
葉	細葉 角葉 小葉 ビワ葉(葉縁なめらか) 濃緑 薄葉	広葉 丸葉 大葉 切れ葉(葉縁きざみあり) 淡緑 厚葉
根	抽根 短根 ひげ根少ない 肉質柔軟 太り早い	吸い込み 長根 ひげ根多い 肉質緻密 太り遅い
雌花	着果が早い 単為結果あり(受精しなくても果実ができる) 成熟日数が短い 節成り(節ごとに連続して着果結実する) 果実小・短 日持ち短い	着果が遅い 単為結果なし(受精しなければ果実ができない) 成熟日数が長い 飛び成り(節ごとに連続せずに着果結実する) 果実大・長 日持ち長い

のが自然であり、これが環境適応性や強さを生み出しているのかもしれない。

ところが、現在の野菜栽培は、施設栽培、多肥栽培、早出し栽培、密植栽培など、生殖生長型に適した栽培環境にコントロールされており、Ｆ１品種のほとんどが生殖生長型品種で占められている。なかでも、極早生品種のような初期収量を目標とした生殖生長に偏った品種が多く、有機農法や自然農法のように地力で生育させる栽培に必ずしも適しているとは言えない。早生品種を選ぶ場合は、**草勢の強い中早生品種**を選定するのが妥当ではないかと思われる。

いずれにしても品種選定に際しては、早晩性や草勢の強さを重点に、作型と土壌条件を考慮して選ぶ必要がある。品種特性は、葉形・果形・根形などの**形態的特性**と、早晩性・耐乾性・少肥性などの**生理生態的特性**に分けられる。実際に栽培して、畑の条件に合った生長の仕方をしているかの観察が大切である。

表Ⅲ-4-2 に、栄養生長型と生殖生長型の特徴を対比させながら観察のポイントを示した(Ｆ１は中間型に現れている場合が多い)。ただし、これらは相対的なもので、例外も多い。

3　生命力の強い種を育てる

(1)種の力を引き出す

慣行栽培では肥料、農薬、被覆資材などによる環境調整技術が進み、栽培環境は均一化・安定化している。そのため、野菜の品種は環境変化に対する適応性よりも、収穫物の秀品率・形状・色などの商品性が重要視されるようになった。また、早期多収を目標とした作型や多肥栽培が行われ、それに対応して、早生で過繁茂になりにくい、コンパクトな草姿の**生殖生長型品種**が多い。

こうした主要野菜の市販品種のほとんどは、均一で収量性の高いＦ１品種で占められている。Ｆ１品種の親系統は、自殖(同じ花や、同じ植物体内で花粉を受精させること)によって固定度を高める。したがって、遺伝的変異性が減少し、環境変化に対する適応性が低下している。これらのＦ１品種は、有機農法や自然農法のように無農薬・少肥で地力のばらつきが出やすい条件では草勢が弱く、肥料切れによる収量低下や病害虫の発生を招きやすい。

有機農法や自然農法のように畑の生態系を豊かにして生物相互のはたらきを活かす栽培では、**地力チッソの活用能力**や**環境適応力**を高める必要がある。そのためには、まず生育前半の栄養生長期に十分に根を張らすことができる少肥性品種(ニンジン＝筑摩野五寸、キュウリ＝バテシラズ3号、カボチャ＝カンリーなど)を育成しなければならない。しかも、施肥によって人為的に養分供給をするのではなく、作物が自力で根を張り、土中の養水分を吸収し、生長のバランスをとる、自立的に生育する力が求められる。このような品種を従来の耕種方法で育種することはむずかしく、作物自身の力が発揮される新たな育種環境を設定しなければならない。

　そこでヒントになるのが自生する野菜たちである。すでに述べたように、かれらは、施肥・耕耘をしない畑や、生育に不適と思われる土手や道端などで、こぼれ種から自然生えを繰り返している。こうした発芽力、根張り、強健性など栄養生長にかかわる生態的特性は、あまり人為的影響がない条件下のほうが耕作地より育ちやすいことを教えているのではないだろうか。

　実際に育種の現場では、施肥・耕耘するより無施肥・不耕起のほうが、生長の個体差が明瞭に現れ、選抜効果が出やすいことが経験されている。また、作物の畝間に永年生牧草を生やす**草生栽培**を取り入れると、病害虫が抑制され、作物がバランスよく生長する。このことから、草と競合する条件下で、**根張りの強さや自律的に生長する能力**が養われるのではないかと考えられる。

　写真Ⅲ-4-11は、長野県の地方品種「牧地大根」の市販種子と自然農法育成系統(無施肥・不耕起・草生栽培で、市販種子から集団選抜法による母本選抜を3年続けたもの)を少肥・不耕起栽培で比較した結果である。市販種子(写真下)は草丈が低く、根の太りが不

写真Ⅲ-4-11　牧地大根(上：自然農法育成、下：市販種子)

十分で、品種本来の特性が現れていない。一方、自然農法育成系統(写真上)は、同一条件で地上部の伸びがよく、根の太りが品種本来の大きさを現している。

　このように少肥・不耕起というダイコンの栽培に不適な条件では、最適条件で母本選抜した種は特性が発揮できない。これに対して、より厳しい条件で母本選抜を重ねると、**品種の能力を回復できることが示唆される**。

　Ｆ１品種の育成でも、親系統を無施肥・不耕起・草生栽培で選抜していけば、根張りの強い品種を育成できると考えられる。しかし、従来の自殖による固定化を図る方法では、世代を進めるにしたがって草勢が弱まり、根張りの強い系統を固定することはむずかしい。**自殖弱勢**(自殖を続けて遺伝的な純粋度を高くすると、草勢や生存力が低下する現象)が起こりにくいとされる果菜類のナス科やウリ科でも、上述の条件では伸長性や草勢を低下させてしまう。草勢や採種性を低下させずに、系統の固定化を図るためには、遺伝的変異性を保ちながら表現型(外観に現れる形質)をそろえる育種が必要となる。

　そこで、自然農法による育種では他殖性作物(異なった個体間で行われる受精を他殖とよび、他殖を主体とするかあるいは他殖のみを行う作物)に適用される**家系選抜法**を取り入れている。家系選抜法では、基本集団から個体別に選抜・自殖・採種し、それぞれの後代を家系とし、家系間で系統選抜を行う。選抜家系は、家系内の株間交配によって形質の固定を促進し、母本選抜によって優良形質の選抜を重ねていく。

　固定系統は外形的形質について利用上支障のない程度まで均一性を向上させながら、他の形質については、ある程度の雑種性を保って勢力の維持を図る。たとえば、キュウリの果長・果色など出荷に問題にならない程度の品質にそろえ、主枝雌花着生率や側枝の発生、葉形はある程度のばらつきをもたせる。根張りのよい強勢なものを常に母本選抜していけば、雑種性は保たれると考えてよい。そのため、系統内で株間交配を行う場合、花粉親には必ず草勢の強いものを選ぶ。

　だが、固定度の低い系統を両親にして組み合わせたＦ１は、形質のそろいが低下するおそれがある。実際に上述の方法で育成した系統を使い、Ｆ５世代で組み合わせた自然農法育成品種と市販品種を無施肥条件で比較栽培したところ、自然農法育成品種には大きなばらつきが見られなかった。一方、市販品種のほうが生育にばらつきが現れて、全体のそろいが悪かった。

無施肥で地力のばらつきがある条件では、根張りの強い品種は草勢が強いので生育不良の影響が少ないが、根張りの弱い品種は地力のばらつきがそのまま伸び方に影響し、生育の大きなばらつきとなって現れるのではないかと思われる。このように自然農法のような地力チッソによる栽培では、品種の遺伝的均一性よりも**根張りの強さ**を最重点として育種を進めなければならない。

(2) 育種の目標と方法

　有機農法や自然農法の育種目標は、以下の5点に整理できる。
①根張りがよく、少肥でよく生育し、雑草を抑制する力が強い。
②環境適応性が高く、病害虫や乾燥などストレスに強い。
③根群がよく発達し、土中に有機物を多く還元し、土壌生物を増やして土を肥やすはたらきがある。
④高品質で食味、貯蔵性、栄養価に優れる。
⑤遺伝的変異性に富み、自家採種素材として活用できる。
　これらは、自生野菜がもっている生活力を品種の特性として活かそうとするものであり、植物としての能力を高めることによる栽培の省力化を目的としている。
　ここでは、家系選抜法による系統育成を紹介しよう。根張りの強さのような栄養生長にかかわる変異を選抜するためには、自然交雑や人工交配、既存のF1品種など強さが現れやすい雑種集団から育種素材を探して、育種を開始する（図Ⅲ-4-3）。

①雑種第一代（F1世代）

　生産力検定（収量や病害虫の発生程度の調査）を行い、根張り、草勢、採種性に優れたものを選定し、**株間交配**（一つの品種または系統内で、ある株の花粉を別株の雌しべに交配する）によって個体別に採種する。

②雑種第二代（F2世代）

　F2世代は、個体ごとに異なった特性をもっていると考えられるので、一交雑の組み合わせの個体数は少なくとも30～50株は必要である。個体別に調査し、草姿、着果性、側枝発生数などから、栄養生長型と生殖生長型の2タイプ

に分ける。

そして、それぞれから生長の早さ、乾燥時のしおれ程度、茎の太さ、葉の充実程度を観察・調査し、根張りの強いと思われる個体を選び出す。次に、目標とする形質に関する個体選抜を行い、**自家交配**(一つの花の雌しべに、同じその花の花粉をつけるか、同一株の異なる花相互間で行う交配)によって個体別に採種する。

③雑種第三代(F3世代)

F2で個体別に選出し、採種したものをそれぞれ1家系として、系統栽培

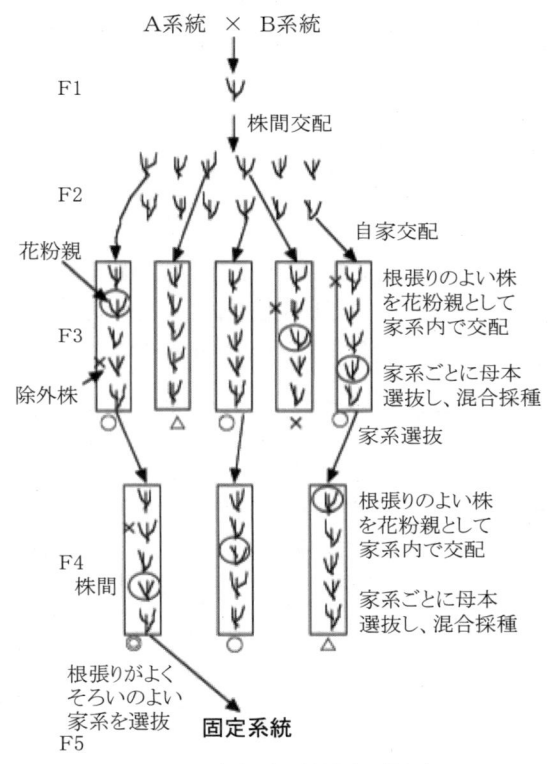

図Ⅲ-4-3　家系選抜法(果菜類)

を行う。1系統の個体数は15株程度とし、系統数を多くする。

まず、固定度の進んだ家系のうちから栄養生長型と生殖生長型の特徴が現れている家系を選び、目標にかなった家系(優良系統)をそれぞれから選び出す。次に、選抜家系のなかでもっとも草勢が強く、家系の特性を現している数個体を選び、**花粉親**(株間交配に使う雄花(花粉)を採る株)として家系内で株間交配する。さらに、母本選抜を行って草勢の弱い個体(除外株)を抜き取り、その他の母本から採種した種は混合して一つの家系とする。優良個体がある場合は、個体選抜して個体別に採種し、系統育種法に移す。

④雑種第四代(F4世代)以降

F3世代から選抜した各家系の特性を調査し、F3世代と同様の方法で育種

目標にかなう優良家系を選抜する。選抜家系は、F3世代と同様に花粉親を選び、家系内で株間交配によって形質の固定を促進し、母本選抜によって優良形質の選抜を重ねていく。固定度を高める場合、**草勢の維持**に細心の注意を払い、選抜個体数はなるべく多く確保する。

⑤固定種の育成

もっとも固定化が進んだ家系を固定種候補に選定する。選抜過程で分けた栄養生長型グループと生殖生長型グループの家系間で系統間交配を行い、生産力検定を行って、雑種強勢を現す組み合わせを固定種にする場合もある。

(3)自然生えを活かす

母本選抜は育種を行ううえでもっとも重要な作業であり、とくにF2世代とF3世代は、育種の方向性を決める大事な選抜である。F2世代は一株一株についてその特性を観察調査し、育種目標にかなった優良個体を選抜しなければならず、熟練した技術と選抜眼が求められる。F3世代は家系選抜に進み、家系数が増えるため、労力と面積を多く必要とする。そこで、労力・面積・選抜技術を要するF3世代までを人為的に自生させ、自然に選ばれた種から育種を始める**自然生え育種**という方法がある。

自然生えから選抜した種は総じて根張りがよく、繁殖力が旺盛で、育種目標にかなったものが多く見出され、**優良系統が育成**されている。また、自然生えは面積に応じた個体しか残らないため、**小面積で選抜**できる利点がある。たとえば、1坪に10個のトマトを埋め込んだとき、発芽してきた数千株のなかで最終的に果実を実らせるのは一坪に見合った1～3株程度で、他の株は途中で生育が止まる。したがって、たくさんの育種素材から優良素材を探索する場合や、根張り、繁殖力、少肥性など生態的特性の変異を選抜する場合に、有効な育種法といえる。

自生させる畑は、なるべく自然条件に近づけるため、**耕さず、堆肥や肥料を施さない**ようにする。耕耘したり肥料を入れたりした場合、栄養生長が旺盛になり、密生状態になって自然選択がはたらかず、共倒れを起こす。翌春に発芽させる場合、果実の埋め込みは、冬に入る前に発芽しないように、晩秋に入り**平均気温が10℃以下**になってから行う。

土中で冬を越した果実から発芽が始まるのは、**翌春の桃の開花期から初夏ご ろ**である。発芽後の苗は間引きや整枝を行わず、そのまま生育させ、自然に株 が選ばれるのを待つ。果実が肥大したところで果実調査を行い、育種素材候補 を選抜しておく。自生から選抜した個体は個体別に採種し、家系選抜法で固定 化を図る。

(4) 自然力を活かす栽培方法

ここでは自然農法国際研究開発センター育種圃場の栽培方法を紹介する(写 真Ⅲ-4-12)。

①土壌管理

乾いた荒れ地と耕された畑では、雑草の生育が異なる。荒れ地の草は四方に 枝を伸ばし、茎葉が硬く、根張りが強い。抜こうとしても、なかなか抜けな い。一方、畑の草は背が高く、大柄な草姿で、柔らかい。根が浅いので簡単に 抜ける。厳しい条件下で生きる植物のほうが、根がよく張っているのである。

作物も、肥料を入れた圃場で育種するより無肥料で育種したほうが、根張り

写真Ⅲ-4-12　自然農法国際研究開発センターの育種圃場

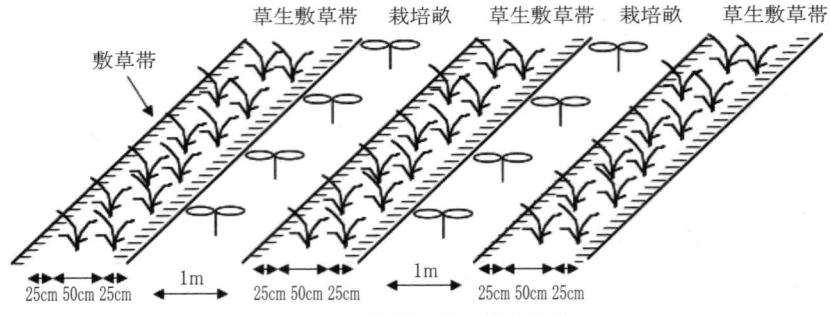

図Ⅲ-4-4　育種圃場の草生栽培

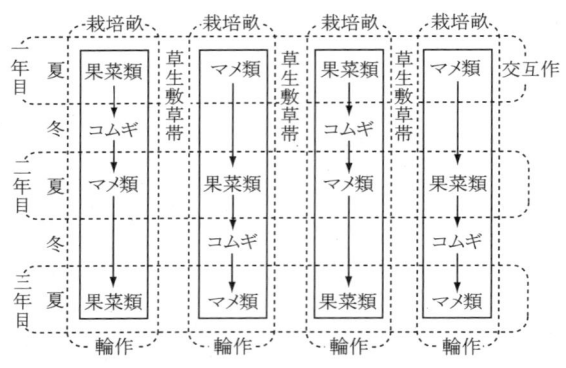

図Ⅲ-4-5　輪作と交互栽培

の強い種を育成できるのではないだろうか。そこで、育種圃場を耕さず、草を生やして草地に近い環境をつくり、適応性のある種を選抜しようと考えた（図Ⅲ-4-4）。圃場が一定の地力を保つように、外からの肥料・堆肥・有機物は持ち込まない（**無肥料栽培**）。ここで、コムギ・マメ類と野菜を輪作しながら両者を交互に作付ける連続栽培（**輪作・交互栽培**）を行った（図Ⅲ-4-5）。

畝間には牧草・雑草を生やして定期的に草を刈り取る（**草生栽培**）。そして、作物と草生の境界に帯状に敷き草にして、ミミズなどの土壌動物の棲みかにしながら土を肥やす（**刈り敷き法**）。圃場は作物区と草生区（敷草帯も含む）に分けて交互に配置した。作物区には畦をつくらず、草を剥いで播種・定植し、除草は作物区だけで行う（**不耕起栽培**）。圃場内の草生区によって、カエル・ミミズなどの土壌動物が生活する多様な生物社会がつくられる。土壌管理のポイントは次の3点である。

　⑦作物区は輪作（野菜→コムギ→マメ類の2年3毛作）しながらムギ類・マメ科作物と野菜を交互に作付け、混作状態をつくる。

　⑦草生区にはオーチャードグラスなどの永年生牧草や雑草を50cm幅に生や

し、草丈30 cm程度を目安に定期的に刈る。刈った草は栽培畝との境界に敷き草にする。
㋤作物の収穫残渣は刈り倒して、敷き草にする。

②栽培方法
(a)鞍つき
　自生キュウリは、無肥料でも力強く発芽し、根張りのよい生育をする。そこに、強い根を張らせるための植物の知恵が発見できる。
　キュウリの成熟した果実は重さ約1 kgになり、チッソやミネラルが多く含まれ、そのなかに200〜400粒の種が入っている。成熟した果実が土に還って腐熟するとき、そのまわりにミミズなどの土壌動物が集まり、土が団粒化される。種はボロボロに腐った果実と団粒化した土にまぶされ、まわりの土より少し肥沃な環境がつくられる。こうして発芽したキュウリの苗には、あらかじめ果実の養分と土壌動物のはたらきによってつくられた培養土が準備されている。
　これは、母乳やミルクで育ってきた乳児が普通食に移行するまでに摂る離乳食と考えればよい。離乳食のはたらきを栽培に応用したのが**鞍つき**である。
　鞍つきとは、播種または定植にあたり、1カ月前にあらかじめ所定の位置に植え穴を掘って、培養土や混土堆肥などを入れてよく混合し、その植えに盛り土をすることをいう(写真Ⅲ-4-13)。その形が馬の鞍に似ているので、鞍つきと呼ぶ(図Ⅲ-4-6)。
　鞍つきの目的は、植物の根のまわりの土壌環境を根が養分吸収しやすい状態にしておくことである。鞍つきに入れる材料は、土とよくなじんで腐熟し、ゆっくり養分が効いて植物が吸収しやすいものでなければならない。草や生ごみと土を混ぜて野積みにした**混土堆肥**が適している。何回か切り返してよく分解され、土とよくなじんで熟成して土の状態になったものがよい。身近なものでは、生ごみと土を混ぜて積んだ生ごみ土が適

写真Ⅲ-4-13　培養土を入れて鞍つきをつくる

図Ⅲ-4-6　鞍つきのつくり方

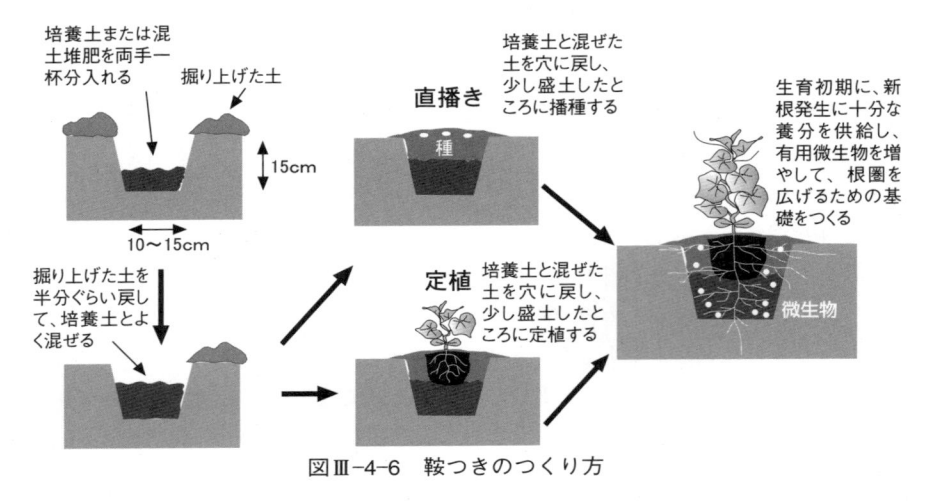

している。これをよく熟成させ、土の状態にしてから使う。育苗に使う市販の有機培養土でもよい。

(b) 巣播き法

巣播き法とは、痩せ地や低温期のように発芽条件が悪いときに、一カ所にたくさん種を播いて発芽や初期生育をよくすることをいう(**写真Ⅲ-4-14**)。

キュウリ、カボチャ、トマト、ナスなどの果菜類は一カ所に10〜20粒の種を播き、共育ち(集団で競争、共存、我慢を体験しながら苗を育てる)させながら、自然に根張りのよい株が選ばれるようにする(**写真Ⅲ-4-15**)。生育差が現れる4〜5葉期に間引き選抜を行い、一カ所でもっとも生育のよい株を残す。

写真Ⅲ-4-14　巣播きしたキュウリ

写真Ⅲ-4-15　共育ちするキュウリ

(c) 日だまり育苗

早春の気温が低い時期でも、日だまりでは周囲の植物より早く花が咲いている。**日だまり育苗**とは、日だまりの熱を利用して自然条件下で育苗する方法である。日中は南向きのベランダ、テラス、軒下など身近な日だまりに苗を置き、夜は屋内に移動する。育苗施設やむずかしい温度管理と育苗技術を必要とせず、少ない株数のしっかりした苗を育てるのに適している。以下に、トマトの場合を説明しよう。

㋐播種時期

屋外の**平均気温**が8〜10℃になる時期。東京など温暖地で3月上旬、冷涼地では4月上旬から。

㋑種播きから発芽まで

晴天の日を選び、培養土にしっかり水分を含ませてから播種する。覆土後は被覆せず、直接日光に当てて鉢土を温める(晴天日の鉢土温度は約20℃)。鉢土の表面が乾くようなら、鉢の底から水が出ない程度に水差しで一鉢一鉢ていねいに灌水する(夕方に乾く程度の水分量。水分過多は種を腐らせるので注意)。

日だまりに置くのは、気温が上昇する午前9時ごろから日没直前までとし、曇天、雨天で気温10℃以下なら日中でも屋内に入れる。夜間は暖房している部屋(室温15〜20℃)に置く。深夜は10〜15℃に保たれていればよい。この条件下で、10〜12日で発芽する。

㋒発芽から本葉2枚まで

発芽後、晴天や薄曇りの日は日だまりに置く(曇天、雨天で気温が10℃以下なら、屋内の光が入る窓際に置く)。夜間は屋内に移動し、室温10〜15℃(廊下や玄関など)を保てる場所に置く。

本葉1枚目が展開したら、間引きして1本立ちにする。灌水は気温が上昇してから行い、夕方に土の表面が乾く程度が適量である。鉢によって湿り具合が異なるので、水差しで一鉢一鉢ていねいに行う。本葉2枚目が展開し、葉がお互いに触れ合うようになったら、3.5寸ポットに移植する(播種後33日ごろ)。

㋓本葉2枚から定植まで

最低気温が10℃以上になったら、夜間も苗を屋外に出してよい。雨のあたらない軒下に置いて、自然条件下で育苗する。本葉3枚以上になると根量が増えるので、灌水量を徐々に増やす。本葉6〜8枚(播種後50〜60日)で定植する。

(5)作物からのメッセージ

　作物は農耕が始まって以来、人間とともに生きてきた、もっとも身近で付き合いの長い植物である。しかし、いま、人間はどれだけ作物について考え、向き合っているだろうか。

　自家採種がほとんど行われなくなった現在、効率的な栽培にエネルギーが注がれ、作物は商品としてしか扱われなくなっているようだ。人間の都合に合わせて改良され、海外では遺伝子組み換え作物が広がっている。

　だが、作物は栽培植物といわれながら、畑から抜け出して種をこぼし、野良野菜となって自然な生き方をする術を忘れてはいない。また、種をとおして自身の育ってきた環境に適応するための情報を子孫に伝えている。そして、自然のなかで生きていくためにはさまざまな生き物とのかかわりが必要なこと、**雑草も自身を鍛えるよきライバル**であり、自分だけが最適条件で生きるよりも他の生き物と競いながら**共存**し、**耐えて根がよく伸び**、**健康に育つ**ことを人間に示してきた。

　人間にコントロールされた均一な環境では、遺伝的に均一な種が能力を発揮するかもしれない。だが、有機農法や自然農法のような多様な環境には、さまざまな個性が集まった**雑種性（遺伝的変異性）に富んだ種**のほうが、はるかに適応性がある。そうした種の育成が人間の務めではないだろうか。こうした作物が生育する仕組み＝**作物の生活の知恵**を農業に活かそうと心がけていけば、野菜を健康に育てる道筋、自然に土を肥やす方法が見えてくるのではないだろうか。

　耕起や畝たてなどの人為的なはたらきかけそのものを否定するのではない。畑で野菜たちの見せる姿に学び、どのようにしたら**野菜の生活力を高められる**かを試行錯誤していくことが大切である。肥料や農薬・資材の種類で農法や技術を区別したり、マニュアルを取り替えるだけでは、自然の仕組みを活かす勘所はつかめないだろう。**化学肥料や農薬を「使わない」ではなく、「要らない」農法**をめざさなければならない。

〈参考文献〉
青葉高『日本の野菜』八坂書房、1983 年。
中川原敏雄・石綿薫『自家採種入門』農山漁村文化協会、2009 年。

第Ⅳ部

有機農業の栽培技術

第1章 作物・野菜栽培の考え方

1 畑地利用の基礎　　　　　　　　　　　　　明峯　哲夫

1 「畑作」の衰退

　「畑作」という言葉は、現在の日本農業では死語になりつつある。本来、畑作とは、畑地を利用してムギ、マメ、イモなどを栽培することをいう。これらの作物はカロリー源あるいはタンパク源として人間に基本的な食糧を提供し、野菜類や果樹類などと区別して「**普通畑作物**」と呼ばれる。現在の日本では、この普通畑作物の栽培が低迷状態にある。

　かつて関東地方は、全国でも有数の麦作地帯だった。ムギの栽培は、水田での裏作のほか、台地上の畑地でも盛んに行われた。たとえば、東京都から埼玉県にかけて広がる武蔵野台地。ここは水利が悪く、水稲作は困難で、広大な畑作地帯を形成していた。そこでは古くから、サツマイモ、オカボ(陸稲)、ラッカセイ、そしてオオムギ、コムギなどが栽培されてきた。しかし、その関東地方でも現在、ムギの栽培は極端に減少している[1]。冬の水田はイネの刈り株が空しく広がるばかりだ。台地上の畑地も冬の間は何も作付けされず、まるで沙漠のように、空っ風に土ぼこりが舞っている。

　関東地方で畑作が衰退した原因はいくつかある。たしかに、首都圏の拡大によって、多くの農地が消滅した。しかし、それ以上に深刻な影響を与えたのは、政府の農業・食糧政策だった。日米政府は1954年にMSA協定(日本国とアメリカ合衆国との間の相互防衛援助協定)を調印。それを契機に日本政府は、国内の畑作を生産コストが高いという理由で"安楽死"させ、代わりに価格の安い米国産農産物への全面的依存を決める。畑作が衰退したのは関東地方だけではなかった。それは国中で起こったのである。

　農水省の「食糧需給表」で、小麦の国内生産量を調べてみよう。第二次世界

大戦前（1934～38年度平均、以下同じ）では129万tだったが、戦後の食糧増産期（60年度）には153万tまで増加する。しかし、60年代に急速に減少し、70年度には47万tになった。その後はやや増産に転じ、現在では80～90万t前後を推移している。大豆についても同じことが言える。戦前は32万tで、60年度には42万tまで増加する。しかし、70年度には13万tに低下し、現在では約23万tだ。

　次に供給量を調べてみよう。小麦の場合、戦前は118万t。1960年度には397万tへと急増し、その後も増え続け、現在では600万tを越えている。大豆も同様だ。戦前は105万t。60年度には152万t、70年度には330万tと増え、現在では400万tを越える。

　供給量に対する国内生産量の割合が自給率である。小麦の自給率を計算すると、戦前では109%だった（この時代、日本は小麦を海外に輸出していた）。しかし、1960年度には39%に急減し、その後は11～14%で推移している。一方、大豆の場合、戦前は31%、60年度には28%。その後低下し、現在は5%程度である。戦後の小麦や大豆の供給量の急激な増加は、政府の思惑どおり海外からの輸入によるものだった。

　小麦や大豆の国内生産が低迷した結果、日本人は小麦や大豆を食べなくなったわけではない。事実はまったく逆だった。現在の日本人は、海外から供給される大量の小麦や大豆を消費し続けている[2]。消費の拡大によって生産が増大する。あるいは、生産の増大によって消費が拡大する。このような生産と消費の関係は健全である。だが、この間の日本で起こったことは、**消費の拡大による生産の衰退**であった。この逆説は、この国の畑作ひいては農業全体が混迷する一つの象徴となっている。

　畑作は再生されなければならない。それは生産と消費の健全な関係を回復し、この国に暮らす人びとの持続的な食糧供給を保障するために不可欠な課題である。そのためには、何よりも国の農業・食糧政策の根本的な改革が必要になる。

　以下、「畑作」を普通畑作物だけでなく、野菜類、果樹類、あるいは飼料作物などの栽培も含めた「畑地利用」として捉え、その技術的基礎を述べる。

2 「畑地」の造成

　水田は平坦で水利のよい土地に成立する。現在では、その多くは川縁の平野部に分布する。しかし、水田は平野部で始まったわけではない。それは山間部の狭い川筋（谷戸）で始まった。川筋の小さな湿地が最古の水田である。川の下流部はたえず氾濫が続き、そもそも人は住めなかった。縄文の時代から、人は小高い山の縁、つまり見下ろすと川があり、後背部に森林が広がる台地の縁に、集落をつくってきた。台地上の一広がりの畑、そして山間の傾斜地での焼畑が、当時の人びとの耕作活動のおもな舞台である。

　時代が下り江戸期に入ると、大がかりな土木技術が発達する。全国で平野部の川筋の整理が行われ、いたずらに氾濫が起きないようになった。ここに規模の大きな水田が拓かれる。「新田開発」である。こうして多くの人びとが台地から平野に降りてくる。

　江戸前期の総検地により決められた農地、つまり江戸期以前につくられた農地が「本田」、それに対してそれ以降に造成された農地が「新田」と呼ばれた。本田も新田も、水田だけでなく畑地も含まれる。蝦夷地（現在の北海道）を除いた日本列島に、当時どのくらいの農地があったのだろうか。

　16世紀末に豊臣秀吉が行った太閤検地では、200万haあったといわれている。江戸期の新田開発によって明治期に入るころには、400万haまで増える。さらに時代は下り、戦後の昭和30年代。敗戦による食糧難と外地からの引揚者対策として、全国で新たな開拓事業が行われる。その結果、農地はおよそ600万haまで増える。この値が日本の歴史上、農地面積のピークとなった。その後、高度経済成長期に大きく減少し、現在では460万ha程度である。つまり、明治期に入るころは、すでに21世紀現在の北海道も含めた農地面積に近い農地が存在していたことになる。江戸期の新田開発は、近代日本の農業を支える大きな力になった。

　江戸前期の新田開発は、川筋の平野部を水田地帯に変えることだった。江戸中期になると、ほぼ川を制圧する。それ以降、新田開発は転じて畑地の造成が主になる。「平野」に集中していた人びとの関心は、改めて「台地」や「傾斜地」に向かい始めたのだ。そこが、やがて畑作の主要な舞台となっていく。

こうして現在、ほとんどの畑地は台地もしくは傾斜地に存在する。畑地は肥沃で水利のよい下流域の平野部には立地できないというのが、米作りを優先する日本の畑作の"宿命"である。ただし、例外はある。北海道だ。気候が冷涼のため、平野部でも米作りは忌避され、広大な畑地が広がっている[3]。

ところが1970年代以降、日本列島では意外な事態が進行する。新たな"畑地"造成が始まったのだ。しかも、それは平野部で起きた。

1960年代初頭から日本人の米の消費量は減少し、60年代なかばには米が余り始める。当時、米は政府による食糧管理制度の対象で、"米余り"は政府に過剰な財政負担を強いるものだった。人びとが米を食べなくなったのは、明らかに、安い外国産小麦の大量供給を画策してきた政府自らが招いた事態である。しかし、このとき政府が選択したのは、小麦の輸入制限ではなく、国内での米の生産制限だった。こうして70年に米の減反と水田の転作政策がスタートし、全国に大量の「転作水田」が出現する。たとえそこがどんな美田でも、水を入れて米を作ることははばかられ、"畑地"とすることが強いられた。

だが、皮肉にも、"水を引き入れない水田"の出現は、この国の畑作農業に新しい可能性を与えることになる。一部の「転作水田」にはダイズやコムギなどが作付けられ、普通畑作物の国内自給に一役買うことになった。しかし、肥沃で、水利がよく、しかも都市に近い立地は、「転作水田」の多くを**近隣都市住民向け**の**生鮮野菜生産拠点**として生まれ変わらせた。現在、有機農家の多くもこの「転作水田」を利用している。

3　畑地の特徴

(1) 水系からの隔離

水田には絶えず河川から導かれた水が流入する。この河川水の導入は、湿生植物であるイネの成育に十分量の水を供給するだけでなく、同時に栄養分も供給している。川の水には、上流部の森林土壌に由来する無機養分(窒素やリンなど)が溶けている。水田は水系を通じて森林とつながり、それによって持続的な収穫が保障されているのである。

ところが畑地は、この地力維持装置である水系から隔離されている。水の供

給は、畑地の上空から舞い降りる雨水が唯一の頼りだ。しかも、雨が降り続けば過湿、長く雨が降らなければ過乾と、土壌の水分条件は不安定な状態を強いられる。

　一方、栄養分はどこからも供給されない。畑地の土壌中にはもともと、開墾する以前の森林や草原が長い間蓄積した栄養分(腐植)がある。この栄養分の"缶詰"は、農業にとっては"保険"、あるいは"貯金"のようなものだ。しかし、それらを消費するばかりでは、やがて尽きる。畑地を持続的に利用するためには、土へ養分を補給する特別の仕組みを工夫しなければならない。

(2) 地力の消耗

　物質は酸素に触れると、酸化・分解される。このような状態を酸化的という。一方、酸素が存在しないと、物質は分解されにくくなる。このような状態を還元的という。

　湛水された水田では、土は直接大気と触れず、還元的になる。その結果、土壌中の有機物(腐植)の分解は抑制され、それだけ地力は維持されやすい。だが、大気と直接接触する畑地土壌では酸化的となり、腐植の分解は促進される。地力の消耗が早いのである。この点からも、畑地への適切な養分補給が欠かせない。

(3) 風雨による影響

　畑地に降り注ぐ雨水は、土壌中のカルシウムやマグネシウムなどの塩基性成分を溶かし、流し去る。その結果、土壌は酸性に傾きやすくなる。植物は一般に中性を好むので、土壌が酸性化すると成育は抑制される。また、傾斜のある畑地の場合、強い雨が降ると表土は下方へと流され、失われる。これに対して、火山灰が蓄積して形成された台地上の畑地(火山列島からなるこの国には、こうした畑地は多い)では、風の影響が強く出る。火山灰土壌は軽く、乾燥するとたやすく風で吹き飛ばされる。

　風雨によるこのような**表土流失**は、水田ではほとんど起きない。平坦な地に畦をめぐらせた湛水田では、降雨時に雨水が表面を激しく流れることも、強風時に土が天に舞い上がることも、ありえない。水田耕作は表土流失を防ぐ農法として、きわめて優れている。

(4)生育障害

　作物の生育には、種類によってそれぞれ"くせ"がある。感染する病原体、吸収する栄養分、分泌する物質、随伴する雑草などは、作物により異なる。特定の作物を一枚の畑地で長期間連作すると、作物の"くせ"が土にも反映し、土は極端な偏りを持ち始める。その結果、作物の生育が抑制される。これを**連作障害**という。その障害はさまざまである。土壌中に特定の病原菌や微小動物（センチュウなど）が常在することによる病害、土壌中の特定の栄養分が欠乏して起こる栄養障害、作物が分泌する特定の物質の集積による自家中毒、特定の雑草が優占して起こる雑草害などだ。

　一方、水田では連作障害は起きにくい。絶えず緩やかに流入する水は適正な栄養分を供給し続け、また水田に染みついた"くせ"を洗い流してくれる。

(5)多様な作付け

　安定して持続的な利用が可能な水田。しかし、そこには大きな限界がある。限られた種類の作物しか栽培できないということだ。湛水状態で良好な生育をする作物はイネのほか、サトイモ、レンコンなど限られている。

　畑地ではこの制約はない。そこでは多様な作物が生育しうる。この利点を大いに発揮することこそ、畑地利用の最大の魅力である。

4　畑地利用の原則

(1)里山・家畜とのつながり

　水系から切断されている畑地の地力を維持するためには、**良質な堆肥づくり**と、**その適切な施用**が不可欠になる。そのためには、畑地の近隣に落葉樹林や採草地を育成しなければならない。森林で下草を刈り、落ち葉を集める。草地から草を刈る。これらを堆肥の材料とする。現在里山と呼ばれる雑木林は、もともと落ち葉を集めるために農民が維持・管理してきた二次林（半自然・半人工林）のことだ。樹種でいえば、クヌギやコナラ、北海道ではミズナラ、ハンノキ、シラカバ、カシワなどである。水系上流の森林とのつながりのない畑地

は、里山とのつながりが生命線になる。その意味で、畑作振興は地域資源の活用を促し、農村地域全体の活性化につながる。

また、畑地利用で果たす家畜の役割は大きい。畑地からの収穫物(飼料作物・牧草・農場残渣など)や野草などを飼料として家畜を飼養する。その家畜の排泄した糞尿を堆肥づくりの材料として加えれば、さらに栄養価の高い堆肥ができる。

以上のように、**畑地利用と家畜利用と里山利用をつなげた有畜農業**が畑地利用の基本となる。

(2)土壌流失への対策

風雨の影響を受けやすい畑地は、土壌流失への対策を忘れない。堆肥の施用が不十分だと、土が単粒化し、軽くなる。こうした土は風食や雨水による浸食を受けやすい。良質な堆肥による土づくり(土壌の団粒化)が基本である。

土壌流失を防ぐ何よりの方法は、**畑地を裸**にしないことだ。年間を通じて多様な作物を作付ける。風食は季節風の吹く冬から早春にかけて、雨水による浸食は梅雨期や台風襲来期に起こりやすい。とくに、この時期の作付けが大切である。

土壌流失への作物の抵抗性は、地上部の繁茂や根の張り方などで作物によって異なる。同じ作物でも、生育段階、栽植密度、中耕除草の頻度などによって異なる。牧草、野草、灌木(チャ、ベリー類など)、ラッカセイ、サツマイモなどは、抵抗性が高い。トウモロコシ、バレイショ、ダイズ、ソバ、野菜類、果樹類などは、抵抗性が低い。ムギ類やオカボなどはその中間といわれている[4]。

これらの作物の時間的・空間的配置を合理的に行えば、土壌流失の被害を最小限に抑えられる。作物の生育初期、畝間は裸になる。この空間を被覆するためには、刈ってきた草を敷いたり(刈り敷き)、他の作物を間作する工夫が必要だ。雑草も土を守る。むやみに取り除くのは好ましくない。

傾斜地では、とりわけ土壌流失が深刻である。過剰な耕起は浸食をさらに強める。畑地全面にクローバーやチモシーまたはオーチャードグラスなどの牧草を混植し、その上に(間に)果樹(リンゴやミカンなど)や一年生の作物(ムギやダイズなど)を栽培する**草生栽培**(図Ⅳ-1-1-1)は、有効である。畑地は草で覆わ

図Ⅳ-1-[1]-1　傾斜地の草生栽培

れる。耕起は作物を作付けする場所に対して必要に応じて行われるので、限定される。

(3)田畑輪換

　水田を2～3年湛水せずに畑地として利用し、その後再び水を引き入れて2～3年、米を作る。これを繰り返す技術を**田畑輪換**という。江戸期の農学者・宮崎安貞はこう言っている。

　「田畑は年々に変え、地を休めて作るをよしとす。しかれども地の余計になくてかわることならざるは、うえ物をかえて作るべし。所により水田を一、二年畑となし作れば、土の気転じてさかんになり、草生えず、虫気もなく、実り一倍もあるものなり。……さて畑物にて土気弱りたる時、また元の水田となし稲を作れば、これまた一、二年も土気転じて大利を得るものなり」[5]。

　田畑輪換によって、畑作物も米も、それらがそれぞれ長年、畑地あるいは水田で連作される場合に比べ増収する[6]。

　すでに述べたように、湛水を続けていると土は還元的に、畑地の状態が続くと酸化的になり、土の中の有機物の分解が抑制あるいは促進される。一方、水田の土は水のためしまって緻密になり、単粒構造になりやすい。逆に、畑地の土はふっくらと柔らかく団粒化しやすい。一枚の水田は一面に水を張って代かきをし、ただ一種類の作物、つまりイネを栽培するため、土の条件は水田全面にわたってほぼ均一になる。これに対して畑地では、畝や畝間があり、栽培される作物の種類も一つとは限らないので、土の条件が場所によって不均一にな

る。
　また、水田では、タイヌビエなどの湿生植物やオモダカなどの水生植物がイネと競合している。一方、畑地には多様な中生植物[7]が随伴する。土の中に生活しているおびただしい数の微生物（細菌・糸状菌・微小動物など）の種類や数もまた、水田と畑地とでは著しく異なる。畑地にはイネに病害をもたらす病原菌や昆虫はほとんどいない。逆に、水田には畑作物に影響を与える生物はわずかだ。
　畑地の状態を長い間続けていると、一定の極端な偏り（"くせ"）を持ち始める。水田はすでに述べたように、偏りは畑地に比べ少ないとはいえ、長期的には徐々に蓄積していく。それがイネあるいは畑作物の生育に好ましくない影響を与え、結果として減収をもたらす。田畑輪換は**耕地のもつ偏りを元に戻す技術**である。
　田畑輪換を単なる増収技術と考えるのは皮相的だ。耕地を健全に保ち、作物を健康に生育させる技術、つまり農業を持続的なものに高める技術と捉えなければならない。さらに、田畑輪換は米ばかり、野菜ばかりを作る単作型農業から、多様な作物を作る複合型農業へと脱皮させうる技術である。転作水田を畑地として利用する場合、ぜひこの技術を導入したい。

(4)"耕作放棄"という切り札

　耕作を放棄すると農地はやがて草地となり、さらに時が経つと林地になる。この現象を**二次遷移**という。人間の耕作活動は二次遷移を抑制する意味がある。
　農地では一定量の収穫物が農地外に持ち出される。しかし、人手の加わらない草地や林地では、持ち出しはない。枯れた草や樹木の落葉・落枝が地表面に堆積していく。草地や林地は多様な種類の植物が暮らすので、特定の作物を栽培する農地のように土地利用の偏りは生じない。こうして二次遷移の進行に伴い、その土地の地力は確実に増進していく。**"耕作放棄"**とは**"究極の地力蘇生法"**である。
　二次遷移による地力増進を巧みに利用したのが**伝統的な焼畑農業**だ。一定面積の森林を伐採し、焼く。その土地には**腐植**が蓄積している。その地力を利用して作物を栽培する。1年目は、病虫害や雑草害はさほど出ない。2〜3年後に

それらが無視できなくなると、耕作を放棄する。数十年後には再び森林(二次林)に戻る。森林—伐採・焼却—耕作—放棄—二次遷移—森林のプロセスを繰り返す焼畑農業は、**きわめて持続性が高い**。

"耕作放棄"という地力蘇生法は、不十分な栽培管理によって**地力が疲弊した農地を健全な状態にリセットする場合に応用できる**。連作障害によって耕作が立ち行かなくなった農地や、長年にわたって慣行農法を実施してきた農地を有機農業に転換する場合などである。地力回復を時間的に早め、復元作業をできるだけ容易にするため、放棄した直後、イネ科やマメ科の永年牧草などを作付けし、耕作再開時にそれらを**緑肥**として鋤き込む。

現在、日本列島では耕作放棄地が続出し、合計 38.6 万 ha にも達するという(2005 年「農林業センサス」)。この現実を農業衰退のシンボルと嘆くだけでなく、"耕作放棄"を"究極の農地蘇生法"と捉える積極的発想が必要だ。40 万 ha 近い農地が現在蘇生中で、再利用を待っていると考えよう。放棄期間が長いほど地力の回復は確かになるが、復元時には地上植生の伐採など多くの労力が必要になる。農地復元は、**市民をも巻き込んだ地域全体の農的力量アップ**のチャンスと捉えよう。**新しい開拓の時代**を迎えているのである。

5　畑地の高度利用

有機農業の本旨は**多品目少量生産**にある。時間的・空間的に多様な作物を組み合わせ、面積に限りのある一枚の畑地を"立体的"に利用することで、その目的は達成される。そして、この畑地の高度利用こそが、畑地の地力持続性を保障する[8]。

畑地利用の基本は**輪作**である。輪作とは、一枚の農地で、時間的に一定の順序で種類の異なる作物を繰り返し栽培することをいう。夏作物と冬作物を循環させる二毛作は、輪作の原型だ。その基本は、水田ではムギ(ナタネ、レンゲ)—イネ、畑地ではムギ(ナタネ)—マメ(ダイズ)である。田畑輪換を行う場合は、イネ—ムギ—ダイズの二年三作になる。

これを一般化すると、畑地における短期輪作の理想型が生まれる。根菜類—ムギ—マメである。根菜類(バレイショ、サツマイモ、サトイモ、テンサイなど)の栽培は深耕が必要だ。このとき堆肥を十分量入れる。ムギはその残肥で育

つ。イネ科の作物は一般に根量が多く、土壌中に蓄積する無機養分を強く吸収し、その結果土壌中に多くの有機物を蓄積する。その茎(ワラ)は家畜の飼料や堆肥の材料として優れている。マメ科作物(ダイズ、アズキ、インゲンなど)は、根粒菌との共同作業で空気中の窒素を固定し、土を肥やす。根は土を深く広く耕し、膨潤にし、後作の根菜類の生育を促す。

野菜類だけの栽培は、畑地利用の原則からはずれている。ムギなどのイネ科作物の導入が不可欠である。また、クローバーなどのマメ科牧草の間作も有効である。クローバーは窒素固定で地力を補い、根は深く伸び、土壌深部の養分を上部へ吸い上げる。そのまま鋤き込んで緑肥としてもよいし、刈り取れば飼料になる。畑地利用には、その理想型をよく理解し、少しでもそれに近づけるような工夫が何よりも大切である。

間作(畝間に別の作物を栽培する)、**相互作**(畝を別立てにして別々の作物を交互に栽培する)、**混作**(同じ畝に2種類以上の作物を同時作する)などは、高度な土地利用である。そのためには個々の作物の特性をよく理解しなければならない。それは、①強い光を好むか忌避するか、②根が深いか浅いか、③背が高いか低いか、④葉が広いか細いか、⑤葉が密生するか疎らか、⑥吸肥力が強いか弱いか、⑦生育が早いか遅いか、⑧湿った土壌を好むか乾燥を好むか、などである。

高度利用の例をいくつか紹介しよう。

サツマイモやナスなどを栽培する場合、生育初期は畝間が広く空く。そこに、生育が早く早期に収穫できるコカブ、ハツカダイコン、ニンジンなどの短期作物を間作する(図Ⅳ-1-1-2)。トウモロコシの間には、キャベツ、カリフ

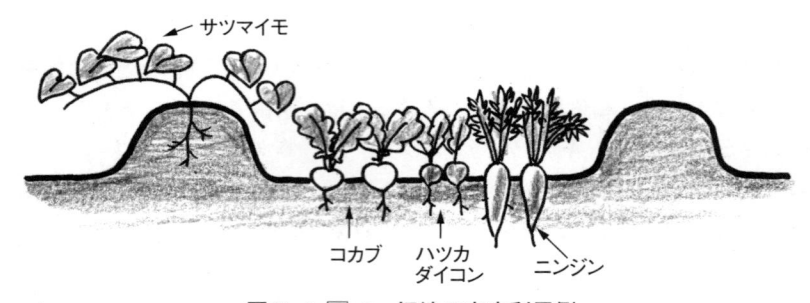

図Ⅳ-1-1-2　畑地の高度利用例

ラワーなどの涼しい場所を好み、半陰性の作物を育てる。サトイモの畝間では、ショウガ、ミツバ、セルリーなどの半陰性の作物が良好に育つ。サトイモに半陰性の地這いキュウリを這わせれば、水分蒸発を防ぎ、サトイモの生育にもよい。

　吸肥力の高いイネ科作物と窒素固定をするマメ科作物を組み合わせた混作は、畑地全体の総合収量を高める。たとえばダイズにトウモロコシを混植すると、トウモロコシによって日照や通風が制限され、土壌からの水分蒸発量が減少し、開花期の乾燥を嫌うダイズの生育に好ましい環境ができる。また、トウモロコシにインゲンを巻き付け、その下にカボチャを這わせる(図Ⅳ-1-1-3)。カボチャは強い日照による土壌からの水分蒸発を防いでくれる。ムギと間作(相互作)したソラマメはムギの倒伏を抑え、ムギは寒さからソラマメを守る。

　これらの合理的な作物の組み合わせは、日本だけでなく、世界各地の**農民たちの知恵**として多く集積している。それらの合理性は、多くが科学的にも実証されている。これらの農民の伝統をぜひ学びたい。

　畑地の高度利用は、大規模単作を指向する近代農業とはまったく逆向きである。近代農業が深刻な連作障害や土壌流失を引き起こし、その限界性を露呈したのは、畑地においてであった。畑地を舞台に**豊穣な農の世界**を演出できるのは、有機農業をおいて他にはない。

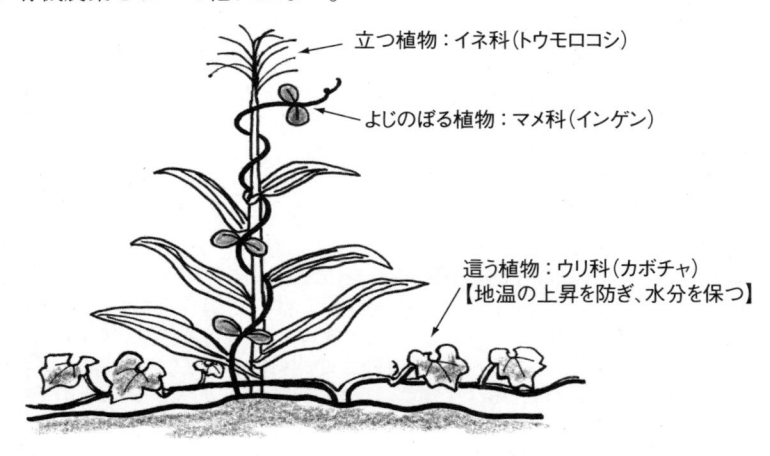

図Ⅳ-1-1-3　イネ科・マメ科・ウリ科の混作

(1) たとえば埼玉県の小麦の作付面積のピークは1951年で3万9090 ha（全国第3位）だったが、2005年には6530 haにまで減少した。
(2) 輸入大豆のほとんどは食用油の原料となる。油を搾った後の粕（大豆粕）は飼料として利用されている。
(3) 現在では寒地稲作技術が確立し、道央の平野部を中心に広く水田稲作が行われている。
(4) 伊藤健次『傾斜地農業』地球出版、1958年。
(5) 斉藤光夫『田畑輪換の実際』家の光協会、1964年。
(6) 各作物の増収効果は転換2～3年後がもっとも高い。増収の程度は、転換後の年数のほか、排水状態、施肥条件、作付け体系などにより異なる。斉藤光夫の転換後3年間の栽培試験によれば、コムギは水田裏作に比べ8～48％、普通畑と比べ10～30％、ダイズは普通畑と比べ20～30％、それぞれ増収する。一方、転換後再び水田に戻した還元水田でのイネの収量は、連作水田に比べ3年目まで10％程度増収する（前掲(5)参照）。
(7) 乾燥地でも湿地でもない場所に生育する一般の植物（メヒシバ、ハコベ、シロザなど）。
(8) 田中稔『畑作農法の原理』農山漁村文化協会、1976年。大久保隆弘『作物輪作技術論』農山漁村文化協会、1976年。

▶西村和雄の辛口直言コラム◀

アブラナ科はぜいたく好き

白菜やキャベツの根系は、広く深く根を張ります。それからわかるように、アブラナ科の野菜はどれも根系が多いように思うのです。ニワトリ（根系）が先なのか、卵（肥料分）が先なのか、いずれとも言いがたいけれど、結論からいうと、よく肥えた土ほどアブラナ科の根系は広く深くなります。その結果として、虫がつかず、立派な収穫が期待できるのです。

よく肥えた豊穣な土はどんな作物を育てるのにも重要ですが、とくにアブラナ科によくあてはまると思います。言い方を変えると、アブラナ科の野菜はぜいたく好きです。それだけに、養分が少しでも不足気味になると、すぐに体調を崩してしまいます。いったん体調を崩すと、たちまち虫を呼び込んでしまうのです。

とにもかくにもアブラナ科は、着実に、しかも途切れることなく養分が供給されるような、基礎体力のある土が大好き。それを象徴しているのが、白菜やキャベツではないでしょうか。

2 "雑草""病害虫"とどうつきあうか　　　　明峯　哲夫

1　"雑草""害虫""病原菌"とは何者か

　世界各地の伝統的な農業は、それぞれ独自の作物の組み合わせをもっている[1]。たとえばイネ科とマメ科の作物で言えば、次のとおりである。
　　東アジア　　　　　　　　イネ―ダイズ／アズキ
　　地中海沿岸　　　　　　　ムギ―エンドウ／ソラマメ
　　アフリカサバンナ地域　　シコクビエ―トウジンビエ―ササゲ
　　新大陸(南北アメリカ)　　トウモロコシ―インゲン／ラッカセイ
　これらの作物はもともと、それぞれその地域に自生する植物だった。しかし、その有用性に気づいた現地の人びとによって一カ所に集められ、組み合わされ、栽培されるようになった。これらの種実は一時期に大量に収穫でき、保存性に優れている。いずれも硬いが、粉砕、加熱、発酵などの手を加えれば、柔らかく、消化しやすくなる。イネ科の実はデンプン質に富み、マメ科の実はタンパク質や脂肪に富む。それらを組み合わせれば、人間にとって理想的な栄養を供給できる。

　彼らはやがて遺伝的に改良され、作物となった。現在では、これらの作物はそれぞれの故郷を遠く離れ、異なる原産地の作物と組み合わされ、世界各地で栽培されている。農業とはこのように、もともとは別々に生きていた**生物のネットワーク化**である。

　大切なことは、このときネットワークされる生物は、人間が意図して選んだ作物だけではないということだ。人間の思惑とは別に、作物以外の多様な生物(動物・植物・微生物)たちも同時にネットワーク化される。

　人間が切り拓いた農地は、明るく、乾いた、絶えず人の手によって攪乱(干渉)される空間だ。このような空間を好む植物は、自然界に多い。彼らのライフサイクルは短く、開花・結実が絶えず起きる。種子は数が多く、寿命も長い。また、茎を切断されても、節からの不定根[2]などによって再生する能力が高い。

このような性質をもつ植物は、ある農地に漂着すれば(種子は小さいので、風などに吹かれてやってくる)、たちまちそこの定住者、つまり作物の"同居者"と化す。ツユクサ、メヒシバ、イヌタデ、アカザ……。これらの植物を人は"雑草"と呼ぶようになった。
　植物を食べて生きる動物(食植性動物)がいる。作物は野生の植物と比べ、柔らかく、栄養価があり、しかも一カ所に大群を形成する。それを動物が見逃すはずはない。こうして、作物を食べようとする動物(昆虫など)もたちまち同居者となった。この同居者を人は"害虫"と呼ぶようになる。その"害虫"を食べる捕食性の動物もまた、"害虫"を追うように同居者となった。人はこの動物を"天敵"と呼んだ。人の天敵ではなく、"害虫"の天敵である。
　一方バクテリア(細菌類)やカビ(菌類)などの微生物は動植物の体に寄生し、そこから栄養を吸収して生きている。彼らも作物に寄生しようと、密かに接近し、同居者になった。あるものは空中を飛ぶ胞子の形で、あるものは土の中で菌体を移動させて。この結果、作物は病気に罹ることもあった。そこで、人はこの微小な同居者を"病原菌"と呼ぶことにした。
　土の中には、作物と互いに生育を助け合う微生物も暮らし始める。だが、人はそのような有用な同居者がいることにはなかなか気づかなかった。
　"雑草"も"害虫"も"病原菌"も、作物がネットワーク化されるとき、同時にネットワーク化された生物だ。彼らはこのネットワークの"余計者"ではなく、正真正銘の"正規メンバー"である。
　これらの同居者をどう理解するかによって、人間の彼らに対する扱いは違ってくる。"邪魔者"と考えれば、彼らを"排除"するためにさまざまな策を張りめぐらそうとするだろう。一方、彼らを"正規メンバー"と考えれば、作物と彼らが"共に生き合える"条件を探索しようとするにちがいない。前者の道を選択したのが近代農業であり、後者の道を選んだのが有機農業である。

2　"皆殺し"は幻想

　"同居者"を"邪魔者"と考える近代農業は、そもそも彼らが農業のネットワークへ参入することを阻止しようとする。そのためには、作物という"正規メンバー"だけをある空間に"監禁"しなければならない。作物を監禁する方

法は二つ考え出された[3]。

一つは**施設的方法**だ。"密室"を設え、その中に作物を閉じ込める。この方法はおもに、園芸(野菜栽培)の分野に応用された[4]。野菜はビニールハウスや温室の中に閉じ込められる。そこは、外界からの"邪魔者"の侵入が極力阻止されるように設計されている。文字どおりの監禁である。

もう一つは**化学的方法**である。これはおもにイネ、ムギ、マメなどの穀物、あるいは果樹類の栽培などに応用された。この方法では、石油から合成された化学物質が作物を監禁する手段となる。作物の周囲に同居しようとする"雑草"は殺(除)草剤で、"害虫"は殺虫剤で、"病原菌"は殺菌剤で、それぞれ殺す。さらに、化学肥料を大量に施用し、土の中の微生物を殺す。作物たちは一見、生の自然の中で生きているように見える。けれども、彼らの周囲には化学物質で"クリーン"にされた目に見えぬ"密室"が設えられ、彼らはその中に監禁されているのである。こうして監禁という手法は、"邪魔者"を排除したかに見えた。

しかし、厄介なことが次々と起こる。「施設」は外部からの"邪魔者"の侵入を完全に防ぐほど強固ではなかった。しかも、あるスキをついて施設内に侵入した"病原菌"は、その施設が災いして容易に外部へ逃げ出せなくなる。何のことはない。施設は彼らを捕囚するトラップ(ワナ)となったのだ。こうして、たちまち施設内に"病原菌"が定着した。近づけまいとした"邪魔者"も、結局は作物の同居者と化したのである。

さらに、その同居者は"密室"内で蔓延し、すこぶる破壊的な振る舞いをする。ハウス内の野菜たちは、「萎れ」「つる割れ」「立ち枯れ」「根こぶ」など慢性的な病害に苦しめられることになった。連作障害である。これらは、ウイルス、細菌、カビ、あるいはセンチュウという土壌中の小動物などに侵されることによって起こる。その結果、これらの同居者を排除するために、施設内でももう一つの監禁方法、つまり各種化学物質の投与が不可欠となった。**施設的監禁は幻想**だったのである。

化学的監禁にも、まもなく破綻が生ずる。殺虫剤は"害虫"を殺したが、同時にその天敵まで殺した。殺菌剤は"病原体"を殺しただけでなく、ついでに土壌中に生きるあの"有用菌"まで殺してしまったのである。化学肥料に至っては、土中の微生物を皆殺しにする勢いだった。土を殺され、有用な同居者た

ちを殺され、一人残された作物が健やかに生きられるはずはない。弱体化した作物は、ますます化学物質に依存するようになる。

　加えて、深刻な事態が起きた。薬が効かなくなったのである。農薬に対する**抵抗性昆虫**や**耐性菌**が次々に出現した[5]。新薬開発と耐性(抵抗性)生物出現との際限のないイタチゴッコだ。近年は、殺草剤に対する耐性雑草、"スーパーウィード(超雑草)"も登場した。

　日本国内では、畑地用除草剤であるパラコート(ビピリジリウム系)には、すでに1980年代に耐性雑草(ハルジオン、オオアレチノギクなど)が出現している。水田用のスルフォニルウレア系殺草剤に耐性をもつ水田雑草(ミズアオイ、イヌホタルイ、コナギ、オモダカなど)も、次々と見つかった[6]。さらに、グリホサート系殺草剤(商品名ラウンドアップ="皆殺し")にも北米を中心に耐性雑草(イヌビユの仲間など)が出現している[7]。この殺草剤に耐性の遺伝子を導入したダイズ、トウモロコシ、ナタネ、ワタなどの作物(ラウンドアップ・レディ作物と呼ばれる)の栽培は、この殺草剤の使用と一体である。

　こうした耐性雑草の出現で、殺草剤の使用量を増やさざるをえなくなっている。結局、"皆殺し"つまり**化学的監禁も幻想**だったのである。

　"邪魔者"を排除しようとする技術が破綻しつつあるなかで、近代農業ではさまざまな病害に対する"抵抗性品種"の育成が"切り札"として考えられている。遺伝的に強壮な品種の開発は大切だ。けれども、それは作物を健全に育てる技術の一要素にすぎない。それを"切り札"として絶対視する"遺伝子万能主義"は、近代農業の末期症状の一つである。

3　病気と健康

　地球上の生物はすべて、食う－食われる関係のなかで生きている。ある生物はある生物を食べ、同時に他の生物に食べられる。食う－食われる関係の一つの変形が、**宿主－寄生者**の関係である。この場合、寄生者(通常、体が小さい)は宿主(通常、体が大きい)の体の内部(あるいは外部)に取り付き、そこで栄養を摂取し、繁殖する。その結果、宿主の体は大なり小なり損なわれる。それが病気(感染症)である。自然界では周囲にさまざまな寄生者が絶えず存在しているから、生物にとって病気は避けられない。

ただし、それだけに、宿主には寄生者に対する抵抗の備えがさまざまに存在する。寄生者の侵入や繁殖を阻止しようとする仕組みだ。たとえば、人間のような動物では寄生者を除去する専門の細胞(リンパ球)が体内を循環し、植物では寄生者(菌類など)が感染した組織で、それ以上の侵入を物理的に阻止する物質や、強い抗菌力のある物質が合成される。一方、寄生者にとっては、宿主を一方的に攻め立て、あげく殺してしまっては自分自身の生活基盤を失う。そこで、病原性の強さはほどほどにしておく工夫が必要になる。

以上のことから、(宿主の)生物の健康とは、自らの体に備わる抵抗力を駆使しながら、侵入してきた寄生者との間に一定の「生理的平衡」を維持させた状態と言える。もっとも、この生理的平衡は寄生者の病原性と宿主の抵抗性の微妙なせめぎ合いで生み出されるのだから、結果としてうまく成立しない場合もありうる。そのとき、宿主は"負ける"(つまり病気が深刻化し、ときには死ぬ)ことになる。

しかし、現実には両者はともに生き残っていく場合が多い。この"勝負"は全体としては、どちらが"勝った"ということではなく"引き分け"で終わる。このような両者の関係は、**"敵対的共存"**、あるいは**"共存的敵対"**とでも呼ぶべきだろう。

ところが、生物はときどき遺伝的に変異し、突如新しい型の生物に変身する。この変異が寄生者に起これば、新しい型の寄生者がこれまでの"敵対的共存"を打破し、一方的に宿主を殺戮することもありうる。宿主にとっては新型の病気の発生であり、事態は一気に深刻化する。たとえば、ヒトに感染するインフルエンザウイルスに変異が起これば、ヒトはまだ遭遇したことのない"新型インフルエンザ"に直面することになる。

けれども、宿主が死ねば、新型の寄生者も死ぬ。また、宿主の側もしばらくすれば、この新型の寄生者に対する抵抗力を身につけるよう自らを変化させる。そこで、やがては新しい"敵対的共存"の段階を迎える。この繰り返しで、宿主－寄生者はともに進化してきた。

個々の生物間に成立する"敵対的共存"の関係は、多くの生物のまとまりである生態系全体にも成立する。つまり、生態系のなかで個々の生物は、互いの相互作用を介して"敵対的共存"という相互規制の網目に繰り込まれる。その結果、どの生物種も生態系のなかでは"一人勝ち"は許されず、それぞれが

"ほどほどに"その生を謳歌することになる。この事実は、ある生物の健康を考えるとき、重要な意味をもつ。宿主に侵入する寄生者も、この相互規制の網目に組み込まれているからだ。

この網目が健全であるかぎり、数ある寄生者のなかで特定の寄生者だけが大量に発生することは強く規制される。つまり、ある生物の個体が寄生者との間に生理的平衡を完成させ、健康を維持するには、両種個体群間の「**生態的平衡**」が不可欠であることがわかる。生態系のなかで暮らす生物種が多様であればあるほど、個々の生物の健やかな生存が保障されるわけだ。

その意味で、宿主の健康を考える場合、寄生者や"害虫"の"根絶"は好ましいことではない。ある寄生者の完全な消失は、それまでその寄生者が占めていた(生態的)地位への新しい寄生者の参入を意味する。それは、新しい感染症の勃発という、宿主にとってより過酷な現実をもたらす。"馴染み深い"寄生者の軽微で日常的な感染、つまり寄生者との共生状態こそ、宿主の健康を約束する。

同様のことは昆虫などによる作物の食害についてもいえる。長年、化学肥料・農薬に依存しない伝統的農法で水稲が栽培されてきた水田を慣行農法水田と比較すると、イネの害虫(ウンカやヨコバイなど)の密度は低く、その天敵(クモや寄生バチなど)の密度はやや高い。一方、害虫でも天敵でもない昆虫("ただの虫")の密度は圧倒的に高い。害虫の密度は直接的には天敵の密度により支配されるが、害虫抑制には"**ただの虫**"の"**ただならぬ**"役割もあると考えられている[8]。多様な種類の昆虫同士の複雑な相互規制の網目が、結果として**作物と害虫との生態的平衡**をもたらし、それが作物の健全な生育を保障しているのである。

4　パラダイムを越えて

農業ネットワークのなかには、"病原菌"が"正規メンバー"として存在している。作物は彼らとの日常的な接触によって、健康が保障されている。ネットワークのなかで、多様な生物同士の相互規制の網目が健全ならば、"病原菌"だけが一人増殖することはありえない。"病原体"の存在は決して恐れるものではないのだ。しかし、何らかの理由でネットワーク内の相互規制の網目

が破綻すれば、"病原体"が突如勢いを増し、その結果作物が深刻な病で打ち倒される場合がありうる。作物が健全に育つかどうかは、同居者も含めたネットワーク内の生物多様性がいかに保障されているかにかかっている。

作物を健全に育てるには、何よりも良質な堆肥を適切に施用した健康な土づくりが基本だ。土壌中の微生物相が多様になれば、作物が健康に育ち、"病原菌"との生理的平衡に耐えられるようになる。もう一つの基本は、本章[1]-5で述べたように、農地の高度利用である。特定の作物の単作・連作を避け、輪作・間作・相互作・混作を駆使して時間的・空間的に多様な作物を作付ける。それによって、農地における生態的平衡、つまり**多様な生物同士による相互規制**をより安定したものにしようとするのである。

こうして作物を真に健全に育てる技術の確立は、近代農業が打ち立てた"大規模単作・化学肥料への依存"というパラダイムを乗り越えて初めて可能になる。

(1) 中尾佐助『栽培植物と農耕の起源』岩波書店、1966年。
(2) 種子から発生した根(定根)以外の根を不定根という。
(3) 明峯哲夫「環境制御技術とその批判」明峯哲夫『僕たちは、なぜ街で耕すか』風涛社、1990年。
(4) イネの育苗にも、この方法は応用された。かつては苗代で苗を育成したが、現在では専用の育苗箱の制御された環境での育成が一般化している。
(5) 殺虫剤抵抗性の例としては、ツマグロヨコバイの有機リン剤やカーバメイト剤に対する抵抗性、ハダニの各種殺ダニ剤に対する抵抗性、また殺菌剤耐性の例としては、イネいもち病菌のカスガマイシン耐性、MBI—D剤(シタロン脱水酵素阻害型メラニン合成阻害剤)耐性、ナシ黒斑病菌のポリオキシン耐性などが知られている。
(6) 伊藤一幸『雑草の逆襲』全国農村教育協会、2003年。
(7) アメリカ雑草学会のホームページ。http://www.weedscience.org/in.asp
(8) 日鷹一雅「ただの虫の農生態学研究(Ⅰ)」日本有機農業学会編『有機農業研究年報 Vol.6 いのち育む有機農業』コモンズ、2006年。

3 雑草・病害虫対策の実際　　　　　　根本　久

1　雑草対策

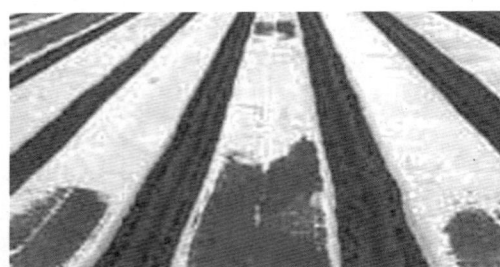

写真Ⅳ-1-3-1　ニンジン栽培におけるビニルマルチ利用による除草（上：播種面を透明なマルチで覆う、下：播種後にはがしたビニルで通路を覆う）

写真Ⅳ-1-3-2　畝間を除草する管理機

(1) 物理的除草

①マルチフィルム利用による太陽熱除草

写真Ⅳ-1-3-1はニンジン栽培において太陽熱を利用した除草の例である。梅雨明け以降にニンジンを播種するベットを播種40日前（6～8月）から厚さ0.02 mmの透明なビニルマルチで覆う。

マルチは土に密着して、ダブつかないように平らに張る。マルチをはいだ後は間隔を開けず、下層の死滅していない種が出ないように、耕起せずに播種する。播種後にはがしたビニルマルチを通路の被覆に使えば、通路の除草にもなる。

②管理機の利用

家庭菜園規模では、手押し式の除草機を利用して株間除草ができる。少し規模が大きい場合は、写真Ⅳ-1-3-2のような管理機が便利だ。いずれも、

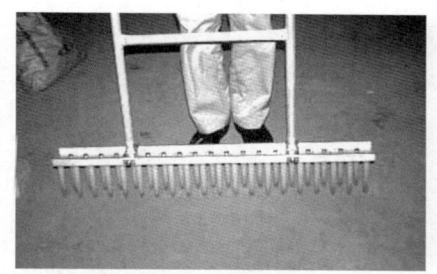

写真Ⅳ-1-③-3　櫛状の穴あけ機

写真Ⅳ-1-③-4　穴にネギを落とし込む

2～3葉で雑草の草丈が1cm程度までの低いうちに除草する。草丈が2cm近くになると、除草はむずかしくなる。

根深ネギの場合を紹介しよう。定植時は溝を掘らずに、櫛状の穴あけ機(写真Ⅳ-1-③-3)を使って平床に穴をあけ、ネギを落とし込む(写真Ⅳ-1-③-4)。この写真は2条用だが、取りはずして1条用にもできる。

写真Ⅳ-1-③-5　櫛状穴あけ機を利用したネギの平床栽培(埼玉県上里町)

畝間は管理機に合わせて70～100cmとし、土がかかる幅にする(写真Ⅳ-1-③-5)。そして、あけた穴に苗を1本ずつ落とし込み、2葉ぐらいの雑草の草丈が低いうちに除草する。ただし、軽くて崩れやすい土質では、穴がふさがってしまうので、この方法は使えない。

この方法をとると、株間が一定のため苗のそろいがよく、根先が曲がらず、品質が上がる。ネギ栽培を大規模に行う場合は、穴あけと苗差しを同時に行う機械も開発されている(井関農機のネギ平床移植機、100万円程度)。

③ワラなどの利用

除草と施肥管理を兼ねた、畝間へのワラや落ち葉による被覆は、ナスやピーマンなど果菜類の雑草抑制手段として行われている(写真Ⅳ-1-③-6～8)。

写真Ⅳ-1-3-6 ナスの畝間への敷きワラ

写真Ⅳ-1-3-7 ナスの畝間を落ち葉で覆う

写真Ⅳ-1-3-8 定植後のピーマンの畝間へワラを敷く

写真Ⅳ-1-3-9 キャベツとクローバーの混植

(2) 植生の管理

　カバークロップを用いたマルチ効果による雑草の抑制は、生物的防除として有効である。カバークロップとは、土壌浸食の防止、景観の向上、雑草の抑制などを目的として、農作物を栽培していない時期に露出する地表面を覆うために栽培される植物をいう。

　ライグラスなどの牧草類、オオムギなどの麦類、レンゲなどのマメ科植物が、それぞれの生育や栽培特性に応じて、さまざまな場面で活用されている。作物の畝間にこれらを配置した雑草の抑制も行われていて、この場合リビングマルチ(生きているマルチ)ともいう。キャベツとクローバーの混植(写真Ⅳ-1-3-9)、オクラとオオムギの混植(写真Ⅳ-1-3-10)、ナスとオオムギの混植(写真Ⅳ-1-3-11)、ネギとオオムギの混植(写真Ⅳ-1-3-12)などが知られている。

　こうした作物とカバークロップの組み合わせは、地表面を背の低い植物が覆うことによって、土の乾燥や流亡を防止し、棲み着い

写真Ⅳ-1-③-10　オクラとオオムギの混植

写真Ⅳ-1-③-11　ナスとオオムギの混植

た天敵が害虫の発生を抑制するなどの効果が知られている。作物とカバークロップの組み合わせは経験的に知られたもので、植物の組み合わせは必ずしも自由ではないようだ。

　キャベツとクローバーの混植はオランダの有機栽培で知られ、日本では長野県茅野市などの高原野菜の有機栽培で行われている（平地での成功例は不明）。

写真Ⅳ-1-③-12　ネギとオオムギの混植

　写真Ⅳ-1-③-10～12は、群馬県富岡市の減農薬栽培における事例である。果菜類の場合、収穫のための台車を入れる際には不便なようだが、小規模の有機栽培では可能と思われる。また、ネギとクローバーやオオムギの混植は、夏期に除草作業がいらなくなるので便利だ。

2　病害対策

(1)耕種的防除

①病害虫に抵抗性をもった品種の利用

　病気にかかりにくかったり害虫の被害が小さい品種を利用して、病害虫の被害を軽減できる。これらは販売されている種子袋の裏に書かれているので、よ

く読んで工夫しよう。

②病害虫に抵抗性をもつ台木に接いだ苗の利用
　苗を購入する場合には、**接木苗**を利用すると土壌病害や土の中に棲むセンチュウの被害の回避が可能になる。キュウリ、スイカ、メロン、ナス、トマト、ピーマンでは、接木苗を用いた病害やセンチュウの被害の回避も利用できる。

③輪作体系
　ナス科のナス、ピーマン、トマト、シシトウ、ジャガイモ、マメ科のエンドウ、ソラマメ、インゲン、ラッカセイ、ウリ科のキュウリ、ニガウリ、スイカ、メロンなどのように、同一の作物や近縁の作物を同じほ場で連続して栽培すると、収量が上がらなくなったり、枯れたりする（表Ⅳ-1-③-1）。これを**連作障害**という。原因の多くはセンチュウを含めた**土壌病害の発生**である。この対策は、連作の回避が基本となる。

表Ⅳ-1-③-1　連作をきらう作物、可能な作物

連作をきらう作物	ナス、ピーマン、トマト、シシトウ、ジャガイモ、エンドウ、ソラマメ、インゲン、ラッカセイ、キュウリ、ニガウリ、スイカ、メロン、キャベツ、ハクサイ、コマツナ、チンゲンサイ、カブ、ブロッコリー
連作が可能な作物	カボチャ、トウモロコシ、サツマイモ、ネギ、ワケギ

　野菜の土壌病害防除を目的とした輪作作物としては、ムギ類、トウモロコシ、ソルガム、イタリアンライグラスなどイネ科作物の導入が勧められている。これらは多くの病原菌の密度を低下させるとともに除塩作用もあるので、土壌中にすき込むと良質な有機質源になる。
　輪作の実施にあたっては、過去の栽培履歴と土壌病害発生の関係がわかるように、作物の種類、場所、播種または定植日、堆肥などの記録をつけることが大切だ。

(2)物理的防除

①太陽熱利用の土壌消毒
　ほとんどの病原菌は、45℃以上に20日以上さらされると死滅する。したがっ

て、夏期の太陽熱を利用した土壌消毒は、この温度が重要となる。冷夏の場合は、7〜8月に実施しても地温が十分に上がらず、効果があがらない。また、太陽熱による地温上昇は地表面で高く、地中深くなるにつれ漸減する。したがって、深いところでは必要な温度が確保できない場合が多く、土壌中の病原菌が存在する深さも効果に影響する。

処理手順は、露地でも施設でも基本的には変わらない。有機質資材や石灰窒素の投入は、必須ではない。梅雨明け後に耕起したら、地表面を厚手(0.1 mm)の幅広の透明プラスチックフィルムで45℃以上にして、20日以上覆う。熱が通る範囲は表層から10 cm程度の深さである。

3 害虫対策

(1) 物理的防除

①黄色ランプなどの利用

ナシやモモなどの果実を加害する吸蛾類、トマト、イチゴ、アスパラガス、ナス、ミズナ、コマツナ、青ネギ、ミツバ、青ジソ、ハーブのハスモンヨトウ、カーネーションのオオタバコガなどのヤガ類対策に、**黄色蛍光ランプ**が用いられている。ヤガの複眼は夜間には暗い状態に適応しているが、黄色蛍光ランプで夜間照明を行うと、日中と間違えて活動が抑制される。

ヤガ類は暗い状況でのみ葉や蕾へ産卵する。そこで、黄色蛍光ランプを点灯し、日中の状態にして、産卵行動を阻止する。光源には、低圧ナトリウムランプ、直管黄色蛍光灯、反射板付き環形黄色蛍光灯がある。40 Wの黄色蛍光灯の場合、9〜14 m間隔で10 aあたり10〜13台、地面から2.5 m以上離して水平、または光源の中央部が地上1.5 mになるように地面に垂直に設置し、夕方から翌朝まで点灯する。ただし、イチゴとホウレンソウでは成育への悪影響が認められる場合もある。

②光反射資材の利用

一部の害虫は、光の反射によって飛翔行動が攪乱されるため、忌避行動を起こす。この性質を利用した**防虫マルチフィルム**(光反射マルチフィルムやアルミ

表Ⅳ-1-③-2　おもな防虫マルチフィルム

光反射マルチフィルム		アルミ蒸着フィルム	
商品名	販売会社	商品名	販売会社
ムシコン	シーアイ化成	ネオポリシャイン	日立エーアイシー
ミラネスクひえひえ	サンテーラ	マルチミラー	麗光
ツインシルバー	積水フィルム	光反射性防虫ネット	
イワタニシルバーポリ	岩谷マテリアル	商品名	販売会社
ボーチューシルバー	東罐興産	ダイオサンシャイン	ダイオ化成
銀黒マルチ	みかど化工	ぎんがさ防虫寒冷紗	帝人
シルバーSS	大倉工業		

写真Ⅳ-1-③-13　キュウリの果実を加害するウリハムシの成虫

蒸着フィルム）や防虫ネットが市販されている（表Ⅳ-1-③-2）。

写真Ⅳ-1-③-13は、キュウリについたウリハムシの成虫だ。光反射マルチフィルムは、ウイルス病を媒介する有翅アブラムシ類、アザミウマ類、ウリハムシ、ハモグリバエなどの飛来を防ぐ効果がある。作物とマルチの相対比率が50％以下になると忌避効果が下がるので、できるだけマルチ面積を大きくとる。このときマルチの裾を土で押さえるとマルチの露出面積が減少するので、トンボやアンカーなどを利用するとよい。

ただし、マルチフィルムや防虫ネットは害虫の増殖を抑制する効果はない。あくまで進入阻止なので、播種や定植前に設置するか、十分な防除を行ったうえで覆う。また、畑周辺の雑草から歩行してくる害虫には効果がないので、除草が必要である。

写真Ⅳ-1-③-14は、埼玉県小川町におけるキュウリ栽培での使用例である。これによって、根を加害されて枯れる被害はなくなった。

③資材による被覆

防虫ネットなどの被覆資材は、目合い（網目）が細かいほど害虫の侵入を防げるが、被覆内の温度や湿度が上がって作物の品質低下をまねく場合がある。この被害を小さくするためには、作物がネットに触れる前にはずさなければならない。また、トンネルは、おもにモンシロチョウの幼虫やキスジノミハムシなどの食葉性害虫を防ぐ目的で、コマツナ、ホウレンソウ、リーフレタス、ミズナなどの軟弱野菜の栽培およびブロッコリーやナスなどの育苗期や栽培初期に多く利用されている（写真Ⅳ-1-3-15）。

写真Ⅳ-1-3-14　キュウリの株元を覆った光反射フィルム

被覆による防除の要点は、以下の４点である。

①資材を被覆後、害虫を内部に侵入させない。

写真Ⅳ-1-3-15　定植後のナスの苗のトンネル被覆

②トンネルの裾の劣化、傷によって資材にできた穴に注意する。

③資材と作物を接触させないようにして、接触部位への産卵を防ぐ。

④前作と次作に共通する害虫がいる場合、圃場内の残渣や雑草を外へ持ち出す（キスジノミハムシなど前作で発生した次世代の幼虫が土中にいると、被覆はかえって逆効果となる場合もある）。

写真Ⅳ-1-3-16のように、トウモロコシの被害にあいやすい部分を網などで覆って実を直接保護することも行われている。雄花が咲き、雌花の毛が薄く色づき出したころに、アワノメイガの産卵部位となる雄花は切り落とし、実に赤

第Ⅳ部　有機農業の栽培技術　219

い栗ネットを半分ほどかぶせ、残りは垂らしておく。こうすると、鳥の被害が少ないばかりでなく、アワノメイガの被害も軽減されるようだ。

(2)植生管理による害虫の抑制

有機栽培圃場の天敵相を豊かにするためには、**天敵相の餌資源の管理**が重要である。たとえばナスの場合、ソルゴーやデントコーンなどの**障壁作物**を畑のまわりに植え、天敵が生息できるようにする（写真Ⅳ-1-3-17）。ソルゴーやデントコーンに発生したアブラムシは、テントウムシなどの餌となる。そして、花が咲くと、花粉も食べるヒメハナカメムシなどの天敵が活動を始める。

周囲をこうした背丈が高い障壁作物や防風ネットで囲うと、ヤガ類の侵入を阻止する役目もある。事実、ハスモンヨトウの産卵数は目に見えて少なくなる（図Ⅳ-1-3-1）。

また、果菜類では育苗中に発生したアブラムシが定植直後のトンネル内で多発して減収の要因となる。こ

写真Ⅳ-1-3-16 トウモロコシの実にネットを半分かぶせる

写真Ⅳ-1-3-17 ナスのほ場の周囲にデントコーンを植える

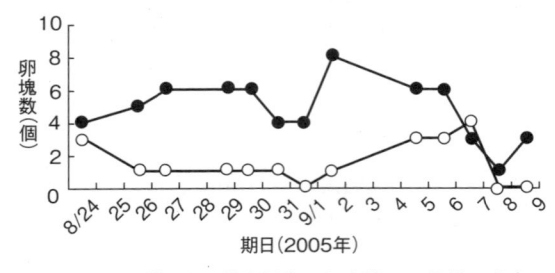

(出典)根本久「土着天敵を温存した有機JAS規格に合うナス害虫防除体型」『今月の農業』2007年9月号。
(注)─○─ 囲いあり、─●─ 囲いなし。

図Ⅳ-1-3-1 ナスのほ場の周囲の囲いの有無とハスモンヨトウの卵塊数の比較

れを防ぐために、天敵のはたらきを活発にする鉢植えのボリジや天敵の餌となるアブラムシが発生するオオムギを育苗ハウス内に植えたり(写真Ⅳ-1-3-18)、近くで捕まえたテントウムシ(写真Ⅳ-1-3-19)を放虫したりするのもよい。

　これらは、トンネル除去後の初夏まで持ち越されるアブラムシ類の被害軽減に有効である(図Ⅳ-1-3-2)。ミナミキイロアザミウマやハダニ類などの害虫も、ヒメハナカメムシ類やヒメテントウ類によって発生が抑制され、実害を生じることはない。

　図Ⅳ-1-3-3の左では天敵がはたらくために初期成育がよくなり、収穫量は慣行・減農薬栽培と比較して、同等～やや増加している。この慣行・減農薬栽培ではB級品は廃棄しているが、無農薬栽培ではB級品でも販売できる場合もある。

写真Ⅳ-1-3-18　ナスの育苗ハウス内の鉢植えのオオムギとボリジ

写真Ⅳ-1-3-19　ペットボトルで作ったテントウムシの採集器

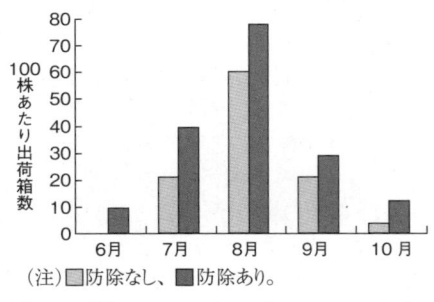

図Ⅳ-1-3-2　トンネル内へのテントウムシ放虫防除の有無と100株あたり収穫量の比較
(注)□防除なし。■防除あり。

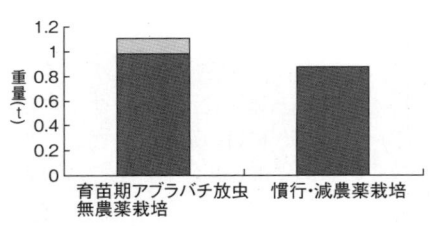

図Ⅳ-1-3-3　育苗期にアブラバチを放虫した無農薬栽培と慣行・減農薬栽培のそれぞれ100株あたり収穫量の比較
(注)■A級品、□B級品。

〈参考文献〉
江村薫・田澤信二編著『黄色灯による農業害虫防除』農業電化協会、2004年。
根本久『天敵利用で農薬半減――作物別防除の実際』農山漁村文化協会、2003年。
根本久「土着天敵を温存した有機JAS規格に合うナス害虫防除体型」『今月の農業』
　2007年9月号、90～98ページ。

▶西村和雄の辛口直言コラム◀

トマトの適期はいつ？

　秋の気温がかなり高かった2009年に我が家の畑で起きた現象から考えたことを紹介しましょう。
　それは、夏に実をつけたトマトの一部が鳥に突つかれて土に還ったことから始まりました。9月の終わりになって、若い苗が畑のところどころから出てきたのです。その元気なこと。ぐんぐん伸びて、なかには50cmまで達したものもありました。しかも、けっこう涼しくなった10月終わりになっても、生長が止まる気配がありません。よく見ると、灰色かび病をはじめ病斑がないし、青枯れもないのです。
　トマトは日本の多湿の気候が苦手だと思っていましたが、促成栽培や抑制栽培で雨よけすれば、それだけでもっとうまく生長するのかもしれません。
　翌年、平畝の中央に移植したトマトの苗を見ていて思いつき、両脇にダイズを播いてみました。少し密に。ダイズは水が好きなので、トマトの苗の場所が乾くにちがいないと思ったのです。
　結果は大成功。雨よけしなくても、青枯れは起きませんでした。

▶西村和雄の辛口直言コラム◀

オクラの栽培と調理の工夫

　オクラは若い実を収穫しますが、このとき実と同時に、実の横の葉を切ること。これで、先端の若芽が勢いよく生長します。枝分かれをさせるには、葉の付け根から新しい若芽が生長し、花芽が数個見え始めて30cm以上伸びたころに、葉を切り落としましょう。

　ちなみに、オクラの種は表皮が堅い、いわゆる石種なので、そのまま播種しても吸水がうまくいかず、発芽が不ぞろいになりがちです。そこで、播種前に種をコンクリートの床に置いて、手のひらでゴリゴリと押しつけるようにして、種皮を傷つけると、うまく吸水します。

　最近はいろいろな品種が出回るようになりました。八丈オクラという品種は、10cm以上大きくしても、スジが入らずに収穫できます。短くてずんぐりとした品種もあり、料理法に工夫が必要になってきました。このタイプは、1cm以上の大きめに切って包丁の腹で叩き、ぬめりを強く出してから油で軽く炒め、削り鰹を振りかけて醤油を少し落として食べると、美味しいです。

トウモロコシは追い播きを

　トウモロコシの粒が小さく萎縮していたり、歯抜けのようになっているのは、受粉がうまくいかなかったためです。金色の長い毛がトウモロコシの先端からふさふさと流れるように出ているのがめしべ、先端に花火のように広がっているのがおしべ。つまり、トウモロコシは雌雄異花で、同じ株で雄花と雌花が別に咲きます。ちなみに雌雄異株とは、イチョウやキウイのように、雄株と雌株が別な作物です。

　トウモロコシでは雄花がくせもの。雌花が伸びて受粉体制に入る1週間以上前に雄花が開いて、花粉を飛ばします。だから、雌花が出たときに花粉は底をつき、受粉できない雌花が出て、粒の不ぞろいの原因になるのです。

　不ぞろいを防ぐには、最初の播種の1週間から10日ほど後に、種を追い播きすること。あとから芽生えたトウモロコシを授粉用にするのです。たとえば10aすべてがトウモロコシとなれば追い播きは不要ですが、面積が少ない場合は不ぞろいになりがちなので、必ず追い播きすること。

　また、トウモロコシの大敵アワノメイガは雄花に誘われてやってくるので、あらかじめ雄花を摘みましょう。追い播きした花粉で十分に受粉できますから。

第2章 作物

1 イネ

稲葉　光國

1　日本は世界一生物生産力の豊かな国

　アジアの国々、とくに日本は、植物の再生能力と生き物の多様性に恵まれている。第二次世界大戦後の農業は、この恵まれた自然環境を病害虫の発生を引き起こす宿命的要因とみなし、化学農薬と化学肥料を多用して克服しようとしてきた。その結果、作物の量的生産力の向上と引き換えに食の安全と栄養的価値が犠牲にされ、多様な生き物を死に追いやり、農業者の健康と経済を危機に陥れてきた。

　多くの先人たちの手を経て高い子実生産力を獲得し、野生の植物とは少し離れた存在になったとはいえ、作物は紛れもなく植物である。植物は高温多湿という環境のもとで、病害虫に侵されて消滅したわけではない。農薬も化学肥料も散布せずに旺盛な生育を示しているのが、高温多湿のアジアモンスーン地帯の野生植物である。

　ヨーロッパとは比較にならないこうした自然の再生を支えているのが多様な**有用微生物群**だ。自然の循環機能の中核を担い、有機物の分解吸収によっていのちを増やし、死滅しながら植物に体内養分を供給したり、アミノ酸と炭水化物のやり取りをしながら**共生関係**を形成してきた。このいのちの循環は農薬や化学肥料で奪われたが、まだ復活できる底力がある。その生き物を復活させ、農業生産に活かそうというのが、有機農業のめざす技術目標である。

2　水田生物の多様性を活かした抑草技術

　この自然の再生能力を稲作に活かそうとした場合、最初に直面する困難は雑

草である。合鴨農法をはじめ、紙マルチ農法、米ぬか農法、ジャンボタニシ農法、緑肥鋤き込み法、鯉除草法、深水管理法、2回代かき法、冬期湛水、早期湛水など、さまざまな実践が取り組まれてきた。

　いずれの方法も、慣行栽培に比べて除草剤を使用しないという点で、環境への負荷を大幅に削減し、環境の保全に貢献している。私が主宰する民間稲作研究所ではこの全体像を鳥瞰する『除草剤を使わないイネつくり』(農山漁村文化協会)を関係者とともに編纂し、出版してきたが、いまや除草剤を使わなければすべてよしとする時代は終わった。田んぼの生き物の消長や雑草の発芽成長の特性を見て、田植え後には田んぼに入らずに抑草する方法が模索され、完成度を高めてきている。

　水田や農場内で生産された有機物の残渣を活用し、多様な水田生物の発生を促しながら、安定した抑草効果を発揮させる**早期湛水**と呼ぶ一連の作業体系は、以下のとおりである。その要点は、田んぼに散在する雑草の種を**田植え前に発芽**させ、**代かきで除去**し、田植え後に除草に入る必要のない田んぼにすることである。そのためには、次の点が重要となる(図Ⅳ-2-①-1)。

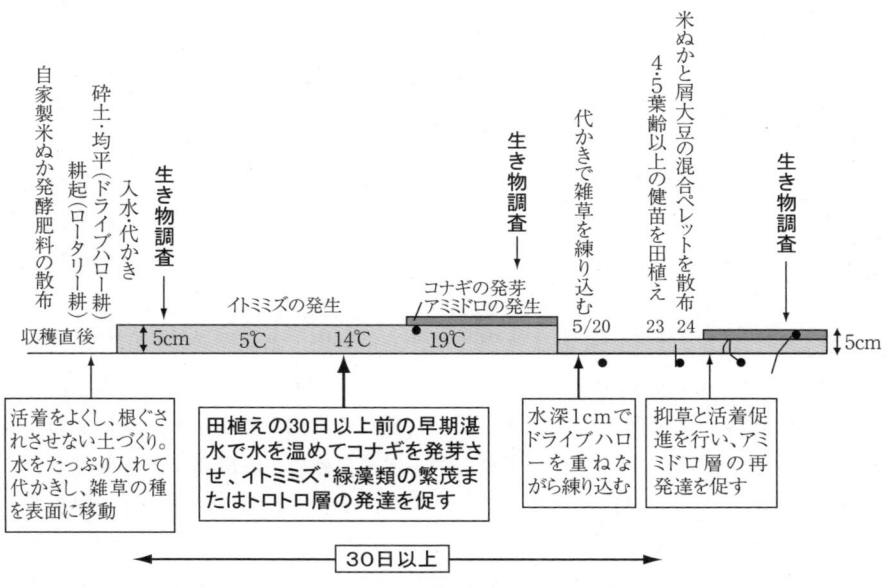

図Ⅳ-2-①-1　早期湛水・冬期湛水によるコナギ抑草のポイント
—生物多様性によるコナギの抑草技術—

①田植えの30日以上前に1回目の代かきを行い、コナギなどの雑草の種やオモダカやクログワイの球根を表面に移動させ、発芽を促す。ただし、代かき時に水深や土質・土塊の大きさなどによって雑草の種が表面に移動しない場合がある。とくに、重粘土の水田土壌では、粒子の大きい状態で代かきしても雑草の種が表面に移動しない。そのため、代かき前に1～2回ドライブハローで1cm程度まで砕土してから水をたっぷり入れて代かきすることがポイントになる。また、オモダカやクログワイが発生する水田では15cm以下に球根があるので、深くロータリー耕を行い、球根を表層に移動させてから代かきする必要がある。

②1回目の代かきがすんだら、**3～5cmの水深を保ち、水温を高めるように**工夫する。とくに、東北・北海道地方や山間部では水温が低く、30日間湛水してもコナギが発芽しない場合が多い、ビオトープを兼ねた温水池を水口に設け、温まった水を田んぼにかけ流すなど、できるだけ早くコナギの発芽温度である19℃以上に水温を高めることが第一のポイントだ。

東北・北海道地方では5月10日ごろに通水となるので、すぐに代かきしても、水温が19℃を上回るのは5月25日以降になる。関東地方以西では、4月下旬に代かきすると平年では5月15日ごろに19℃を超え、20日ごろにはコナギが発芽して2葉齢に生長する場合もある。また、表層に移動したオモダカやクログワイはコナギよりも早く発芽する。

この時点で**2回目の代かきを行い、ていねいに雑草を練り込むことで死滅させる**のが、第二のポイントになる。ただし、オモダカやクログワイは練り込んでも再発生するので、水深を5cm程度に保ちながら代かきし、浮かして除去するのが確実である。

冬期間に水が入れられる日本海側の平野部や河川・湖沼周辺の水田では、収穫直後に発酵鶏糞か米ぬか発酵肥料などを10aあたり150～300kg散布し、浅く耕起してワラの分解を促す。そして、11月ごろに代かきし、水を湛えておくと、ユスリカやイトミミズがわずかながら増殖を始め、乳酸菌なども繁殖し、水田の表層土が変化を起こして**トロトロ層が形成**される場合がある。こうなると、コナギなどの雑草の種が1cm以下に埋没するので発芽しない。水温が19℃を超える5月中・下旬になっても発芽しない場合は、そのまま水を落として表面を軽く乾かし、田植え後に再度湛水状態を続けるという方法で抑草される

ケースがある。

ただし、このような冬期湛水管理を4～5年続けるとオモダカやクログワイが発生してくる。そこで、球根が形成される前に地上部を除去し、球根を作らせないようにする。

なお、元肥に米ぬか中心の発酵肥料やグアノを散布した水田では、コナギの発芽と同時にアミミドロが発生し、水田の半分以上を覆う。これをいっしょに練り込んで田植えすれば、1週間も経たないうちに再発生し、田面を覆いつくすので、光が遮断されてコナギは完全に死滅する。

③2回目の代かきによってもわずかに残るコナギは、田植えと同時に米ぬかと屑大豆の混合ペレットを散布して、発芽を抑制する。同時に、アミミドロやユスリカ、イトミミズなどを再発生させてイネの活着を促進させれば、安定度を一層高められる。田植え後10日目には水田全体にアミミドロやウキクサが繁茂し、コナギの発芽・生長を著しく抑制する。ただし、アミミドロの発生によって苗が倒されるケースがあるから、草丈15 cm以上で4.5葉齢以上の成苗の田植えと3～5 cmの浅水管理が必要になる。

3　健康なイネは苗づくりから

こうした水田生物の多様性を活用した抑草や、病害虫が発生しない健康なイネつくりの基本技術は、4.5葉齢、草丈15 cm以上の成苗を育苗し、1株に1～3本植える技術である（図Ⅳ-2-①-2）。

その第一のポイントは、超薄播きである。精密播種機を用いて1箱あたりの播種量を60 g以下に落とす。育苗用の苗には、ごく一般的な田植機に用いるマット苗と、ポット田植機に用いるポット苗がある。苗の活着という点ではポット苗が優れているが、経費的にはマット苗のほうが2割ぐらい安い。超薄播きにはもっとも播種量が少なくなるポット苗がベストで、40 gマット苗でもほぼ同程度の効果がある（写真Ⅳ-2-①-1）。なお、60 gマット苗は育苗期間が短いので、

図Ⅳ-2-①-2　4.5葉齢の成苗と稚苗

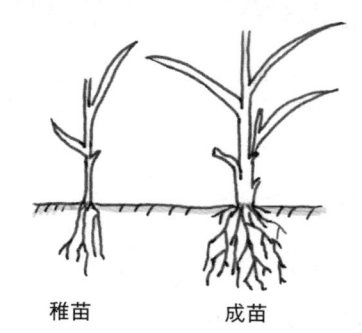

写真Ⅳ-2-①-1　手間のかからない環境保全型有機稲作を可能にする苗

写真Ⅳ-2-①-2　ハト胸状態に発芽した種

関東地方以西での使用が望ましい。

　播種精度を高めるために種はよく脱ぼう（ノギを取る）し、比重1.15前後の塩水で比重選を行う。充実した種モミを選んでよく乾燥し、60℃で7分間の温湯消毒を行う。150ℓのお湯で1回に消毒できる量は8kg程度である。

　消毒後は直ちに冷水に漬け、地下水などでゆっくり吸水させて発芽を待つ。1粒でも発芽したら、直ちに25℃のぬるま湯につけると15時間程度で写真Ⅳ-2-①-2のようなハト胸状態になるので、脱水機で水を切って播種作業に入る。

　雑草に負けない健康な苗を育てるには、よく発酵した有機質肥料を床土に用いなければならない。おから、グアノ、バーミキュライト、粉砕モミ殻などを材料に発酵処理して無肥料の床土に混合し、立ち枯れ病を防ぐためにphを

5.5～6.0に調整して使用するのが安全だ。アミノ酸肥料を追肥する方法もある。要は、発根障害を出さず、40日間の育苗期間中、持続的にアミノ酸や微量要素を供給できる有機質肥料をつくることである。現在この条件を満たす有機100％の床土を販売しているのは関東地方の数社に限られており、供給体制の整備が求められる。

播種後の管理は、東北・北海道地方がハウス内での育苗、関東地方以西は**露地育苗**で行う。また、本葉1葉期まで畑育苗を行い、その後は水を入れる**プール育苗**と、畑苗のまま育苗する方法がある。本州では、均一な生育で病害発生の少ないプール育苗が有利である。

環境保全型の有機・露地育苗の概要を写真Ⅳ-2-1-3にしたがって説明しよう。

置き床を設置するところは代かきをていねいに行って、水が漏れにくいようにしておく。天気がよい日を選んで置き床に育苗箱を平らに並べ、ホースで上から水をよくかける(①)。この作業を午前中に終わらせ、午後三時ごろまで太陽の光をあてて、全体を温める(②)。続いて、シルバーポリと不織布(ラブシート)を二重にベタ掛けして保温する(③)。

写真Ⅳ-2-1-3　環境保全型の有機・露地育苗

発芽して第一葉が伸長を開始するころにシルバーポリとラブシートをはずし、水を育苗箱の上まで入れる(④)。あわせて、スズメの被害を防ぐために防鳥ネットを張ろう(二・五葉期まで)。二葉期になったら田んぼに水を入れ、プール育苗を行う(⑤)。

4 内部循環型の肥培管理

　日本は豊かな自然に恵まれた国である。これを支えているのが一群の土壌微生物だ。とくに河川や湖沼周辺の水田は、健苗を植えるだけで豊かな実りをもたらす。しかし、こうした水田はまれであり、多くの場合は一定の循環型の肥培管理が必要になる。ところが、かなりの有機農家が高価な有機肥料を購入して栽培を行っている。これでは化学肥料栽培の代替技術でしかない。
　有機農業の肥培管理は、水田や畑、地域の有機資源を発酵させ、循環させて使用するものである(図Ⅳ-2-①-3)。農場で発生する残渣は、**米ぬか、モミ殻、ワラ、落ち葉、屑米、屑麦、屑大豆**などだ。このほか地域内には、**おからや酒粕**などの加工食品残渣もある。おからは水分が多く、腐敗菌が侵入しやすいため、これまで利用されてこなかった。しかし、タンパク含有量が高いために、

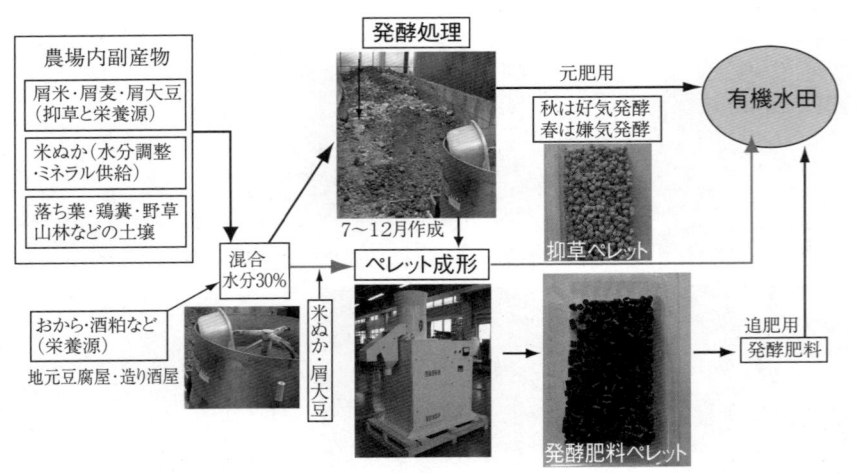

(注)「日本の稲作を守る会」の事例。

図Ⅳ-2-①-3　地域の身近な有機資源を活かした内部循環型の肥培管理

炭素率の高いモミ殻や落ち葉、米ぬかなどと混合すると分解・発酵が速やかに進み、良質の堆肥を得られる。こうした残渣を**小規模な発酵施設で発酵**させ、土着の微生物の繁殖を促し、田畑に還元するのが基本である。

　従来は、簡便な発酵処理技術と完成した有機肥料の散布方法が問題であった。だが最近では、安価なペレット成形機(130万円前後)が販売されている。したがって、生産者組織などでは、土壌診断や生育診断に基づいた自前のペレット肥料を作成し、動力散布機を使った追肥作業が可能になった。数十人規模の生産者組織をつくり、地域循環型の有機農業を展開していただきたい。

5　太陽の恵みを活かし、健康なイネを育てるために

　農作物が健康に育ち、安定した収量を実現するためには、**十分な日射量（地域によって差が大きい）と出穂前10日〜出穂後30日間の適切な気温(23℃)**が必要である。とりわけ、密集して育てられる作物では、葉の面積が最大となる出穂期前後の固体密度がその地域の日射量と気温にふさわしい状態になっていないと、病害虫に侵されたり、子実の収量や品質に大きく影響する。

　この最適密度を超えて育てられるV字型稲作(慣行栽培)などでは、イネ本来の能力が発揮されない。倒伏を招いたり、イモチ病になったり、冷害に侵されて収量が激減するだけでなく、「しらた(発育停止モミ)」などの発生で品質を悪化させる。また、イネは温暖化の影響を著しく受ける。出穂前10日〜出穂後30日間の平均気温が1℃上がるだけで、品質のよい米は10aあたり約30kg少なくなる。

　有機栽培は、こうした気象条件の地域による違いや気象変動を的確に読み、イネの健康を損なわないような植付密度(概ね3.3m²(1坪)あたり36株〜80株)で育てるのが基本である。すべての分げつが伸長して最適密度になるような栽培体系にすることがきわめて重要だ。また、水田の生き物を育て、その多様性を育み、イネの成長に役立てるためには、中干しなどの時期も重要になる。その目安を図Ⅳ-2-1-4に示したので、参考にしていただきたい。

　ヒエなどの雑草を抑えるために、田植え直後から5cmの水位を10日間保ち、その後10cm、15cmと10日ごとに上げながら、7月上旬まで湛水を継続する。1日でも田面が露出するとヒエが発生するので、注意が必要だ。この**常**

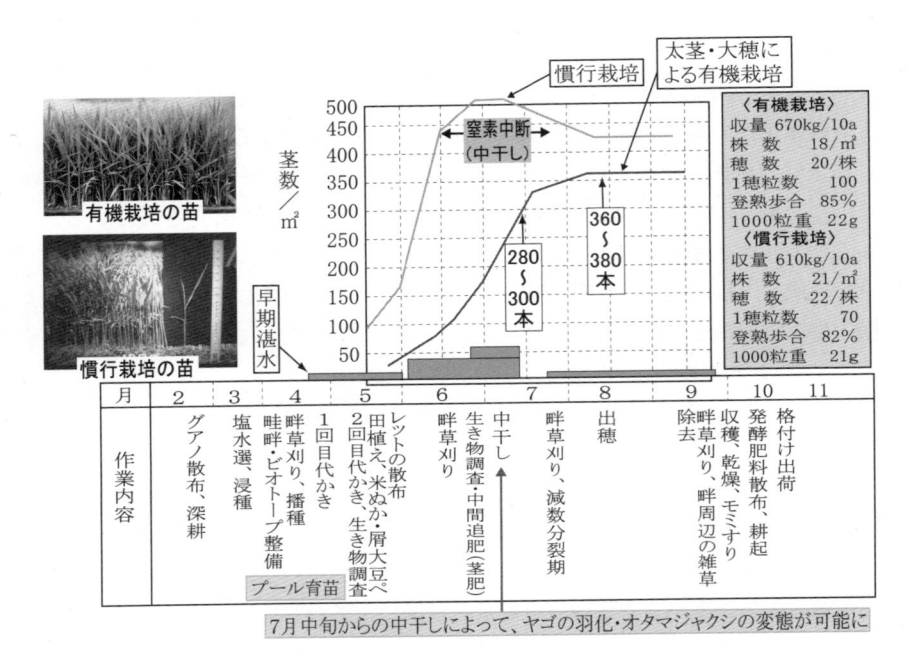

図Ⅳ-2-1-4　環境保全型有機稲作の栽培体系（早期湛水・コシヒカリの場合）

時湛水が水田の動植物を育み、水質を浄化する。

　中干しはオタマジャクシがカエルになってから7月中旬に実施し、田面を固め、根をよく張らせるように心がける。**中干し後は冷水をかけ流すか**、**間断湛水**を励行し、田んぼの平均気温をイネの適温である23℃に近づけるように心がける。葉が鮮やかな黄緑色になり、穂がきれいな黄金色になるのが、収穫期の姿である。

〈参考文献〉
稲葉光國『太茎・大穂のイネつくり—ポストV字型稲作の理論と実際—』農山漁村文化協会、1993年。
稲葉光國『あなたにもできる無農薬・有機のイネつくり—多様な水田生物を活かした抑草法と安定多収のポイント』農山漁村文化協会、2007年。
民間稲作研究所編『除草剤を使わないイネつくり—20種類の抑草法の選び方・組み合せ方』農山漁村文化協会、1999年。

▶西村和雄の辛口直言コラム◀

臭くない堆肥をつくるには?

　むかし、ある微生物の大家に言ったことがあります。
　「微生物とハサミは使いようでしょ?」
　すると、ニコニコしながら、答えが返ってきました。
　「そうなんですよ。そのとおり」
　そう、微生物とハサミはまさに使いようです。そのココロは、生きものである微生物が喜んで繁殖できるような条件を整えてあげること。あとは微生物が自発的に活動してくれます。
　その活動のお膳立てをしようという配慮さえあれば、微生物は喜んで発酵を進めます。ところが、微生物の気に入らない条件をつくってしまうと、プイとそっぽを向き、発酵してくれません。それが腐敗です。
　要は、わたしたちにとって都合のいい微生物をうまく繁殖させることです。「豚もおだてりゃ木に登る」なんて言うじゃないですか。
　微生物の気持ちもわからずに、勝手に積み込んで黒い汁をジクジク出し、「発酵堆肥でござい」は単なる自己満足にすぎません。

よい堆肥は臭くない

　ご存知とは思いますが、発酵と腐敗とはどこが違うのでしょう? いずれも微生物が関与していますが……。
　答えは、「発酵とは人間にとって有用なものができる微生物の分解、はたらき」です。これに対して腐敗は、「人間にとって不利なもの、不快なものができる微生物のはたらき」です。
　お酒、味噌、醤油、チーズ、ヨーグルト、酢など、発酵食品には事欠きません。ところが、腐敗となると「クッサアー」でおしまいです。でも、大切な肥料になるはずの畜糞が「クッサアー」では、農地に入れる気もしません。
　臭いのは、畜糞が腐敗しているから。発酵していれば、いい匂いがするはずです。下部から黒い汁がジクジク出てくるのは腐敗が勝っている証拠。水分を少なめにして空気を中に入りやすくするだけで、立派な堆肥になります。
　太い竹を何本も立て、竹が勝手に立つほどに刈り草を積んでは水をかけて、踏み込んでみてください。竹を抜いた穴が通気口となって、あっという間に発酵が始まります。水分は蒸気となって抜けていくわけです。

2 ムギ

石綿　薫

1　有機農業における重要性

　有機栽培を続けている農地では、その生産体系に対応したさまざまな生き物が棲みつき、それにともなって圃場内の物質循環が発達していく。とくに、作物の根や残渣、敷きワラなどの土壌有機物(腐植)を利用する土壌生物は、有機物を砕き、土壌とともに撹拌し、土壌孔隙をつくり、さまざまな分解程度の腐植物質をつくり出す。そこに作物の根が入ることによって土壌に網目状の構造が発達し、しだいに作物栽培に適した土ができていく。

　有機農業においては、外部から持ち込む堆肥や有機肥料が作物を育てる源ではない。そうした有機物が肥料効果を発揮する基盤、すなわち作物栽培に適した生き物の活動をもつ土壌環境(農耕地生態系)が作物を育てる。したがって、作物栽培そのものが土づくりの基本であり、**1年中連続して作物栽培が継続**するように、圃場ごとに作付け体系を組み立てることが大切である。

　ムギ類の作付けは、冬期間における作物栽培の継続であり、乾燥や風から表土を保護し、土壌生物の活動を維持する源になる。収穫後の根や切り株は、そのまま土壌生物の餌や棲みかとなり、麦ワラは敷きワラや堆肥原料として二次利用されて畑に還り、畑の物質循環を高める。また、スイカ、カボチャ、トマトなど多くの夏野菜にムギ類との間作体系があり、**野菜作を支え、畑を回していくために必要不可欠な作物**である。あるべき畑作体系、本来の土づくりを指向するならば、ムギ類の導入が望ましい。

　ムギ類は、コムギ、オオムギ、ライムギ、エンバクに分けられる。日本ではライムギとエンバクは収穫後の穀類としての利用が少ないので、麦作の主体は**コムギとオオムギ**になる。

2　作付け体系

　とくに難易度の高い栽培技術はない。二毛作、輪作、間作などの作付け方法

や前作終了から播種期までの準備期間や収穫後の次作までの期間などに無理がないかを考えて、作付け体系を組む。裏作物として導入する場合、**オオムギはコムギよりも収穫時期が早い**。そこで、表作の種類や作付け時期によってオオムギとコムギを使い分けることが可能である。

ムギ類には地域に適した播種時期がある。寒冷地ほど播種適期の幅は狭く、適期を逃すと、凍害にあったり雑草との競合に負けたりするので、時期の見極めが大切になる。

(1) 畑地二毛作・輪作

ムギ類を裏作とし、表作にダイズやサツマイモ、野菜類を作付けする体系である。裏作のムギ類をナタネに換えて、裏作の輪作もできる。たとえば、ムギ類―野菜類(キャベツ、ハクサイなど)、ムギ類―ダイズ―ムギ類―野菜類(キャベツ、ハクサイなど)、ムギ類―サツマイモ―ナタネ―ダイズといった体系である。

ムギ類の後作に野菜類を作付ける場合、麦ワラの鋤き込みが窒素飢餓を招く場合がある。したがって、鋤き込みをするときは、秋野菜用の**有機施肥を同時に行う**か、麦ワラの量を実際に圃場に散らばっている一定面積のワラ重量から概算し、麦ワラ 100 kg あたり窒素成分で 1～2 kg の有機肥料を同時に鋤き込むかして、腐熟期間を 2～3 週間とる。以下に、作型例を示す(関東地方標準)。

コムギ 12 月上旬～6 月中旬、ダイズ 6 月下旬～11 月中旬。

オオムギ 11 月中旬～5 月下旬、サツマイモ 6 月上旬～10 月中旬。

コムギ 12 月上旬～6 月中旬、キャベツ 7 月下旬～11 月中旬。

コムギ 12 月上旬～6 月中旬、サツマイモ 6 月下旬～10 月中旬、ナタネ 11 月上旬～6 月中旬、ダイズ 6 月下旬～11 月中旬。

(2) 水田裏作

水稲とムギ類の二毛作体系か、水稲―ムギ類―ダイズなどの輪作体系となる。ムギ類は湿害に弱いので、水田での麦作では、とくに地下水位の高さや水はけを考慮した圃場づくりが重要となる。大量の降雨があった場合に、ムギが冠水したり、長期間湛水する可能性のある圃場では、**畝立て栽培や周囲に溝切り**をするなどの排水対策を行う。

前者は、畝幅 120～170 cm、高さ 10 cm、畝間 30 cm 程度の平高畝をつくり、畝面上にムギを作付ける。後者は、作付け圃場の外周に深さ 10 cm 程度の排水溝を切り、水田の水尻(みなじり)に向けて水が抜けるようにする。

(3) 間　作

オオムギやコムギの立毛している条間に豆類や野菜類を作付ける。後作物の風害や霜害の回避、敷きワラ原料の生産といったメリットがある。また、前年秋から栽培されているムギ類の周囲にはさまざまな土壌動物が集まってくるので、これらを餌にするテントウムシやクモ、カエルなどの天敵類を圃場に呼び込む効果も期待できる。

ムギ類との間作期間は作物によって異なるが、**1 カ月を最長の目安**とする。それ以上になる場合は、距離を離すなどの工夫が必要になる。ムギ類の刈り取り時期から遡って、間作物を播種または植え付ける時期を決定する。作型例（関東地方標準）は以下のとおりである。

オオムギ 11 月上旬～5 月下旬、ラッカセイ 5 月上旬～10 月上旬。

オオムギ 11 月上旬～5 月下旬、サツマイモ 5 月上旬～10 月下旬。

オオムギ 11 月上旬～5 月下旬、スイカ 4 月下旬～7 月下旬。

コムギ 11 月下旬～6 月中旬、ダイズ 6 月下旬～11 月中旬。

コムギ 11 月下旬～6 月中旬、トマト 5 月中旬～10 月上旬。

畝幅は作物の種類に合わせるが、1 カ月以上の間作期間になる場合は、ムギ類との距離を離したり、何条かをまとめてブロック状に配置する。ムギ類との間で光や養水分をめぐる競合が生じないように、またムギ類の収穫時に後作物を傷つけないように、配慮する必要がある。オオムギはコムギよりも 2～3 週間早熟なので、間作に適している。

①オオムギ―ラッカセイ間作（図Ⅳ-2-②-1）

ラッカセイを主作物として、畝幅 120 cm の 2 条寄せ畝で栽培する。オオムギとの間作によって土壌孔隙が増え、圃場の水はけの改善や初期の風害回避が期待できる。

②コムギ―ダイズ―トマト交互作（図Ⅳ-2-②-2）

150～200 cm の畝でコムギ 2 条とトマト 1 条を交互に作付けし、コムギ刈り取り後はダイズ（1 条）とトマトが間作になる。トマト跡地はコムギを作付け、

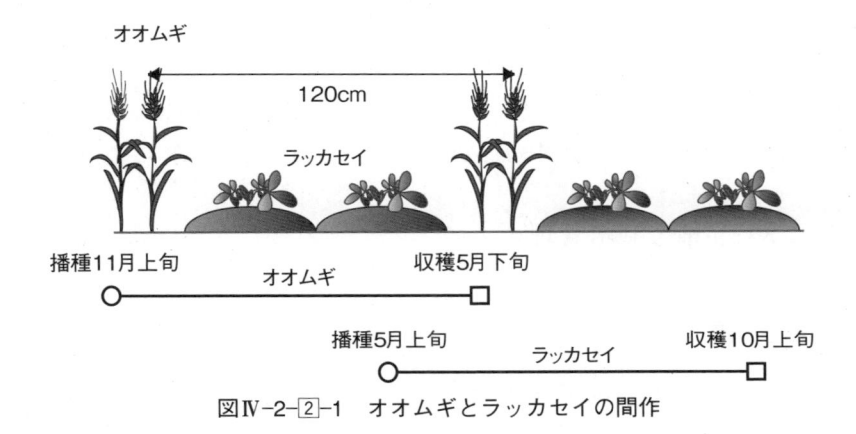

図Ⅳ-2-②-1　オオムギとラッカセイの間作

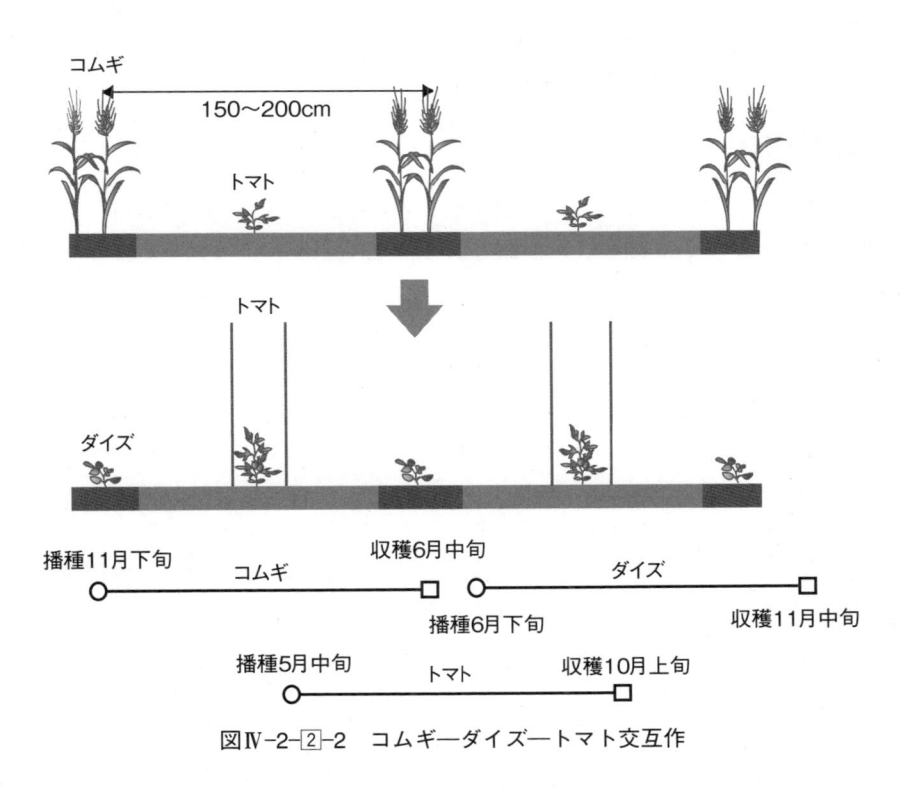

図Ⅳ-2-②-2　コムギ―ダイズ―トマト交互作

第Ⅳ部　有機農業の栽培技術　237

ダイズ跡地は翌年のトマトになる。**間作と輪作を組み合わせた方法である**。畝ごとに輪作となっており、トマトへの有機施肥の残効をコムギによって回収できる。また、トマトとコムギで害虫となるアブラムシの種類が異なるため、先にコムギを作付けると、**アブラムシの天敵密度を高める効果**が期待される。

3　品種と栽培管理

(1) 品　　種

品種は、各地の奨励品種(表Ⅳ-2-[2]-1)から、耐病虫性や耐寒性、早晩性、用途などを考慮して選ぶ。一般的に、耐病虫性に優れた品種は有用である。ただし、有機農業に適しているかどうかは耐病虫性のみで決まるわけではない。奨励品種に加えて周辺農家が利用している品種を調べ、いくつかの品種を試作したうえで、利用品種を決定する。

(2) 栽培管理

播種機を利用して条播きする。標準的な播種密度は、畝幅 60〜70 cm で、播種量は 5 kg/10 a が目安である。播種機に播き幅を調整できる機能がある場合は、なるべく広い幅(10 cm 程度)で播くほうが、ムギの周囲に生える雑草が少なくなり、ムギ自体の生育もよくなる。

播種適期より早播きすると、過繁茂となって倒伏する場合がある。逆に、播種が遅れると、生育が弱く、越冬性も弱まって、大幅な減収となる場合が多い。**適期播種**に努めよう。また、1 週間程度までの播種の遅れならば、播種量を 2 割増やして対応する。

豆類や雑穀との二毛作体系では、前作終了後に堆肥を 1〜2 t/10 a 施す。野菜後作の場合は不要である。自家採種種子を用いた場合など、なまぐさ黒穂病が問題になる場合には温湯消毒法(55℃・5 分間)が有効である。

適期に播けば、ムギ踏みや土寄せは不要である。前作物の影響で播種期が遅くなると、霜によって根が浮き上がって、凍霜害を受けやすくなる。このため、播種が遅くなった場合には、12 月または 3 月にムギ踏みを行う。ムギ踏みは分げつを増やし、草姿をガッチリさせる効果がある。したがって、早播き

表IV-2-②-1　道府県別のコムギおよびオオムギの奨励品種

地方		コムギ	オオムギ（六条オオムギ）	オオムギ（二条オオムギ、非ビール醸造用）	オオムギ（ハダカムギ）
北海道	春播き	ハルユタカ、春よ恋、北見春67号、		あおみのり	
	秋播き	ホロシリコムギ、ホクシン、タクネコムギ、きたもえ、キタノカオリ、きたほなみ			
東北	青森	キタカミコムギ、ネバリゴシ			
	岩手	ナンブコムギ、コユキコムギ、キタカミコムギ、ネバリゴシ、ゆきちから	ファイバースノウ		
	宮城	シラネコムギ、ナンブコムギ、ゆきちから	ミノリムギ、シュンライ		
	秋田	ナンブコムギ、ネバリゴシ、ハルイブキ	シュンライ		
	山形	ナンブコムギ、ネバリゴシ			
	福島	アブクマワセ、アオバコムギ、きぬあずま、ゆきちから	シュンライ、ファイバースノウ		
関東・甲信	茨城	農林61号、きぬの波	カシマムギ、マサカドムギ		
	栃木	農林61号、イワイノダイチ、タマイズミ	シュンライ、シルキースノウ		
	群馬	農林61号、つるぴかり、ダブル8号、きぬの波、シラネコムギ、春のかがやき	シュンライ、さやかぜ		
	埼玉	農林61号、あやひかり、春のかがやき、ハルイブキ、きぬの波、ハナマンテン	すずかぜ		イチバンボシ
	千葉	農林61号	カシマムギ		
	神奈川	農林61号、バンドウワセ	カシマムギ		
	山梨	農林26号	シュンライ、ファイバースノウ		
	長野	シラネコムギ、ハナマンテン、ユメセイキ、しゅんよう、フウセツ、ユメアサヒ	シュンライ、ファイバースノウ		
北陸	新潟	コユキコムギ	ミノリムギ、ファイバースノウ		
	富山	ナンブコムギ	ミノリムギ、ファイバースノウ		
	石川	ナンブコムギ	ミノリムギ、ファイバースノウ		
	福井	ナンブコムギ	ミノリムギ、ファイバースノウ		
東海	岐阜	農林61号、タマイズミ、イワイノダイチ	ミノリムギ		
	静岡	農林61号、イワイノダイチ			
	愛知	農林61号、イワイノダイチ			
	三重	農林61号、あやひかり、タマイズミ、ニシノカオリ			イチバンボシ
近畿	滋賀	農林61号、シロガネコムギ、ふくさやか	ミノリムギ		
	京都	農林61号、ニシノカオリ	シュンライ		
	兵庫	シロガネコムギ			
	奈良	きぬいろは、キヌヒメ			

地方		コムギ	オオムギ (六条オオムギ)	オオムギ (二条オオムギ、非ビール醸造用)	オオムギ (ハダカムギ)
中国	鳥取	農林61号	早生坊主 すずかぜ		イチバンボシ
	島根	農林61号、シロガネコムギ			イチバンボシ
	岡山	シラサギコムギ			イチバンボシ
	広島	キヌヒメ、ミナミノカオリ			イチバンボシ
	山口	農林61号、ニシノカオリ、ふくさやか			イチバンボシ
四国	徳島	チクゴイズミ		ニシノホシ	イチバンボシ
	香川	チクゴイズミ、さぬきの夢2000			イチバンボシ、キカイハダカ、マンネンボシ
	愛媛	チクゴイズミ		イシュクシラズ、ダイセンゴールド	イチバンボシ、ヒノデハダカ、マンネンボシ
	高知			ニシノチカラ	
九州	福岡	シロガネコムギ、チクゴイズミ、農林61号、ニシホナミ、ミナミノカオリ		ニシノチカラ、ニシノホシ、はるしずく	イチバンボシ
	佐賀	シロガネコムギ、チクゴイズミ、ニシノカオリ		ニシノチカラ、ニシノホシ	イチバンボシ
	長崎	シロガネコムギ、チクゴイズミ、ミナミノカオリ		ニシノチカラ、ニシノホシ	御島裸、イチバンボシ
	熊本	シロガネコムギ、チクゴイズミ、ニシホナミ、ミナミノカオリ		ニシノチカラ、ニシノホシ、ミサトゴールデン、はるしずく	イチバンボシ
	大分	農林61号、チクゴイズミ、ニシノカオリ、イワイノダイチ、ミナミノカオリ		ニシノホシ	イチバンボシ、トヨカゼ
	宮崎	ニシカゼコムギ		ニシノホシ	宮崎裸、ナンプウハダカ
	鹿児島	アイラコムギ		ニシノチカラ、ニシノホシ	

(注)2007年3月末現在。道府県によっては奨励品種という呼称以外を用いている場合もある。

で過繁茂になりそうな場合や野菜跡地で多肥栽培となっている場合にも、有効だ。

4 収　穫

　穂が黄金色になり、麦粒が十分に堅くなったら、収穫する。出穂後コムギ40～45日、オオムギ35～40日が目安(品種と地域によって異なる)である。地際からバインダーや鎌で刈り取り、稲架(はさ)けして乾燥させる。穂の黄金色が茶色に退色している場合は、稲架けせず、すぐに脱穀してもよい。
　1週間ほど稲架けしたら、脱穀機にかけ、唐箕や篩(ふるい)でごみを飛ばし、乾燥状態を維持できる冷暗所に保存する。稲架で長く放置すると、コクゾウムシなど

が付着して、保存中に食害を受ける。乾燥、脱穀、調整は、迅速に行おう。

〈参考文献〉
農文協編『農業技術大系 作物編4 畑作基本編・ムギ』農山漁村文化協会、2000年。
農文協編『転作全書1 ムギ』農山漁村文化協会、2001年。

▶西村和雄の辛口直言コラム◀

落花生を多収するコツ

　落花生を掘りあげて泥を落とし、塩ゆでにして食べました。塩味が効いて、いくらでも食べられます。

　ところで、できた落花生をちぎった後の本体をよく見ると、地面に突き立ったばかりの、莢ができていないものがたくさん付いていました。「もったいないなあ」と思いながら、もっと莢をつけるにはどうすればいいのかと考えて、思い至ったことがあります。

　落花生をはじめとするマメ科植物は、根粒菌がたくさん根について窒素固定をするのだから、肥料を与えなくてもいいと思いがちです。ところが、実は初期生育に、わずかですが窒素を必要とします。初期生育がさかんになると根粒菌もたくさん付着するので、さかんに窒素固定ができるのです。

　そう考えて落花生の生育状況を振り返ってみると、初期生育が思わしくなかったことに気がつきました。そのせいで、収穫時期になって、たくさんの花が地中へ潜ろうとしていたのです。初期生育をしっかりさせておけば、もっと収穫が望めたにちがいありません。

　また、落花生を植えるときは、一番大きいものと小さいものとの中間の粒を選んで植えるのがコツです。大きいマメは地上部だけが大きくなって収穫に結びつかないし、小さいマメは全体が小ぶりになって、やはり収穫量が落ちる原因になります。

3 ダイズ

石綿　薫

1 栽培する意義

　ダイズは日本の気候風土に適したマメ科作物である。直根が地中深くに伸び、分岐した根系が広く発達するため、栽培終了後に無数の大小さまざまな根のつくった孔隙が残る。また、茎葉は地表を被覆し、夏の雑草を抑制する。このため、ダイズを作付け体系に組み込むと、圃場の**透排水性を高める土壌改良効果や雑草種子を減らす効果**が期待できる。耕耘できない下層土の改良や雑草の抑制は、有機栽培に適した圃場環境づくりという観点から重要である。

　日本人にとっては基本的な食べ物で、タンパク質源、味噌や醤油の原料としても大切であり、おおいに栽培したい。

2 作付け体系

(1) 畑地二毛作・輪作

　ムギ類やナタネ、春キャベツと二毛作できる。ダイズ―ムギ類―雑穀(アワ、キビ、ヒエ、ソバ)または野菜類(キャベツ、ニンジンなど)といった輪作体系も可能である。

　むずかしい栽培技術はない。地域に適した品種(奨励品種や周辺農家が使っている品種)の選択、播種時期の見極め、発芽時と初期生育期の管理が重要である(後述)。作型例(関東地方標準)を以下に示す。

　ダイズ6月下旬～11月中旬、コムギ12月上旬～6月中旬。
　ダイズ6月上旬～10月下旬、オオムギ11月中旬～5月下旬。
　ダイズ6月上旬～10月下旬、ナタネ11月上旬～6月中旬。
　ダイズ6月上旬～10月下旬、キャベツ11月下旬～5月上旬。
　ダイズ6月下旬～11月中旬、コムギ12月上旬～6月中旬、キャベツ7月中旬～11月中旬。

(2) 水田輪作

　開花期以降はイネよりも多くの水分を必要とする。したがって、土壌の排水性・通気性がよく、冠水しない作土が確保できれば、水田栽培に適している。水田は畑地雑草が少ないので、雑草対策上も有利である。

　ただし、水田土壌は有効態のリン酸、石灰、および苦土が極端に不足している場合がある。畑地化して初めて問題が表面化するので、作付け前年の秋にpH、有効態リン酸、塩基バランス（土壌の陽イオン交換容量に占める石灰および苦土が適正割合で存在しているか）の診断と必要な改良を行っておくとよい。pHや塩基補給は、土壌の緩衝作用を考慮して一度しっかり行えば、以降数年間は大きく変化しない。土壌診断および土壌改良の処方は、農業改良普及センターや各都道府県の農業試験場に相談する。

(3) ムギ類との間作

　ムギ類の立毛中の条間にダイズを播く（図Ⅳ-2-3-1）。刈り取り後の播種に比べて早播きとなるため、ダイズ品種の選択幅が広がるメリットがある。ただし、長期間にわたって間作すると、ダイズが徒長したり、生長しすぎて、ムギ類の刈り取り作業時に接触してダメージを受ける可能性がある。そこで、間作期間は20日までを目安にする。

図Ⅳ-2-3-1　ダイズとコムギの間作

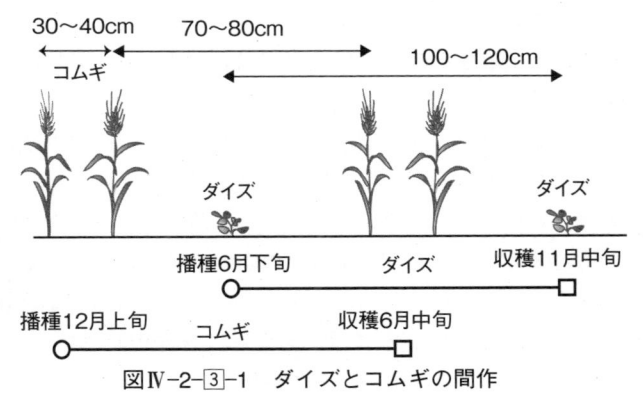

(4) 野菜との輪作・野菜の裏作

　野菜畑に導入する場合は、堆肥や有機施肥の残効によって過繁茂になりやすい。したがって、花芽の着きやすい早生品種の利用、粗植（通常より30％程度株間を広げる）、遅播き（標準播種期の下限より2〜5日後）、本葉5〜6枚期の摘

心、ペーパーポット育苗による移植栽培などによって**生育制御**を図る。

3　品種と栽培管理

(1)品　　種

　地域によって、作りやすく収量が上がる作期があり、それに合わせた品種が存在する。他地域の品種は合わない場合も多いので、各道府県の奨励品種(**表Ⅳ-2-3-1**)を作期に合わせて選ぶ。品種は個性に富む。たとえば、種皮の黒い品種「丹波黒」は正月の煮豆用の需要が多く、種子の小さな品種「納豆小粒」は納豆用に適している。

　センチュウ害や地上部の病害が問題になる場合には、抵抗性品種(ダイズシストセンチュウ抵抗性、ウイルス病抵抗性など)の利用を検討する。また、粒の大きさや色、用途に合わせて選択する。

(2)栽培管理

　①圃場の準備

　発芽時に過湿を嫌い、登熟時には乾燥を嫌う性質がある。水はけや水もち、通気性を適正にする圃場づくりが重要だ。干ばつを受けやすい畑地では畝立てをせず、溝底播種にする。水田輪作や粘土質の水はけの悪い圃場では、高畝栽培や周囲に溝を切るなどして排水性を確保する。

　ダイズは当年の施肥に対する反応は鈍く、土壌の物理性や地力窒素に応じた生育をする。たとえば地下水位の高い圃場では、畝立ての有無によって生育量が大きく異なる場合がある。また、前作物に施した堆肥や施肥が多いと著しく繁茂するが、そのダイズ作にあたって有機肥料を施しても、肥効が現れにくい。したがって、堆肥や元肥の施用はいらない。前作物の残渣や堆肥、有機肥料の地力化に対して反応するので、**前作物の生育を良好**にしておくことが有効である。

　畝の形状や畝幅は栽培環境によって異なるが、通常の水はけのよい畑栽培では畝間60～90 cm、株間30 cmの2本立てが目安となる。

表Ⅳ-2-③-1　道府県別のダイズの奨励品種

地方		品種
北海道		大袖の舞、キタムスメ、スズマル、ツルムスメ、トカチクロ、トヨコマチ、トヨホマレ、トヨムスメ、中生光黒、ユウヅル、いわいくろ、ハヤヒカリ、ユキホマレ、ユキシズカ、トヨハルカ、ゆきぴりか、中育52号、音更大袖振
東北	青森	オクシロメ、スズカリ、ワセスズカリ、おおすず
	岩手	スズカリ、鈴の音、ナンブシロメ、ユキホマレ、青丸くん、南部黒平、コスズ
	宮城	タンレイ、ミヤギシロメ、あやこがね、コスズ、タチナガハ、スズユタカ、キヌサヤカ
	秋田	コスズ、スズユタカ、リュウホウ、おおすず、秋試緑1号、あきたみどり、すずさやか
	山形	タチユタカ、リュウホウ、エンレイ、スズユタカ、すずかおり
	福島	コスズ、スズユタカ、タチナガハ、ふくいぶき、おおすず
関東・甲信	茨城	タチナガハ、納豆小粒、ハタユタカ
	栃木	タチナガハ
	群馬	オオツル、タチナガハ、ハタユタカ
	埼玉	エンレイ、タチナガハ
	千葉	タチナガハ、フクユタカ、サチユタカ
	山梨	エンレイ、タマホマレ、ナカセンナリ、あやこがね
	長野	ギンレイ、タチナガハ、ナカセンナリ、すずこまち、つぶほまれ、あやこがね、タチホマレ、東山204号
北陸	新潟	エンレイ、あやこがね、コスズ、たまうらら、タチナガハ、東山204号
	富山	エンレイ、オオツル
	石川	エンレイ
	福井	エンレイ、フクシロメ、あやこがね
東海	岐阜	フクユタカ、つやほまれ、アキシロメ、エンレイ
	静岡	フクユタカ
	愛知	タマホマレ、フクユタカ
	三重	タマホマレ、フクユタカ、オオツル
近畿	滋賀	エンレイ、オオツル、タマホマレ、フクユタカ、ことゆたか
	京都	エンレイ、オオツル、タマホマレ、新丹波黒
	大阪	タマホマレ
	兵庫	サチユタカ、夢さよう
	奈良	サチユタカ
	和歌山	タマホマレ
中国	鳥取	エンレイ、タマホマレ、サチユタカ、すずこがね
	島根	タマホマレ、サチユタカ
	岡山	タマホマレ、トヨシロメ、サチユタカ
	広島	タチナガハ、アキシロメ、サチユタカ
	山口	サチユタカ
四国	徳島	フクユタカ
	香川	アキシロメ、フクユタカ
	愛媛	タマホマレ、フクユタカ、丹波黒
	高知	フクユタカ、サチユタカ
九州	福岡	フクユタカ
	佐賀	フクユタカ、むらゆたか
	長崎	フクユタカ、コガネダイズ
	熊本	フクユタカ、すずおとめ
	大分	むらゆたか、トヨシロメ、フクユタカ、エルスター
	宮崎	フクユタカ、キヨミドリ
	鹿児島	フクユタカ、コガネダイズ

(注) 2007年3月末現在。道府県によっては奨励品種という呼称以外を用いている場合もある。

②播種

遅霜がなくなってから播種するのが基本である。マメ類においてはしばしば早播きより適期播きのほうが生育・収量ともに上回る。地域と品種に合わせた播種適期を見極めるには、**生物季節**(カッコウの初鳴きやホタルの初見など)と関連させた観察を行うとよいだろう。

ダイズは過湿や酸素欠乏状態で発芽すると、発芽不良を起こすだけでなく、その後の生育も著しく抑制される。したがって、播種期間中の天候に注意し、播種直後に大雨が予想される場合は、播種日を降雨後にずらす。

鳥害(キジバト、ドバト、キジなど)に対しては、防鳥網を利用する。被害がはなはだしい場合は、ペーパーポット育苗などによる移植栽培を検討する。

③除草・中耕

株元付近のイネ科雑草の除去を初期に必ず行う。播種から10日後、20日後の2回を目安にする。畝間は管理機で、除草を兼ねて中耕・土寄せを行う。播種から1カ月後までに2～3回の除草・中耕を行い、ダイズを雑草に対して優先させる。開花期以降は中耕しない。

④水分管理

露地栽培は基本的に天水頼みだ。開花期以降はとくに乾燥に注意し、干ばつの年には適宜灌水し、降雨があるまで土の湿り気を維持する。水田輪作の場合は、畝間に水を流す畝間灌漑を行うとよい。

⑤収穫期

ほとんどの葉が自然に落葉し、莢を振るとカラカラと音がするようになったら、収穫適期である。畑で完全に枯れ上がるまで待たなくても、葉が黄化すれば、刈り取って、他所で乾燥させてもよい。収穫後は脱穀機で脱穀し、唐箕がけする。

＊なお、エダマメは野菜として扱われており、品種や栽培方法などすべてが異なるので、ここでは触れない。

〈参考文献〉

古沢典夫『雑穀取り入れ方とつくり方』農山漁村文化協会、1976年。

▶西村和雄の辛口直言コラム◀

南北畝と東西畝

　畝を立てる方向は南北というのが常識です。その理由を考えたことがありますか？

　作物が大きく伸びたとき、畝の方向が東西だと、作物どうしが互いに影をつくるので、生育に影響が出てしまいます。南北方向の畝ならば、朝日から夕日が沈むまで作物全体にまんべんなく日が当たるので、生育が均一に進むのです。

　でも、冬は別です。東西方向に畝を立てたほうが土が温まるので、作物の伸びがかなり違います。なぜなら、冬は太陽の高度が低いし、朝日の出る位置が北に寄り、高度が低いまま南に偏って、ふたたび北に寄って沈むから。つまり、どこからでも太陽の光が届くと考えていいので、東西方向に畝を立てるほうが得策なのです。

　北側の斜面を急に、南側の斜面を緩く、畝を立てます。こうすると土が温まりやすくなり、南斜面の途中に作物を植えるので、北風を避けられるわけです。

　東西畝の有利性は、大雪のときにも実証されました。南北に立てた畝では雪がいつまでも消えなかったのに、東西畝はあっさりと雪が溶けたのです。それだけ土が温かかったのでしょう。どうしても冬に作りたい作物は、東西方向に植えるのが得策と思ってください。

発酵は匂いでわかる

　私が散見した堆肥場の印象を述べておきます。決して悪口ではなく、よくなってほしいがための諫言と思って、聞いてください。

　率直に申し上げて、ほとんどの堆肥場で、まともな発酵にお目にかかったことがないのです。私が住んでいる京都府南丹市日吉町にも堆肥場がありますが、まともに発酵しているとは、お世辞にもいえません。ただクサイだけ。ごめんなさいね。

　多くの堆肥場は雨をよけるための屋根がつき、床や壁はコンクリートで固められ、外見は立派ですが、ダメです。施設によっては仕切りをつけて順に入れ替え、床から空気を堆肥へ送り込む装置まで完備していますが、それでもダメです。なぜダメなのか？

　それは、「積んでおけば発酵する」とか、「種菌を入れたから発酵する」というように、単純に思い込んでいるか、何も考えていないからです。施設を造ることが科学的で、それで堆肥ができると思っているだけだからです。

　どうすればいいのか聞く耳を持ってくれるなら、お教えするのですけどねえ。

第3章 野　菜

1 有機農業と野菜栽培　　　　　　　　　　　明峯　哲夫

1　人のつごう

　いまから何百万年も前のアフリカ。それまで熱帯雨林で暮らしていた一群のサルが、周辺のサバンナ(熱帯草原)に脱出した。ヒトの祖先である。彼らは草原で逍遙する動物を捕まえ、食べようとした。一方で、そこに拡がるイネ科やマメ科の植物に注目する。これらの植物は硬い実を着けている。祖先たちはこれらを食べ始めることで、歯や顎を発達させた。森の中でサルとして生きていた時代、彼らが食べていたのは、樹の芽、葉、果肉の発達した実などもっぱら柔らかなものばかりだった。サバンナには地下茎が肥大する植物も多く自生している。彼らはそれらを堀り当て、食料とした。

　こうしてサバンナの生活で獲得された**肉食**、**穀物食**、**豆食**、**芋食**、そしてすでに森の中で身につけていた**葉食**、**果実食**という彼らの多様な食性は、現代の私たちにそのまま引き継がれている。人間独自の食のスタイルは、森からサバンナに出てきた勇気あるサルたちが目にした原風景によって育まれたのである。

　はるか年月が経ち、約1万年前。各地に移り住んだ人類は農業を発見した。彼らは熱帯雨林やサバンナで獲得した自らの食性を満たすべく、各地に生息する動植物を素材に多様な家畜・作物を育て始める。そのなかに野菜類もあった。人の食性を満たす野菜類の役割は小さくない。

　ホウレンソウやキャベツのような葉菜類は葉食を、トマトやスイカなどの果菜類は果樹類(リンゴやミカンなど)とともに果実食を、それぞれ満たしている。また、ジャガイモやサツマイモのようなイモ類を野菜類(根菜類)と考えればそれらは芋食、さらに未熟な莢豆を食べるキヌサヤエンドウやサヤインゲンなどは豆食の一部といえる。つまり、野菜類は人がまだサルだった時代の食性をお

もに支えていることになる。

　だが、ジャガイモやサツマイモなどのイモ類を除き、野菜類は炭水化物、タンパク質、脂肪などの基本的な栄養素をわずかしか含んでいない。植物の体では、これらの栄養素はおもに種実（イモ類の場合は芋）に集積している。だから、人間にとって穀物食や豆食が何よりも大切なのだ。人は野菜だけでは生きていけない。何でもまんべんなく食べて体を維持する"人のつごう"を省みるなら、私たちは野菜類と同時に多様な作物、家畜を育てなければならないのである。

2　土のつごう

　イネやムギなどの穀物を栽培する場合、人間が食べるために農地から持ち出すのは種実である。植物体のその他の部分、つまり根、茎葉（ワラ）、モミ殻などは農地に残される。これらを作物残渣という。マメ類の場合も同様で、種実以外の根、茎葉、莢が残渣となる。全植物体の重さに対する残渣の重さ（いずれも水分を除いた乾重）の割合は、穀物で50〜70%、マメ類で70〜80%ときわめて高い。しかし、作物残渣は"ムダ"になっているわけではない。これらは栽培を持続させるうえで重要な働きをする。残渣は土に還元されて蓄積し、土壌有機物として地力維持に一役買う。これらの作物は、次世代を育むために、**自分の体の相当量を土に戻しているのだ**。

　野菜の場合はどうか。ホウレンソウやコマツナなどの葉菜類は、植物体全体が抜き去られる。キャベツやレタスなどは外葉や根、ダイコンやニンジンなどの根菜類は葉、トマトやナスなどの果菜類は根や茎葉が残渣となる。ただし、植物体全体に占めるこうした残渣の割合は小さい。そもそも野菜類の体はその多くが水分であり、彼らが有機物を合成・蓄積する力は穀物やマメ類に比べ極端に低い。したがって、野菜類を栽培した跡に残される有機物量は少ない。野菜類の次世代を育む力は脆弱なのである。

　そんな野菜類を連作すると、土壌中の有機物は減少し、地力は低下していく。人が野菜だけで生きていけないように、土もまた野菜だけでは生きていけない。土は穀物も豆も求めている。土も人間並みの"超雑食性"なのだ。地力は維持されなければならない。この"土のつごう"からいっても、一枚の農地に野菜類だけを作り続けることは望ましくない。**野菜類は、穀物やマメ類**など

を含めた多様な作付体系の一環として栽培されなければならない。

3　野菜のつごう

　野菜を栽培する場合、それがそもそもどのような性質をもつ植物なのかを知ることが大切である。そのとき、その野菜が何の「科」に属しているかを考えることが一つのヒントになる。現在一般に栽培されている野菜類のほとんどは、以下の6つの「科」に集中している。

　　アブラナ科(コマツナ、カブ、ハクサイ、キャベツ、ナタネ、カラシナなど)
　　ナス科(ナス、トマト、ピーマン、トウガラシなど)
　　ウリ科(キュウリ、カボチャ、ニガウリ、スイカなど)
　　マメ科(インゲン、エンドウ、ソラマメ、エダマメなど)
　　ネギ科(ネギ、タマネギ、ラッキョウ、ニンニク、ニラなど)
　　セリ科(ニンジン、セルリー、パセリ、コリアンダーなど)

　「科」には特有の**生活史**がある。生活史とは、いつどのように発芽・成長し、いつどのように開花・結実するかである。野菜類は春発芽する一年生(ナス科、ウリ科など)が多いが、越冬一年生(アブラナ科、セリ科など)、さらに二年生・多年生(ネギ科など)のものもある。実際にはそれぞれの野菜には多様な品種が分化し、多くの作型が存在する。有機農業での野菜栽培は、何よりも「旬」を尊重しなければならない。そのためには、その野菜本来の生活史と各品種の特性を併せて理解し、無理のない作型を選択する必要がある。

　「科」には概ね共通の性質がある。ウリ科、マメ科の野菜のほとんどはつる性だ。彼らは背の高い作物の下を這ったり、背の低い作物を下に支柱をよじ登ったりと、農地を立体的に活用する場合に重要な役割を演じる。**ナス科の野菜は連作障害を起こしやすい**。種類は別でも、ナス科同士は悪影響を及ぼし合う。逆に、**マメ科の野菜は根に共生する根粒菌の働きで空中の窒素を固定し、地力を維持する**。繁殖の仕方も「科」により特色がある。ナス科、マメ科の多くは**自家受精**で種子を作る。一方ウリ科(雌雄異花)、ネギ科、セリ科、アブラナ科の多くは、おもに**他家受精**を行う。他家受精は雑種を生みやすく、これらの野菜から採種する場合にはその植物を隔離するなどの工夫が求められる。

　野菜の性質を知るうえで、もう一つヒントになるのが「原産地」である。野

菜類は元々それぞれの原産地で自生する植物だった。だから、いまもなお野生が色濃く残っている。いくつかの例を述べよう。

　キャベツの原種は地中海沿岸に自生する植物。結球はせず、姿はキャベツの仲間ケールによく似る。この植物は温暖で雨が多い冬に成長し、高温で乾燥した夏を避けるように、翌春に開花・結実する。キャベツの栽培は秋に播種し、翌年の春に収穫するのがもっとも無理がない。原種の生活史と同じだからだ。

　トマトの原種は南米・アンデス山地に自生している。熱帯とはいえ標高2000〜3000mの高地で冷涼。雨は少なく乾燥しているので、根は深く伸びる。高地のため太陽光線は強く、それを光合成に利用する能力が高い。そんな素質をもつトマトが日本列島で栽培されると、成長期が梅雨期に重なる。過湿、高温、日照不足。これら梅雨期に特有の天候は原種植物が育つ環境とは正反対で、トマトには過酷である。この雨季をどのように無事に乗り越えるかが、トマト栽培の最大のポイントとなる。

　同じ高地でも、キュウリのふるさとはインド・ヒマラヤ山中。ここは季節風の影響で湿潤、絶えず霧が発生する。そんな出身地の影響でキュウリは水を好む。ただし、土の排水が悪いのは好まない。

　キュウリと同じウリ科でも、スイカはアフリカの乾燥したサバンナが原産地。熱帯草原に生きる野性のスイカの実は小さく、苦味が強い。根を土に深く伸ばして吸い上げた水を、実に大量に貯めこむ。実の中に育つ無数の種子を乾燥から守るためである。野菜としてのスイカは、砂質の柔らかな土壌を好む。根を深く伸ばすことで生き延びようとする祖先の知恵が、そうさせているのだ。

　野菜は「野菜のつごう」で生きている。「野菜のつごう」がどのようなものかの理解と、その尊重が、野菜を健康に育てるもっとも大切な秘訣である。

　"人のつごう＝超雑食性"を叶えるには、さまざまな動植物を飼育・栽培し、他種多様な食べ物を作り出さなければならない。"土のつごう＝地力維持"を叶えるには、時間的・空間的に多様な作物を組み合わせた栽培法が必要になる。そして、**野菜を健康に育てるためには**、何よりも**"野菜のつごう＝植物としての本性"を尊重した農法が不可欠**だ。土を活かし、多様な作物・家畜を活かすノウハウ。それが有機農業である。豊かな野菜の恵みを得るのも、有機農業という実践のなかで初めて可能になる。

2 果菜類　　　　　　　　　　　　　　　金子　美登

▷トマト（ナス科）◁

■おすすめ品種■

　無農薬栽培がもっともむずかしく、品種選びが成功のポイントである。小玉はサンチェリー250(トキタ種苗)、ミニキャロル(サカタのタネ)など、中玉はレッドオーレ(カネコ種苗)、大玉は病気に強いマスター2号(タキイ種苗)、F1ろじゆたか(浜名農園)、妙紅(みょうこう)(自然農法国際研究開発センター)などがおすすめだ。

■種播き■

　3月中旬が適期*。発芽がそろいにくいため、布に種を包んで一晩水につけ、翌朝、そのままザルなどにあげておく。育苗箱に入れる土は、前年か前々年の温床の土か腐葉土(落ち葉を積んで完熟した土)にモミ殻燻炭を薄く混ぜて使用する。

　まず、砕いた炭を育苗箱全体をまばらに覆うように入れる。炭は水はけをよくするばかりでなく、菌根菌の棲みかとなり、土壌中からリンやミネラル類を吸収して植物に与える効果がある。次に、育苗箱の底の部分に、水はけをよくするために3分の2程度の高さまで粗い土を入れる。残りの3分の1は細かくふるった土を入れ、表面を平らにならす。細かい土を入れると、芽が出やすく、根の伸びがよくなる。

　続いて、板などで幅3cm、深さ5mmの播き溝をつける。そこに1cm間隔で1粒ずつ種を播き(筋播き)、草木灰(そうもくばい)(草や木を燃した後の灰)を表面に薄くふるう。草木灰にはカリウムやミネラルが豊富である。その上から土をふるい、厚い板やコテで鎮圧する。鎮圧することで土と種が密着し、発芽率が上がる。鎮圧したら、水をたっぷりかける。1回目の水が下から染みたら、再び染みるくらいかけ、4回繰り返す。

　芽が出るまでの間は、土の乾燥を防ぐために、保湿効果のある新聞紙をかぶせる。新聞紙をかぶせた育苗箱は温床の上に乗せ、夕方には温床全体に透明なビニールをかけて保温する。夜間冷えるときは、厚めのビニールをかけて二重にする。発芽までは、水やりの必要はない。発芽後は、直射日光が当たらない

＊種播きや植え付けの時期は関東地方を目安としている。

夕方に新聞紙を取りはずし、土壌表面が乾いたら（白くなったら）灌水する。

温床がない場合は、育苗箱やポットを**衣装ケース**に入れて育てる。日中は日当たりのよい場所に置き、夜間はビニールをかけて保温し、室内に移す。

■移植■

本葉が出始めたころに、葉の形がよい双葉を選んで、1本ずつポットに移植する。ポットは温床からハウス内の地面に下ろし、寒い時期なのでトンネルをかけて防寒する。夜間はさらにビニールシートをかけ、朝にはずして温度調節する。ポットに移植した苗は、ひと花咲くころ（草丈約30 cm、茎の太さは鉛筆大）までポットのまま大きく育てる。このように、吸肥力の強いトマトはポットで少しいじめて**栄養生長から生殖生長への転換**を促すことによって、病気に強い丈夫な苗になる。

■植え付け■

肥料は控えめにする。よほど痩せている畑でないかぎり、元肥は必要ない。

アンデスの高温乾燥気候が原産のため、湿度が苦手である。そこで、畝は水はけのよい**かまぼこ型**にし、梅雨の冷たい雨がすぐ流れるように、高さ約30 cmの高畝にする。また、1日中日光が当たるように南北に畝をつくるとよい。

植え付け適期は、霜が降りる心配がなくなる5月上旬ごろ。苗はポットごと水に浸しておき、たっぷり水を吸わせてから定植する。その際、風に逆らわないように、畝に沿って斜めに植える。一番下の本葉が土につくくらい、斜めに倒して定植すると、土に接した茎からも根が出て、養分を吸収しやすくなり、活力が生まれる。畝幅は120 cm、株間は50 cmで、2列に植えていく。

たっぷり水を吸わせて苗を定植すれば、以後は水やりの必要はない。追肥も実がつくまでは不要である。

斜めに植える
50cm
30cm
120cm

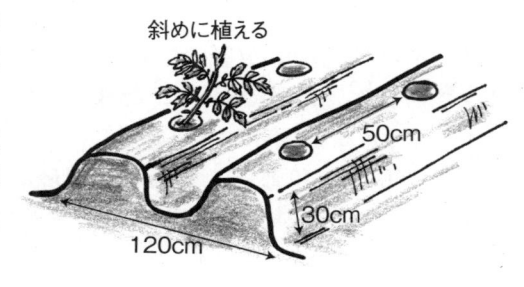

■支柱立てと誘引■

定植後、なるべく早めに支柱を立て、風にあおられないようにする。支柱は篠竹や市販のポールを使い（以下の野菜も同じ）、**合掌型**に立てる。直径10〜12 mm、長さ1.8 mくらいの支柱を左右の畝、それぞれの株元へ斜めに差し、畝

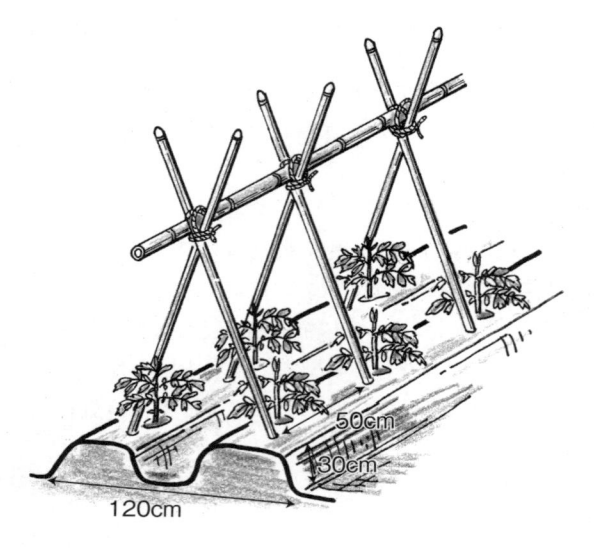

間で交差させる。2本の支柱が交差した部分にポールを横に渡し、交差部分をヒモでしっかり結んで支柱を固定する。まっすぐに支柱を立てる垂直仕立てもあるが、強風のときに倒れやすい。合掌型のほうが安定性がある。

支柱を立てたら、茎と支柱をヒモでゆとりをもたせて8の字に結び、茎を傷めないように支柱に誘引する。その後に伸びた茎もヒモで支柱に誘引していく。

■仕立て方■

株を充実させ、実を大きくするために、**わき芽をすべてかき**（摘み取り）、主枝だけを残す1本仕立てにする。

主枝と葉の付け根から出るわき芽は、葉が2枚くらいのころなら指で簡単にかくことができる。晴れた日に行うと、切り口が乾き、傷が早く回復する。かいたわき芽は、丈夫そうなものを空いた場所に仮植しておくと、すぐに根がつく。トマトは病気が発生しやすいので、病気がひどいときは株を根こそぎ抜き、代わりに仮植しておいたわき芽を苗として利用するとよい。

最初の花が8～10節目につき、それ以降は3節ごとに花がつく。花が5～6段ついたら、そこから上の2葉を残して先端を摘む（摘心する）。株自体の成長をとめ、実に養分をいきやすくするためである。

■追肥■

最初の肥料を少なめにし、実がピンポン玉くらいになったら追肥する。ボカシ肥か鶏糞を株間に軽くひとつかみずつ置き、その後も2週間に1度のペースで行う。肥料過多になると、茎ばかりが太く生長し、実が大きくならない。追

肥のやり方が大切だ。茎は鉛筆大の太さを目安として、実を大きく太らせる。

■中耕とマルチ■

株が大きく育つ6～7月にかけて、畝の外側から雑草を削るように中耕する。同時に、削った土を畝にかけて土寄せする。中耕は、高畝にする意識で、かき上げるように行う。7月上旬からは、刈り取った雑草で株元を覆う（マルチする）。稲ワラや麦ワラでもよいが、雑草のほうが分解が早い。マルチをすると、雑草対策に加えて、土の乾燥を防ぎ、水分を安定して保持できる。

■収穫■

実がつき始めたら鳥の被害に注意する。畝の外側に杭を立て、釣り糸を張って防ぐとよい。

6月下旬から10月中旬まで収穫できる。実が赤く熟してきたら、色づいたものから順にハサミで収穫する。収穫したら、実同士を傷つけないように、ヘタギリギリのところで茎を短く切る。収穫後は茎を支柱からはずし、地面から抜き取る。茎は細かく砕いて堆肥の材料にするとよい。

■病害虫対策■

日本のように高温多湿の気候では病気が発生しやすく、有機栽培はむずかしいとされている。病害虫を防ぐには、日当たり、水はけ、風通しをよくし、追肥のやり方のコツを守る。

梅雨時には疫病の発生が多くなる。葉、葉柄、茎の暗緑色の病斑から始まり、多湿が続くと黒褐色となる疫病は、おもに幼果～未熟果が侵されて腐敗する。立枯病状を呈してきたら早目に抜き取り、植えておいた苗と交換するとよい。

ナス科の野菜なので、トマトはもちろん、ナスやジャガイモなど他のナス科の作物との連作を避け、4～5年は間隔をあけて植える。

また、ジャガイモの近くには植えないようにする。ジャガイモとトマトの共通の害虫であるニジュウヤホシテントウムシ（テントウムシダマシ）が大移動してくるからだ。テントウムシダマシを見つけたら、早朝の動きが鈍いときにつぶすか、石油を少し入れた箱を用意し、はたいて落とす。

ナ　ス（ナス科）

■おすすめ品種■

長卵形の**千両二号**（タキイ種苗）や**早生真黒ナス**（野口のタネ、固定種）、**淡緑丸ナス**（秀明自然農法ネットワーク）など。ただし、高温多湿な日本の風土に合ったナスは各地に多様な品種がある。地域に適合して栽培されている品種を見つけて、試してみよう。

■種播き■

2月中旬が適期。準備、播き方、鎮圧、水やり、保温はトマトと同じである。

■移植■

本葉2枚が出たころに、1本ずつポットに移植する。ポットは温床からハウス内の地面に下ろし、トンネルがけする。夜間は寒くなるのでビニールシートをかけ、朝にははずして温度調節する。2月いっぱいはシートを二重にする。3〜4月は一重でよい。

■植え付け■

昔から「ケチはつくるな」と言われているほど、肥料好きである。植え付け20日ほど前に1坪（3.3㎡）あたり約10kgの堆肥を施し、約20cmの深さまで耕す。ボカシ肥を使う場合は、植え付ける部分にふた握りずつ集中して施す。

5月上旬、本葉が8〜9枚になったら定植の適期。20〜30cmの高畝にし、トマトと同様に南北に畝をつくり、水はけをよくする。苗はポットのままバケツの水に浸しておき、たっぷり水を吸わせてから、畝幅2m、株間60cm間隔で定植する。定植後は、株の周囲に土が見えないくらいたっぷりと堆肥をマルチする。また、地温が低いと生育が悪くなるので、遅霜がある5月中旬まで、**穴あきポリフィルム**の小トンネルか**寒冷紗**（目が細かいネット状の布）をかけておくとよい。

■支柱立てと誘引■

苗が成長してきたら、支柱を立てて整枝する。枝を傷つけないよう支柱に誘引し、実がなってからも枝を支えられるようにするのがポイント。株横に立てた支柱はヒモで8の字に結んで主枝を誘引する。8の字結びは、枝と支柱の間にクッションをつくり、枝を傷つけないためである。主枝と一番花の下の元気のよい側枝を2本選んで伸ばし、それ以外のわき芽はすべてかいて3本仕立て

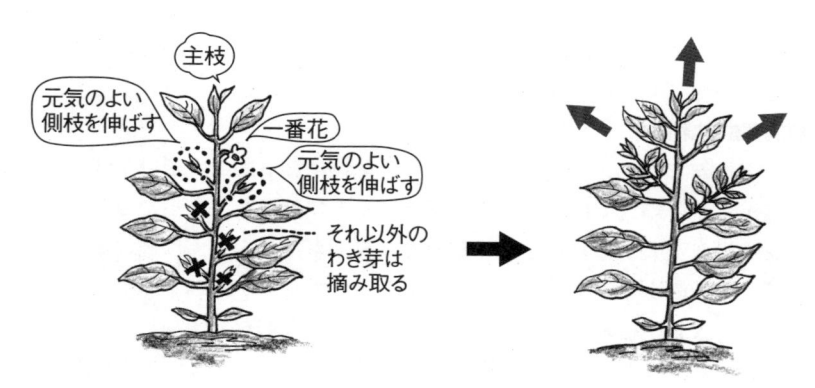

にする。支柱は側枝に合わせるように2本斜めに差して主枝の位置に交差させ、側枝を支柱に誘引し、同じくヒモで8の字に結ぶ。

パイプ支柱を立てる方法もある。冬に使う小トンネル用のパイプを主枝のわきに半円形に連ねて差し、4段ヒモを渡して固定する。実が重くなり、枝が垂れ下がっても、パイプ支柱が枝を支えてくれる。

■追肥■

肥料切れしないように育てることが重要だ。定植の20～25日後に1回目の追肥をする。株間にボカシ肥か鶏糞をひとつかみずつ施す。その後も2週間に1度のペースで追肥する。花が咲き、実がついてからも続ける。

花の中央にある雌しべが周囲の黄色い花粉をつけた雄しべよりも長く出ていれば、肥料が足りている。逆に雌しべが短くて見えなければ、肥料不足のサインなので、その株の近くは多めに追肥する。

■収穫■

開花して15～25日で収穫できる。重さ約50gが目安。主枝と側枝から出たわき芽を数節伸ばし、1～2果つけた後、1葉を残して摘心する。夏から秋にかけて木をいたわりながら長い期間収穫するためには、実をあまり大きくしすぎず、摘心しながら収穫していくのがコツである。

とはいえ、真夏は実がすぐに大きくなり、収穫が間に合わないときもある。その場合は一部を「**更新剪定**」する。7月下旬～8月上旬、葉を2～3枚残して小枝のすべてをハサミで切除する。同時に、地下部も若返らせるために、株のまわりにスコップを差し込んで根を切断する。この方法は、収量が上がらなくなったときも有効である。剪定後は堆肥や鶏糞、ボカシ肥を株のまわりと切断

した中に入るように、たっぷり追肥し、水をやろう。剪定したところから新しいわき芽が伸びて、約1カ月後から秋まで収穫できる。

■病害虫対策■

テントウムシダマシがつきやすいので、見つけたら動きの鈍い早朝に捕殺する。ジャガイモの近くに植えると、ジャガイモの葉がなくなったころにテントウムシダマシが大量に移動してくるので、ジャガイモの近くは避ける。アブラムシは、天敵のナナホシテントウムシやクサカゲロウが食べてくれる。農薬を撒かずに、天敵が棲みよい環境にしておくことが大切だ。

また、土が乾くと青枯病が出やすい。梅雨明けには、土を乾燥させないようにワラマルチをする。その際、株元から畝間まで幅広くマルチしよう。ワラマルチは土の乾きを防止するだけでなく、病気や雑草の対策になる。使用後のワラを土に鋤き込めば、肥料になる。

連作はむずかしい。ナスはもちろん、トマト、ピーマン、ジャガイモなど他のナス科の野菜を4～5年作っていない場所に植えよう。

▷ピーマン(ナス科)◁

■おすすめ品種■

あきの、翠玉(すいぎょく)2号(サカタのタネ)、京みどり(タキイ種苗)。南米が原産で、昔はトウガラシと同じ仲間だったが、ヨーロッパに渡って品種改良され、辛いものと辛くないものに分かれた。

■種播きと移植■

ナスと同様である。

■植え付け■

ナスと同じく果菜類のなかでもっとも**高温(30℃前後)を好み**、通気性と保水性のある肥沃な土地が適する。植え付け20日くらい前に1坪あたり約10kgの堆肥を施し、約20cmの深さまで耕しておく。5月上旬、本葉が6～8枚になったら定植の適期である。20～30cmの高畝にし、水はけをよくする。苗はポットごと水に浸しておき、たっぷり水を吸わせてから、畝幅80～100cm、株間60cm間隔で定植していく。

定植後、株の周囲は土が見えなくなるくらい堆肥でマルチする。さらに、乾

燥と雑草を防ぐために、刈り草マルチするとよい。

■**支柱立てと誘引**■

根張りが浅いため、倒れやすい。定植後は早めに支柱を立て、株が倒れるのを防ぐ。支柱の長さは1〜1.2mで、本株1本ごとに立て、誘引は支柱と主枝をヒモで8の字に結ぶ。枝が弱く、折れやすいので、慎重に誘引しよう。横にも篠竹やポールを渡すと、倒れにくい。

■**仕立て方**■

わき芽をかいて3本仕立てにし、丈夫な株に育てる。中心の主枝と元気な側枝2本を残し、ほかの側枝をかく。下のほうからわき芽が出たら早めにかき取るなど、整枝が大切である。

■**追肥**■

梅雨時から2週間に1度、株間にボカシ肥か鶏糞をひとつかみずつ置いていく。

■**収穫**■

6月下旬から収穫できる。開花して15〜20日が収穫の目安。当初は若取りして、株を大きく育てる。秋口に実が大きくならないときも同様である。

枝が混み合ったり垂れ下がったりすると、丈夫に育たず、風通しや日当たりも悪くなり、収量に影響が出る。3本仕立てにしてからも、わき芽が出てきたらかく。収穫の中期以降も混み入ったところの枝を見ながら、花芽がついた下から2つに枝分かれしている太くて元気な枝を残し、次々と整枝する。上手に整枝し、丈夫な木に育てられれば、6月下旬から霜が降りる11月まで、収穫を楽しむことができる。

■**病害虫対策**■

ナス、トマト、ジャガイモなどナス科の作物との連作は避け、4〜5年は間隔をあける。実に穴があいているときは、中にタバコガの幼虫が入っている証拠である。気づいたら早めに実を切り、幼虫を捕殺する。

▷キュウリ（ウリ科）◁

■おすすめ品種■

さつきみどり、黒サンゴ（サカタのタネ）、つばさ（タキイ種苗）などは耐病性があり、病気が出にくい。市販のブルーム（白い粉）なしタイプは、食味と耐病性が落ちるので、有機栽培には適さない。

■種播き■

3月下旬～4月上旬の春播きは、直播きせず、寒さから守り、苗をしっかり育ててから畑に定植しよう。移植を含めて要領はトマトと同じである。

■植え付け■

肥料好きなので、植え付ける20日くらい前に1坪あたり7～8kgの堆肥を施し、25～30cmの深さによく耕しておく。

5月上旬、本葉が5～6枚になったら植え付けの適期。約30cmの南北の高畝にし、水はけをよくする。後日支柱を立てることを考えて、畝の間隔を決める。合掌型の支柱を立てる場合は90cm、トンネル型のパイプ支柱であれば210cmにする。

苗はポットごと水に浸しておき、たっぷり水を吸わせてから定植する。株間は60cmである。定植後、苗の周囲を覆うようにして堆肥または腐葉土をマルチする。なお、5月上旬は遅霜が降りる場合がある。キュウリは**寒さに弱い**ので、植え付けたら穴あきポリフィルムの小トンネルをかける。その際、ポリフィルムの端に土をかけて、よく押さえる。トンネルは、ウリハムシなどの害虫を防ぐのにも有効である。

■直播き■

6月上旬～下旬の夏播き、8月初めの秋播きは、畑に直播きできる。元肥の量、畝の高さ、畝間は、植え付け時と同様である。種は30cm間隔に1粒ずつ播き、苗が育ったら1株おきに間引きして、最終的には株間60cmにする。

直播きの場合は、**紙マルチ**（カミ商事で入手可能）などで雑草を防ぐ。紙マルチは雑草の抑制効果があるほか、使用後に土の中へ鋤き込めば自然に分解するので、ビニールやポリフィルムマルチのような回収する手間が省け、環境にもやさしい。

また、苗のうちにウリハムシがつくと被害が大きいので、寒冷紗か**不織布**

（繊維を織ったり編んだりせずに布状にしたもの）で覆った小トンネルをして害虫を防ぐ。これは、防虫対策だけでなく、暑さ対策にもなる。

春播きがひと花咲いたら夏播きを準備し、夏播きがひと花咲いたら秋播きを準備するというように、時期をずらして3回種を播けば、10月まで長期間収穫できる。

■支柱立て■

5月下旬、つるが伸び出し、霜の心配がなくなったら、被覆資材をはがし、支柱を立てる。支柱の立て方は、畑の広さや株の数に合わせて決める。広い場所があって株数が多い場合はトンネル支柱にし、十分な広さがない場合は合掌型にする。

トンネル型の場合は、パイプ支柱2本を中央で合わせ、トンネル状にする。

パイプは180cm間隔で、株の根元のやや内側に強く差し込む。両端のアングルに棒支柱などですじかいを入れて補強すると、強い風にも耐えられる。支柱を立てたら、ネットを張り、完成だ。パイプは「キュウリ用アングル」という名称で、園芸店や種苗店で購入できる。ネットは「キュウリネット」が市販されている。パイプ支柱は、ポール支柱を使用した合掌型よりも丈夫で、安定性があり、風に強く、風通しもよく、害虫の被害も少ないので、効果的である。また、何年間も使用できるので、経済的にも悪くない。

　合掌型の場合は、外側から斜めに、畝間の中央で交差させるように立てる。交差させた上にも補強用の支柱を渡して、3本の支柱を結んで固定する。なお、支柱を立てずに、地這いで育てる方法もある。地這いの場合は、雑草や害虫を防ぐため、ワラなどを敷いてマルチをする。台風が多く支柱が倒れやすい時期は、地這いにしてもよいだろう。

■わき芽かき■

　つるが伸びてきたときに誘引すると、自然に巻きついていく。その際、風通しをよくし、病害虫の発生を予防するために、下から5節目までのわき芽はすべて指先で摘み取る。

　キュウリネットを使う場合は、上部はつるが這う面積が広く管理がしやすい。6節以上から出る子づる、孫づるは、本葉2枚を残して摘心する。

下から5節目までのわき芽は、すべて指先で摘み取る
株元にワラなどのマルチをする

■追肥■

　キュウリは肥料好きなので、6月上旬に実がなり出したら、2週間に1度、株間に鶏糞かボカシ肥をひとつかみずつ追肥する。液肥がある場合は、雨が少ないときの追肥効果と水分補給にもなるので、有効である。液肥は、ナタネ粕1に対して水10の割合でペットボトルなどで1カ月発酵させた上ずみを水で5倍に薄めて使う。

　ただし、アブラムシが多く出るようであれば、有機物が多すぎる証拠なので、追肥は控えめにする。

■収穫■

　6月中旬から収穫できる。最初の2～3本は10～12cmのうちに収穫し、株

の成長を助けるようにする。実の長さ 22～23 cm が収穫適期である。イボがとれると鮮度が落ちるので、首のほうを持って収穫する。夏にはどんどん成長するので、適期になったら、すぐに収穫しよう。実が大きくなりすぎると、株の力が落ちて、長く収穫できない。

　肥料、水、日当たりの不足、風通しがよくないなど生育環境が悪いと、形が曲がってしまう。また、下に向かってまっすぐに成長するため、途中で地面やネット、葉や枝などにぶつかると、簡単に曲がってしまう。そこで、つるが混みすぎないように、上手に交通整理しながら這わせよう。決して、有機栽培だから曲がったキュウリになるわけではない。株に疲れや老化が進むと、曲がり果、尻細果、尻太果などとなる。ある程度収穫をしたら、これが自然の姿でもある。

■病害虫対策■

　梅雨があけ、気温が高くなって土が乾燥してくると、うどん粉病が発生しやすくなる。うどん粉病にかかると、葉の表面が粉をふいたようになる。土の乾燥と雑草を防ぐためには、株元に刈り草あるいはワラマルチするとよい。

　キュウリはじめウリ科の植物には、小さなオレンジ色のウリハムシがつく。ウリハムシには天敵がいないので、見つけたらこまめに捕殺する。とくに、苗が小さいころは被害が大きいので、注意する必要がある。株が成長してからは、多少ついても収穫できる。ウリハムシを防ぐためには、苗の定植時や種を直播きしたときに、寒冷紗をトンネルがけにするのがポイントである。草丈がトンネルにつかえるくらい大きくなれば、食害されても影響は少なくなる。

　夏は実が大きくなりすぎるので、適切に収穫して、株を丈夫に長持ちさせる。収穫の後半に樹勢が衰えると、うどん粉病が発生したり、ウリハムシにやられる。十分収穫できたと思ったら、弱った株はあきらめ、2 回播き、3 回播きの収穫につなげることも大事である。

　アブラムシは天敵のナナホシテントウムシやクサカゲロウが食べてくれる。農薬を撒かずに、**天敵が棲みよい環境**をつくろう。

▶カボチャ(ウリ科)◀

■おすすめ品種■

最近は西洋カボチャが多く作られ、粉質でホクホクとした風味が好まれている。おすすめは、実が小ぶりの栗坊(サカタのタネ)や九重栗(カネコ種苗)。白いカボチャの白爵(はくしゃく)(渡辺採種場)も味がよい。

■苗づくり■

種播きの適期は3月下旬～4月上旬である。7月に収穫したい場合は3月下旬播き、4月下旬定植、8月からの収穫は4月上旬播き、5月上旬定植だ。要領はトマトと同じである。

4月以降は直接ポットに播ける。種も双葉も大きいため、大きめのポットに一粒ずつ播く。ポットに1年以上ねかせた腐葉土や踏み込み温床の土を入れ、種を播いたら1cmくらい覆土し、水をたっぷりやる。また、7月下旬に直播きし、10～11月に収穫する、抑制栽培もある。

■植え付け■

肥えた土を好むので、植え付けの20日くらい前に1坪あたり約10kgの堆肥を施し、25～30cmの深さによく耕しておく。

4月下旬～5月上旬、本葉が4～5枚になったら定植適期だ。苗はポットごと水に浸しておき、たっぷり水を吸わせてから定植する。

3月下旬に播いた場合は、定植する4月下旬はまだ寒い。そこで、植え付けたら、穴あきポリフィルムの小トンネルをして寒さを防ぐ。5月なかばまでトンネルをかけておけば、遅霜の心配はない。

葉が茂ってきたらトンネルを取り、支柱を立てる。カボチャは広く枝葉を伸ばすので、畝幅も株間も広くする必要がある。畝幅は210cmとして、トンネルのパイプ支柱にするのがおすすめだ。畝の高さは15～20cm、株間は60cmとする。キュウリ用のパイプ支柱とネットを使用して這わせれば、除草が容易だ。しかも、実が土につかないので、変色したり、害虫がついて腐ったりする心配がない。ただし、ネットは必ず新しいものを使おう。

■誘引と仕立て方■

支柱にネットを張ったら、主枝とネットをヒモで8の字に結び、子づるを誘引する。親づる1本、子づる1本を残して他は切り、2本仕立てにする。実が

なるときに重なり合わないようにするため、親づると子づるを左右に振り分けるように伸ばしていく。これで平等に日光が当たる。葉数10〜15枚に1果を着果の目安とすると、養分がたっぷり果実に送られ、美味しいカボチャになる。

支柱を立てずに地這いにする場合は、雑草や害虫を防ぐため、ワラなどを敷いてマルチする。整枝はトンネル支柱の場合と同様で、親づる1本、子づる1本を畝の両側へ直角に伸ばし、重ならないように這わせる。

■追肥■

最初に肥えた畑にしておけば、しなくてもよい。生長が遅い場合は、株元に鶏糞かボカシ肥をひとつかみずつ施す。雨の少ないときには液肥が有効だ。

■収穫■

花が咲いてから50〜60日目で収穫できる。首のところが固くなり、縦に緑と白のシマがはっきりしてきたら、収穫適期である。地這いの場合は、地面に接触している部分が黄色に変わったり実に光沢が出るのを目安にする。

1株から5〜6個、ときにはそれ以上収穫できる。収穫後、風通しのよいところに置けば、2〜3カ月は保存できる。

■病害虫対策■

トンネル支柱を立てた場合は、病害虫の心配はあまりない。畝間に稲ワラや麦ワラをマルチして雑草と乾燥を防ぐ。地這いの場合も、マルチで雑草や害虫を防ぐ。ウリハムシがつくので、見つけたら捕殺する。連作障害は起きにくい。

3 根菜類

金子　美登

▷ニンジン(セリ科)◁

■おすすめ品種■

春播きと夏播きでは品種が異なる。春播きは、**あすべに**(サカタのタネ)や**向陽**(タキイ種苗)。夏播きは冬越しタイプで、**小泉冬越五寸**(みかど協和)、**新黒田五寸**(タキイ種苗)などがよい。

■畑の準備■

できれば前作で肥えているところを使用する。ジャガイモの後は、たくさんの堆肥が施されている。また、ジャガイモは収穫時に深く掘り起こし、よく耕したのと同じ状態になるので、畑をならす程度ですむ。ジャガイモの後が利用できない場合は、ボカシ肥を1坪あたり約200g入れる。

■種播き■

2月中・下旬に播き、穴あきポリフィルムの小トンネルをかぶせて寒さを防ぎ、4～5月に収穫するトンネル栽培、3～4月に播いて7～8月に収穫する春播き、7～8月に播いて冬越しさせ、3月ごろまで収穫できる夏播きがある。消費者からの人気が高いから、年3回播いて、収穫が途切れないようにしたい。

春播きは雨が多い時期に播くので発芽しやすいが、夏に収穫するので腐りやすい。冷涼な気候を好むため夏播きが作りやすく、収量も味もまさる。まず、鍬で約15cm幅(鍬幅)、深さ2～3cmに播き溝を切る。畝間は60cm。畑が湿っているときか湿らせてから、1cm間隔で均等にパラパラと播く。夏播きは土が乾燥しているので、**雨の降った翌日に播けば理想的だ**。それ以外は、播き溝を冠水させてから播くか、種を水に浸し、種と種がくっつかないようにするために脱水機で水を切ってから、播種機で播く(手播きのときは、その必要はない)。

■覆土・鎮圧■

種は光を好むので土は薄くかぶせ、種が飛んだり流れたりしないように、強く鎮圧して種と土を密着させる。春播きは種が隠れる程度、夏播きは5mmくらい覆土し、モミ殻かふるった堆肥を薄くかける。また、上から鶏糞を薄くかけ、強く鎮圧するのもよい。これらによって、種が雨に流されるのを防ぎ、乾燥

も防止する。

■水やり・除草・間引き■

うまく発芽できればほとんど成功と言われるほど、芽が出るまでがむずかしい。発芽と生長が遅いため、こまめに除草しよう。

また、もともと水辺の植物なので、芽が出るまでは毎日午前中にたっぷり水をやる。播き溝に冠水してから播く場合は、水やりをそれほど必要としないが、1週間経っても芽が出ないなど発芽が遅ければ、状況に応じて水をやる。梅雨明け前に播くと、自然に水分補給ができる。

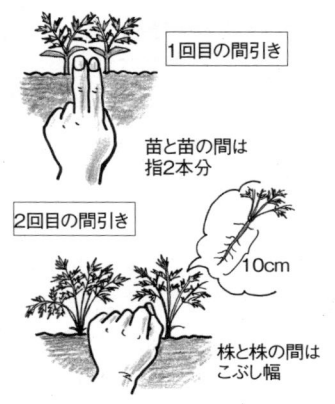

間引きは2回行い、根を大きくしていく。1回目は、本葉が2枚、背丈が5〜6 cmになったら、苗と苗の間に指2本くらい入るように、小さめの苗を間引く。2回目は、1〜2本抜いてみて根の長さを調べ、約10cmになったときに、株と株の間が手のこぶし幅になるように間引く。間引いた人参も美味しく食べられる。

ていねいな除草・水やり・間引きが大切となる。

■追肥と中耕■

2回目の間引き後、畝間に鶏糞かボカシ肥を1 mにひとつかみの目安で追肥する。根の部分が地上に出ると寒さで傷み、緑色に変色するので、追肥したら、株元へ土を寄せるように中耕する。中耕は除草、肥料を混ぜ込む、土中に空気を入れるなど複数の効果がある。

■収穫■

根の長さが15 cmくらいになり、太ってきたら、混んでいるところから間引くように収穫する。遅れると裂根ができるので注意が必要だ。夏播きは翌年3月まで畑に置いておけるので、間引きながら長期間収穫を楽しめる。葉は傷むのが早いため、一般には売られていないが、独特の風味がある。炒め物、かき揚げ、ゴマ和え、サラダなどにすると、味が引き締まって美味しい。

■病害虫対策■

キアゲハが卵を産みつけるので注意する。幼虫を見つけたら手でつぶす。ネキリムシも出るが、それほど心配ない。

第Ⅳ部　有機農業の栽培技術

ダイコン（アブラナ科）

■おすすめ品種■

秋採りは耐病総太り、おふくろ（タキイ種苗）、煮物用として聖護院（サカタのタネ）、大蔵（タキイ種苗）。春採りは晩抽（とう立ちしにくい）の大師。たくわん用には、八洲や耐病干し理想（タキイ種苗）という専用品種がおすすめである。

■畑の準備■

畑が前作で肥えていれば、堆肥は入れなくてよい。また、石や粗い堆肥が混じらないほうが、よいものが収穫できる。畑が肥えていない場合はボカシ肥または完熟堆肥を施し、深く伸びるように40cmくらいの深さによく耕す。続いて、約15cm幅（鍬幅）に播き溝を切る。畝幅は70cmで、さくり縄（棒2本にひもを巻きつけたもの）を張って、鍬でさく切り（溝を切ること）をする。

■種播き■

2～3月播きの春採り、4～6月播きの夏採り、9月上旬播きの秋採りに分かれる。10～20℃の冷涼な気候を好むため、作りやすいのは秋採りである。直根の野菜は植え替えに不向きなので、初めから畑に直播きする。

鍬幅で深さ3cmほどの播き溝に、**十文字の先端と交点の部分の計5カ所に、1粒ずつ種**を播いていく。株間は30cmなので、十文字に播いたら一足踏んで足の幅分だけ株間を取り、次の十文字に播くとよい。播種後は鍬で1～1.5cmの深さに覆土し、鎮圧する。土が湿っているときは軽く覆土し、鎮圧する。土が乾いているときは、鍬で強く押す。

春採りは、ポリマルチして種を播き、穴あきポリフィルムの小トンネルをかける。育ったものから早めに収穫していくので、畝幅も播き幅も狭くてよい。

■間引き■

十文字に5粒播いたところから3～5本育ってくる。2回の間引きで**1本立ち**にする。1回目は本葉2～3枚のときに2本残す。その際、双葉がそろっているものを残し、色が黄色っぽいものや本葉の片方だけが育ちすぎたものを抜く。また、残す2本の間隔がなるべく開いているほうが太く育つ。2回目は本葉5～6枚のとき1本立ちにする。この時期はかなり大きく育っているが、とくに成長がよく、もっとも太いものを残す。間引いたダイコンの葉は柔らかくて美味しい。ホウレンソウやコマツナが出回る前の初秋の葉物として重宝する。

■中耕と土寄せ■

片側ずつさくを切るように耕し(中耕)、株が倒れないように、首がかぶるくらいまで土寄せする。間引きのときに、草削りや三角削り(279ページ参照)などで軽く株元へ1回目の土寄せを行う。2回目と3回目は畝の片側ずつに鍬で土寄せするとよい。除草に加えて、土に酸素を入れる効果もある。

■追肥■

1本立ちにして株が安定したとき、生育がおもわしくなければ行うが、肥えている畑であればそれほど必要ない。追肥するときは、中耕と土寄せで溝ができた畝間に、ボカシ肥か鶏糞を1mにひとつかみの目安で置いていく。

■収穫と貯蔵■

土から出ている肩の部分を見て、大きくなったものから順次収穫する。葉の根元と首をつかみ、まっすぐ上にぐいっと抜く。霜が降りる前に収穫し終わるか、畑に貯蔵する。貯蔵方法は2つだ。

まず、畑に植えたまま貯蔵する方法。1畝おきに収穫し、抜き終わった畝の土を残った畝のダイコンの肩が隠れるようにかけて越冬させる。葉は枯れても、土をかけておけば根は凍らない。

畑を片付けたい場合は、すべて収穫後に深さ約30cmの穴を掘り、3列並べ、葉だけが出るように上から土をかぶせる。さらに、その上に3列並べて土をかける。これを繰り返していく。その際、並べたダイコンの間にも土を入れ、傷んだ葉は取り除く。この方法なら3月上旬まで食べられ、春採りにつなげられる。なお、春採りはすぐに大きくなるので、早めに収穫して食べきろう。

■病害虫対策■

秋採りは作りやすいが、8月中に早播きするとキスジノミハムシの幼虫に若葉を食べられ、肥料分が多いとアブラムシによって媒介されるウイルスで葉が縮んでしまう。また、残暑が厳しいと、9月上旬播きでもアオムシやコナガ、シンクイムシなどにやられる。とくに残暑が厳しい場合は、涼しくなる9月中旬に播き時をずらすなど、天候を見ながら調整する必要がある。そして、ナナホシテントウムシやクサカゲロウなどの天敵による防除を期待しよう。

種播きから半月程度が成否の分かれ目なので、半分くらい害虫にやられたら、思い切って播き直し、確実に収穫へつなげるという判断も求められる。

ジャガイモ(ナス科)

■おすすめ品種■

日本のジャガイモの約9割が**男爵**かメークインである。男爵は球形で、ホクホクしている。メークインは細長くややねっとりしていて、煮崩れしない。近年は、各種用途向きや、イモや花の色がきれいな品種が出そろっている。有機栽培では、耐病性が高く自家採種できる**マチルダ**が有望である。

■種イモの準備■

植え付けは3月上・中旬。早植えすると遅霜にやられ、芽が枯れるので注意する。収穫後2~3カ月の休眠を経て、芽が小さく出たくらいが種イモに適している。春播きで5月中旬~7月中旬に収穫したものは、芽が伸びすぎて種イモに向かない。収穫時期が遅い北海道産がおすすめで、種苗店などで手に入れよう。種イモを自分で作る場合は、6~7月に収穫したイモを植え直し、10月に収穫して使用する。また、秋播きは8月下旬植え、11~12月収穫なので、2~3カ月休眠させて、春播きの種イモとして使用できる。

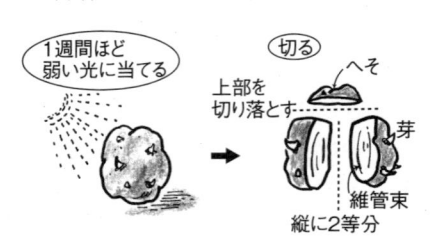

植え付け1週間ほど前から弱い光を当て、大きな種イモを準備する。へその部分を切り落としたら、へそから縦に切り、養分や水分の通路である維管束を切断しないで40~60gの種イモとする。

■畑の準備■

肥えた畑を好むので、植え付け2週間くらい前に1坪あたり10kgを目安にたっぷりの堆肥を施し、20~30cmの深さによく耕しておく。畝幅は70~80cm。畝の中央に、種イモを植え付けるために約15cm幅、深さ約5cmの溝を切る。

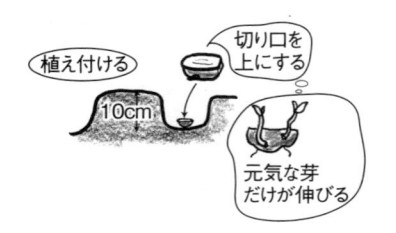

■植え付け■

切り分けた種イモの切り口が乾いたら、**切り口を上、芽を下にして植え付ける**。切り口を上にすると、強い芽だけが地上部に伸び、病害虫にも強い株になるようだ。

株間はおよそ30cm。ダイコンと同じよう

に、足で一歩踏んで種イモを置くことを繰り返すと、作業がスムーズに進む。同時に、種イモと種イモの間に鶏糞やナタネ粕をふたつかみずつ置いていく。続いて、種イモから5cmくらいまで覆土する。この程度の深さであれば、太陽熱で地温が上がり、芽が早く動き、発芽しやすい。植え付けから15〜20日で、芽が出る。

■芽かき■

一般的には、芽が出て茎が約10cmになったら、葉が混みすぎないように、丈夫そうな茎を2本残し、残りは芽かきをする。ただし、ここで紹介した方法の場合は発芽本数が抑えられるので、芽かきはさほど必要ない。

■土寄せと除草■

種イモの上に新しいイモがつくから、土を25〜30cmと高く盛って、イモがつく場所を確保しなければならない。この場所がないとイモが土から出て、地表部分が緑色になってしまう。土寄せは中耕と除草の役割も果たす。

■さぐり掘りと収穫■

5月下旬から新ジャガが収穫できる。手で土を浅く掘り、大きめのイモだけをさぐって収穫する。これを「さぐり掘り」という。小さめのイモは残して、大きくする。

葉が枯れて、残したイモが大きくなったところで株を丸ごと掘り起こし、本格的な収穫をする。このときは、茎を引っ張るだけではイモが全部ついてこない。イモを傷つけないように、万能を使って大きく掘り起こす。適期は5月中旬〜7月中旬で、天気のよい日に収穫するとよい。

■保存■

収穫したジャガイモを山積みにすると腐りやすいので、なるべく重ならないように平らに広げて並べ、半日ほど天日に当てて干す。その後、日の当たらない小屋へ移し、平らにして広げ、さらに干して乾かす。収穫時に傷ついたイモは2〜3日で腐るため、早めに取り除き、食べられる部分は、食べるか家畜の餌にする。外皮がブツブツしているジャガイモも同様にする。

十分に干したら、飼料袋に入れて納屋などで保存すれば、翌年まで食べられる。2〜3カ月して芽が出てきたら、芽を取る。

■病害虫対策■

同じナス科のナス、ピーマン、トマトなどと離して作り、後作も避ける。こ

れを怠ると疫病やテントウムシダマシの被害にあうし、他のナス科にも被害が及ぶ。テントウムシダマシが初期の芽や葉にたくさんいるときは、早朝、動きの鈍いうちに手で取り除く。

　家庭菜園などスペースが狭い場合は、**ブロック作物**を植えるとよい。ジャガイモとナス科の作物の間に背の高くなるソルゴーなどの緑肥作物を4月に播くと、害虫の移動が抑えられる。

▷サトイモ（サトイモ科）◁

■おすすめ品種■

　茎からつながる親イモと、そのまわりにこぶのように出てくる子イモがあり、①親イモを食べる品種、②子イモを食べる品種、③両方を食べる品種の3種類ある。①は**タケノコイモ**、②は**石川早生**や**土垂れ**、③は**葉柄（ズイキ）**も食べられる親イモ・子イモ両用の**ヤツガシラ**、**トウノイモ**がおすすめ。すべて自家採種できるが、最初は種苗店などで入手し、上手に貯蔵して種イモにするとよい。

■種イモの準備■

　芽が傷んでいないものを選ぶ。②は親イモをそのまま種イモとして使うと、早期多収となる。子イモを使うときも、なるべく丸く大きいものを選ぶ。

■畑の準備■

　南方系の野菜で高温多湿を好む。また、肥沃な畑を好むため、1坪あたり10kgを目安に、春先早めにたっぷりの堆肥を施し、20～30cmの深さによく耕しておく。畝幅は子イモ用が90cm、親イモ用と兼用は100cmとし、鍬で約15cm幅、深さ10～15cmの溝を切る。

■植え付け■

　種イモをそのまま植え付けてもよいが、暖かい環境で**芽出し**をしてから**定植**したほうが雑草に負けず、育てやすい。その場合、ポットに腐葉土を入れ、芽が出るほうを上にして種イモを植え、3月中旬ハウス内でときどき水やりしながら催芽させる。草丈15cm程度になったら畑に定植。加えて、紙マルチしてから植えれば、雑草は容易に抑えられる。

　乾燥にきわめて弱いため、低地の畑や乾燥しにくい場所を選んで植える。ま

た、畝幅が広いので、植え付けには広い場所を必要とする。植え付け時期は4月上・中旬で、**芽を上向きにして**、30〜40cm間隔に植える。その際、種イモの間に鶏糞をひとつかみずつ置いていく。覆土を厚くすると、地温が下がって萌芽が遅くなる。種イモの上に厚さ5〜6cm程度が望ましい。

■土寄せとマルチ■

5月中旬から梅雨あけまで、20日ごとに2〜3回土寄せをする。子イモがたくさんつくので、**土寄せを十分にしておくことが上手に育てるポイントだ**。3回目の土寄せの際、子イモの芽が地表に出てくる場合がある。そのときは芽がかぶるくらいにしっかり土寄せし、子イモを大きく育てる。土寄せしないと、子イモが緑化したり、身がしまらずに軟らかくなってしまう。

乾燥を防ぐためには、梅雨あけ後に全面に麦ワラや刈り草をマルチする。梅雨時に雨が少なく乾燥している年は、畝間に水を流し込んで水分を補給すると確実に生育がよくなる。家庭菜園の場合は株に直接水をかけてもよい。

ハスモンヨトウが6月下旬〜7月上旬にサトイモで孵化し、8〜9月に多くなるので、見つけしだい早目に捕殺する。病害の心配は、とくにない。

■収穫と貯蔵■

10月中旬から霜が降りるころまで収穫できる。茎は親イモの上から切り落とし、万能で株ごと大きく掘り上げる。

貯蔵用には、霜が数回降りた後、茎と葉が枯れたものを収穫する。早掘りを貯蔵すると、茎が腐るときにガスが出て、イモまで腐ってしまう。

排水のよいところに穴を掘り、穴の側面に稲ワラを立てかけて貯蔵場所をつくる。貯蔵の際は、**親イモに子イモをつけたまま茎を下向きにする**。イモの上にもワラをかぶせ、さらにモミ殻をかけてから、10cmくらい土をかぶせる。雨がかからないように、トタンなどを乗せるとよい。

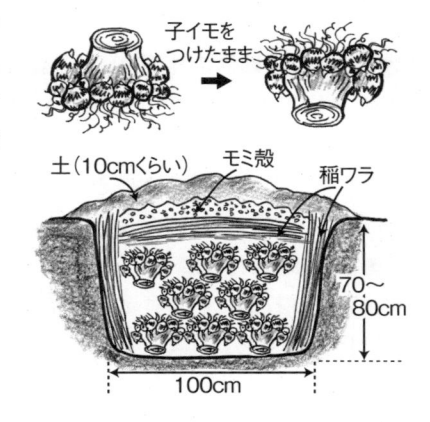

4 葉菜類

金子　美登

▶キャベツ（アブラナ科）◀

■おすすめ品種■

夏播きなら、彩里（あやさと）や初秋（しょしゅう）（タキイ種苗）。そのほか、金系201号、中早生2号（サカタのタネ）など、播く時期に適した品種を選ぶ。

■種播き■

育苗箱に入れる土は、前年か前々年の温床の土か腐葉土にモミ殻燻炭を薄く混ぜたものを使用する。まず、砕いた炭を育苗箱全体をまばらに覆うように入れる。次に、育苗箱の3分の2程度の高さまで粗い土を入れる。残りは細かくふるった土を入れ、表面を平らにならす。

続いて、板で幅3cm、深さ5mmの播き溝をつける。そこに5mm間隔で1粒（10cmに20粒）ずつ種を播き、草木灰を表面に薄くふるう。その上から土をふるって覆土し、厚い板やコテで鎮圧する。その後、**水をたっぷりかける**。1回目の水が下から染みたら再び染みるくらいかけ、4回繰り返す。そして、芽が出るまでの間は新聞紙をかぶせて、保湿する。

春播きの適期は2月上旬だ。育苗箱は30℃に保ったハウス内の温床の上に乗せ、温床全体に透明なビニールをかけて保温する。夜間冷えるときは、厚めのビニールをかけて二重にする。温床がなければ、衣装ケースに入れて育てる。

夏播きの適期は7月下旬。2週間前に完熟堆肥を施して、耕しておく。そこに前作がアブラナ科でない場所を選び、幅1mのベッド（播き床）に板で幅10cm深さ5mmの播き溝をつくり、10cm間隔に1粒ずつ播き、軽く土をかけて覆圧する。この時期の直播きは水やりの心配はないが、防暑と防虫を兼ねて0.6mm目の寒冷紗をかける。

■移植と植え付け■

本葉が2枚出たら、育苗箱の苗を指で掘り上げてから抜いてポットに移植し、1～2本立ちにする。夏播きの場合は、植え付け数時間前にたっぷりと水を撒き、苗に十分吸水させておく。そして、8月下旬に雨の前後を狙って、本

葉4～5枚の若苗を根を切らないように植え付ける。

　肥えた畑を好むので、2週間前に1坪あたり10 kgの堆肥を施し、よく耕しておく。本葉が5～6枚になったら、春播きは畝幅75 cm、株間30～40 cmで定植する。夏播きは大きくなるので、畝幅も株間も広くとる。畝幅は80 cm、株間40～45 cmを目安に定植する。

　夏播きは紙マルチが効果的だ。**雑草を抑えるほか、若干地温を下げる**。最後は畑に鋤き込めるので、無駄がない。

■追肥■

　植え付け後2週間を目安に行う。まず畝間をさくるように中耕し、結球開始前の生育をみながら、掘り下げた部分（葉端20～30 cm）に鶏糞かボカシ肥を1 mにひとつかみの目安で追肥する。

■収穫■

　春播きは5月上旬～7月上旬、夏播きは10月中旬～12月中旬。結球している部分を触って硬くしまっていれば、収穫できる。外葉は少し残し、包丁で株元を切って収穫する。

　春播きは病害虫の被害が出る前に収穫できるので作りやすい。有機農業では生育に時間がかかるが、しっかり育つ。外葉がアオムシに食害され、レース状になっても、しっかり葉が巻いて結球していれば、問題はない。

■病害虫対策■

　夏播きと秋播きは病害虫にやられやすい。定植後に葉の裏にヨトウムシがついて卵を産みやすいので、半熟堆肥を敷き詰めるとよい。半熟堆肥に生息するクモ類が葉の1枚1枚を調べるようにして、卵を食べてくれる。また、苗の段階で本葉5～6枚になったころに、コナガやアオムシ、ヨトウムシがつきやすい。その防止には寒冷紗をかける。

　ただし、夏に雨が降らず、猛暑が続くなど異常気象のときは、寒冷紗をかけても虫がついてしまう。本葉が8割くらい食害されたらあきらめて、違う苗を植え直したほうがよい。

　連作は避けるのが鉄則。そして、3年間くらい野菜を作ったら、イネ科やマメ科の作物を輪作し、その後でキャベツを植えるなどの気配りが必要である。

ホウレンソウ（アカザ科）

■おすすめ品種■

江戸時代までは角種で葉がギザギザした日本ホウレンソウが主流だったが、春にとう立ちが早いという欠点があった。明治時代に、とう立ちが遅い、葉が丸く葉肉が厚い交配種が導入され、普及していく。**まほろば、パレード**(サカタのタネ)、**オーライ**(タキイ種苗)、**マグワイヤ**(渡辺農事)、**朝霧**(渡辺採種場)と品種は豊富。秋播きには、在来品種の**日本ホウレンソウ、豊葉ほうれんそう**(野口のタネ)がある。有機栽培向けのおすすめ品種が多いので、いろいろ作って味わおう。

■畑の準備■

肥沃な畑を好むので、種播きの2週間くらい前に1坪あたり10 kgを目安に完熟堆肥を施し、よく耕しておく。**最適pHは6〜6.8**。酸性土壌に弱く、pH 5.2以下では生育不良となる。酸性の場合は、pHが中性から弱アルカリの良質堆肥を毎年施し、時間をかけて土づくりをして、自然に中性土壌にしていく。慣行農業のようにpH値を高くするために石灰を施すと、土が硬くなってしまう。石灰や化学肥料を使用せず、いかに土を最適pHにするかがポイント。有機農業では、ホウレンソウができるようになればよい土づくりができたと言われる。

土壌が酸性かアルカリ性かは、土に生える雑草で診断できる。スギナ、オオバコ、ヨモギ、スミレが生えていれば、酸性である。オオイヌノフグリやホトケノザが生えてきたら、中性に近い肥えた畑になったと判断できる。

■種播き■

発芽適温は15〜20℃だが、マイナス10℃にも耐えられるほど**寒さに強い**。したがって、9月の彼岸ごろから11月中旬が種播きにもっとも適している。この時期に播けば、病害虫の心配はほとんどない。春播き、夏播きもできるが、暑さに弱いため、勧められない。

1m幅の播き床につけた20cm間隔の播き溝(幅2cm、深さ1cmくらい)に、指1本(1〜2cm)の間隔で1粒ずつ(10cmに5〜6粒)播き、土をかぶせ、鍬で軽く押さえて鎮圧する。土の代わりに、上から堆肥(なければ腐葉土)を薄く播き、鍬で軽く押さえて鎮圧してもよい。

　コマツナ同様に3〜4回に分けて播くと、翌年の4月まで長く収穫できる。11月中旬以降に播く場合は寒さを防ぐため、不織布をベタがけする。

■追肥と除草■

　背丈が5cmくらいになったら、1条目と2条目の間、1つ飛ばして3条目と4条目の間に、ボカシ肥か鶏糞を1mにひとつかみの目安で置く。追肥したら、株元に空気を入れるように軽く耕す(中耕)。これは除草の役目も果たす。

■収穫■

　目安は草丈が20〜25cmのときだ。赤い根の部分が栄養豊富なので、土を掘り下げて、根が1〜2cmついてくるように鎌で切って収穫する。土がよくできていれば、大きく生長したものでも軟らかくて美味しい。

　冬は葉が地べたに張り付くように広がって、寒さに耐える。生長はゆっくりで、草丈はあまり高くならないが、寒さに耐えるために自ら糖分を蓄え、甘くて美味しい。

■種採り■

　春にとう立ちしたら、花を咲かせて実をつける。5月下旬〜6月上旬が実の刈り取りの適期。地際から刈り取り、5〜6日天日干しの後、室内でもう一度広げて陰干しする。

　十分に乾いたら、手袋をして枝葉を取り除き、シートの上に種を落とす。その種をさらに棒で叩いて脱粒する。ごみを取り除いたら、風通しのよいところで数日乾燥させ、茶筒やビンに名前と日付を書き、乾燥剤を入れて保存する。

▶コマツナ(アブラナ科)◀

■原産■

江戸時代初期に東京の小松川地区(現在の江戸川区)で栽培されたのが名称の由来だ。関東地方では正月の雑煮に入れる習慣があるため、「小松菜がないと年を越せない」と言われるほど親しまれている。

■おすすめ品種■

なかまち(サカタのタネ)、とう立ちが遅い晩生固定種の**東京黒水菜**(浜名農園)、暑さに強くて秋や冬も収量が多い**夏楽天**(タキイ種苗)、東京都世田谷区の故・大平博四氏が選抜してきた**城南**コマツナなど。

■畑の準備■

肥沃な畑を好むので、種播きの2週間くらい前に1坪あたり10kgを目安に完熟堆肥を施し、15〜20cmの深さによく耕しておく。土づくりさえしっかりできれば、育てやすい。**緑肥も土づくりに有効**だ。6月下旬にセスバニアやクロタラリアなどのマメ科作物を播き、背丈が約2mになったら刈り取り、細かく砕いて畑に鋤き込む。堆肥化するのに3週間以上かかるので、その後に種を播く。

■種播き■

1m幅の播き床に20cm間隔で、4列の深さ1cmくらいの条間(播き溝)をつける。そして、指1本(1〜2cm)の間隔に1粒ずつ(10cmに5〜6粒)播いていく。この間隔で播けば、後で間引きをしなくてすむ。播き終えたら薄く土をかぶせ、鍬で軽く押さえて鎮圧する。土が乾いているときは、やや強く鎮圧する。

種播きは3月中旬から11月下旬までできるが、9月下旬〜11月中旬播きが栽培しやすい。この時期に10日〜2週間ずらして3〜4回に分けて播くと、翌年の3月まで途切れずに収穫できる。9月下旬〜10月初めに1回目、10月中旬に2回目、10月下旬に3回目、11月上旬に4回目を播くとよい。11月中旬以降に播く場合は寒さを防ぐため、不織布を使用してベタがけする。寒くなるにつれて生長が遅くなるので、徐々に播き時の間隔を短くしよう。

夏は種を水につけておき、**発芽してから播く**(芽出し播き)。また、伸びすぎないようにするために、1〜2年前の古い種を播く、畝をつくった後で土が乾かないうちに播いて足で踏む、などの注意が必要だ。

■**追肥と除草**■

秋から冬にかけて種播きした場合は、背丈が約5cmになったら、1条目と2条目の間、1つ飛ばして3条目と4条目の間に、ボカシ肥か鶏糞を1mにひとつかみの目安で追肥する（収穫まで20日程度の夏播きの場合は必要ない）。追肥後は、株元に空気を入れるように軽く耕す（中耕）。これは除草の役目も果たす。その際、三角削りを使用すれば、狭いところでも耕せるので便利である。

三角削り

■**間引き**■

株が混んでいるようであれば、本葉1～2枚のときに指2本、草丈7～8cmのときに指4本が入るように、間引くとよい。

■**収穫**■

種播きから3～4週間で収穫できる。草丈が20cmくらいになったときが目安である。株元から引き抜いて、ハサミで根を切り落とす。春まで畑に置いておく場合は、霜枯れしないように、不織布をベタがけ、あるいは寒冷紗をトンネルがけにする。

■**病害虫対策**■

9月下旬以降に播けば、病害虫や雑草の心配はない。8～9月中旬に播くと、キスジノミハムシ、ダイコンサルハムシ、アオムシがつきやすいので、種播きと同時に寒冷紗をかけて防ぐ。

■**種採り**■

種採りする場合は、丈夫そうな株を収穫せずに畑にそのまま置いておく。ただし、近くに同じアブラナ科の花が咲くと交雑するので、少なくとも**300m**は**離**す。春になると菜の花が咲き、5月中旬にはさやに実が入ってくる。6月になって花が枯れ始めたら、さやに実が入っていることを確認し、刈り取る。やや青いうちに刈ってよい。

刈り取った株は下枝や葉を取り除き、2～6株をヒモで結んで束ねる。束ねた株は軒下に2つに振り分けるようにして干し、日陰で乾燥させる。株が完全に乾いたら、大きなごみを取り除き、手でもんだりビール瓶などで叩いて種を採る。保存方法はホウレンソウと同じ。

レタス (キク科)

■おすすめ品種■

結球性の玉レタス、結球レタスを早めに収穫するサラダ菜、葉を利用するサニーレタスがある。玉レタスはシスコ(タキイ種苗)やリバグリーン(サカタのタネ)、サラダ菜は周年栽培できる**岡山サラダ菜**(タキイ種苗)、サニーレタスは濃い緑の葉のグリーンウエーブ(タキイ種苗)やエルシー(自然農法国際研究開発センター)、赤味がかった葉のレッドファイアー(タキイ種苗)やエルワン(自然農法国際研究開発センター)などが作りやすい。

■種播き■

春播きと夏播きがある。

春播きは2月上旬～3月中旬に播く。種播きの準備、播き方、保温方法は、キャベツと変わらない。

夏播きは8月上旬に**冷床**に播き、苗を育てる。冷涼な気候を好み、25℃以上になると種が休眠してしまう。そこで、種を布に包み、てるてる坊主のように縛って、ボウルなどの水の中に一昼夜浸しておく。その後、冷蔵庫の野菜室など冷えすぎないところに40時間くらい入れ、休眠から目を覚ましてやる。種がぬれていると播きにくいので、播く前に乾かしておくとよい。

播き方は春播きと同じだ。ただし、暑いので、新聞紙をかぶせた育苗箱は涼しく風通しのよいところに設置する(冷床)。育苗箱の下に風が通るように台の上に乗せて高床式にし、さらに寒冷紗のトンネルをかけて温度を下げるとよい。30～40時間後には発芽するので、発芽したら夕方に新聞紙を取りはずす。

■移植■

夏播きの本葉が1～2枚出たら育苗箱の苗を指で掘り上げて抜き、ポットに移植して、1～2本立ちにする。この苗も育苗箱のときと同様に冷床で育て、土壌表面が乾いたら、**こまめに水**やりする。寒冷紗のトンネルは、温度を下げると同時に、7～8月にかけて育つ苗にとっては害虫対策として必須である。

■植え付け■

肥えた畑を好むので、植え付け2週間くらい前に、1坪あたり7～10kgの堆肥を施し、20cmくらいの深さによく耕しておく。玉レタスの場合、肥料が足

りないとうまく巻かない。

　本葉が5～6枚になったら、畑に植え付ける。ポットごとバケツに入れ、十分に水を吸わせてから、株分けして植える。畝幅60cm、条間と株間が30～35cmの正方形植えで、育てる。

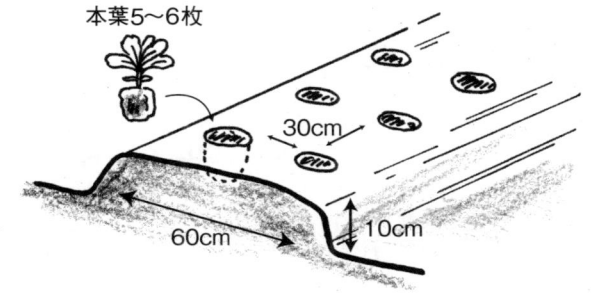

■追肥■

　植え付け2～3週間後に、鶏糞かボカシ肥を追肥する。葉の色が薄いときは、2週間後を目安にする。1mにひとつかみくらいを条間に施していく。

■収穫■

　春播きは4月下旬～6月下旬、夏播きは10月中旬～11月中旬に収穫する。玉レタスは頭を押さえて硬くしまってきたとき、サラダ菜は中心の葉が少し巻き始めたとき、サニーレタスは草丈15～20cmのときが、それぞれ収穫の適期である。霜が降り始めたら、防寒のためトンネルや不織布をかける。

　キク科の野菜は収穫が遅くなると苦味が出てくるので、**早めの収穫**を心がける。また、春播きは腐りやすいので注意が必要である。

■病害虫対策■

　春播きは収穫期が梅雨と重なり、病気が発生しやすい。軟腐病対策には**黒のポリマルチ**を使う。収穫期が早まり、病気の拡大を少なくできる。菌核病は、**高畝**にして水はけをよくしておくと発生が少ない。夏播きは涼しくなる秋に育つため、病気の心配はほとんどない。

5 鱗茎類

金子　美登

▷ネ　ギ（ユリ科）◁

■おすすめ品種■

　品種が豊富だ。東日本は関東の千住ネギや北陸の加賀ネギに代表される**根深ネギ（白ネギ）**が多く、西日本は関西の九条ネギに代表される**葉ネギ（青ネギ）**が多い。おすすめは、**下仁田葱**、4月以降も食べられる**汐止晩生葱**（野口のタネ）、**ホワイトスター**（タキイ種苗）、軟らかくて美味しい**余目一本太葱**（野口のタネ）。株分けで育てる**坊主しらず**（固定種）を組み合わせると、1年中収穫ができる。

■種播き■

　畑に種を直播きし、苗を育ててから植え付ける。種播きの適期は、一般的な春播きが3月、秋播きが9月。いずれも彼岸前後に、腐植に富んだ通気性と排水性のよい畑に播く。元肥の量は1坪あたり約10kgだ。

　耕した畑に20cm間隔で深さ約2cmの播き溝をつけ、1cm間隔で播き、1cmほど覆土。土の保水と雑草を予防するために、種の上からモミ殻（あればモミ殻燻炭）を撒くと効果的である。続いて鍬で軽く鎮圧し、種と土を密着させて発芽を促す。発芽後は、混んでいるところは間引いて3cm間隔くらいにして、植え付けまで育てる。

■植え付け■

　前作を片付けたら、10～15cmの深さに、早目に耕しておくか、茎葉をよく集めて畑の外に持ち出し、耕さないでおく。ネギは植え溝がつくりにくいので、植え付け直前には耕さない。植え付けの適期は草丈が約20cmになったころで、春播きが7月、秋播きは翌年4月だ。植え溝は深さ20～25cmに垂直な溝を掘っておく。鍬の場合は何回かさくを切る。

　畝幅80cm～1m、株間7～8cm。**畝に立てかけるように苗を植え**、根が隠れる程度に土をかける。植え付け後、**根元の溝の部分に半熟堆肥か腐葉土、または稲ワラを敷く**。風で苗が倒れるのを防ぐほか、寒さや乾燥を防ぎ、アブラムシや赤サビ病の発生を抑制するなど病害虫対策にもなるからだ。

　秋播きでは3～4月にネギ坊主が出る。ネギ坊主は成長の妨げになるので取

り、天ぷらや汁物に利用する。春播きはネギ坊主が出ないので、作りやすい。

■土寄せと追肥■

成長に合わせて土寄せを4回行う。溝に施した半熟堆肥が分解して少なくなってきたころが、1回目の目安である。鍬で畝間の土を盛り上げ、生長点でもある分けつ部より少し下のところまで土をかぶせ、株元に土を寄せていく。その後、白い部分の伸びに合わせて3回行い、緑葉が伸び終わった段階で終える。追肥は、2回目と3回目のときに、土寄せする前にボカシ肥か鶏糞を1mに1つかみずつ施す。美味しい白いネギを育てるためには、土寄せと追肥に手間をかけることがポイントとなる。

■収穫■

秋から冬にかけて、ひと霜あたった後くらいが美味しい。緑葉の伸びが止まって約40日後が適期である。春播きが12～翌年2月、秋播きが翌年9～11月ごろ。

■病害虫対策■

初期の段階で栄養過多になると、アブラムシや赤サビ病が出やすい。植え付け時に半熟堆肥やワラを根元に敷くと、有機物に含まれる酸素をたっぷり吸収し、生育もよい。分解後は肥料になり、養分を補給してくれる。

■分けつネギの栽培■

分けつネギの坊主しらずは、種からではなく、**株分け**で育てる。4月中～下旬にかけて、株がもっとも充実した時期を見て株分けし、畝幅70cm、株間12～15cm間隔に、1本植えする。定植は9月上・中旬で、畝幅80cm～1m、株間15cmに、1～2本植えする。収穫は翌年4～7月だ。

■種採り■

種採り用のものは、3～4月にネギ坊主が出て直径5cm程度になると、黒い実が入ってくる。実が落ちる直前に採って、日陰で天日乾燥させたら、手でもんで種を採り、茶筒やビンに名前と日付を書き、乾燥剤を入れて保存する。

タマネギ(ユリ科)

■おすすめ品種■

収穫後、吊り貯蔵で翌年2月ごろまで保存できるパワー、ネオアース(タキイ種苗)、ノンクーラー(ナント種苗)など。長期貯蔵には向かないが、極早生種のチャージ(タキイ種苗)、生食専用の湘南レッド(サカタのタネ)も作りやすい。貯蔵種と他品種を栽培すると、長期間にわたって美味しく食べられる。

■種播き■

畑に播き床をつくって直播きし、苗を育てる。堆肥をたっぷり入れて耕した日当たりのよい畑に播き床を60～70cm幅でつくり、15～20cm間隔で深さ5mmの播き溝をつける。元肥の量は1坪あたり5kg程度、痩せている畑であれば10kg程度。

播き溝をつけたら、1cm間隔で種を播く。適期は極早生種、生食専用の早く食べ切るタイプが9月5日前後、貯蔵タイプが9月中旬～20日ごろである。播いたら上から直接、完熟堆肥を薄く覆土し、その上からさらにモミ殻(あればモミ殻堆肥)を撒り、鍬で鎮圧する。モミ殻は抑草と土の乾燥を防ぐ効果がある。土が乾いているときは強めに鎮圧する。また、堆肥で覆土すると発根力がよくなる。

発芽は種播きから約2週間後だ。雑草をこまめに抜き、そろった苗を丈夫に育てるのがポイントでもある。

■植え付け■

肥えた土を好むが、肥やしすぎると首の締まりが悪くなり、貯蔵性が落ちる。堆肥の量は種播きと同じで、施したら15cmの深さによく耕しておく。植え付け時期は、11月上旬～中旬。茎の太さが丸い箸程度になったころが適期である。その太さになったら、掘り起こして1本ずつ分け、高さ5cm、幅120cmの畝に、条間20cm(5条)、株間20cm間隔で、植え付けていく。植える位置に手で穴をあけて苗を立て、根がすべて埋まるくらいの深さに植える。そのとき株のまわりの土を押さえて、倒れないように苗をしっかり立てる。

また、雑草や土の乾燥を防ぐために紙マルチを敷くとよい。株間・条間15cmのタマネギ専用紙マルチを敷いて植え付けたら、株元を覆うように半熟堆肥を敷き詰める。風ではがれるのを防ぐほか、雑草対策と苗の防寒になるから

だ。半熟堆肥は、当初はマルチのはたらきをし、収穫時には完熟堆肥となる。

　紙マルチをしない場合は、12月にモミ殻燻炭を薄くかける。モミ殻燻炭の黒い色が太陽熱を吸収して**地温を上げる**。大きくしたいときや土が痩せている場合は、2月末までに1回鶏糞を薄く追肥する。ただし、それ以降に追肥すると、首の締まりが悪くなり、軟腐病やべと病にかかりやすくなる。また、2〜3月になると雑草が生え出すので、こまめに抜くことが大切だ。4月以降の草取りのときは、葉を折らないように注意しよう。

　なお、植え付け後に霜柱が立つと土が盛り上がり、その影響で根が浮くことがある。そのときは、土と根が密着するように、手や足で苗の周囲を押して土を踏み固める。雪が解け出すときも土が盛り上がるので、同様に対処する。

■**収穫**■

　収穫できるまでに時間がかかる。4月に入ると日照時間が伸び、葉の成長とともに土の中で球が大きくなっていく。4月下旬、タマネギが土から少しだけ顔を出してきたら、収穫間近である。5月下旬〜6月上旬、**茎が半分ほど折れてきたときが収穫の目安となる。**

　葉をつけたまま収穫し、畑に並べて**2〜3日乾**かす必要がある。そこで、3日間晴れが続きそうな日を見はからって収穫する。梅雨に入ると雨の日が多くなるので、天候を見ながらの上手な収穫・乾燥が大切である。

　2〜3日後に茎が乾燥して細くなってきたら、3〜4個ずつ茎を結んで束ね、さらに2束ずつヒモで結ぶ。そして、雨が当たらない納屋の軒下などに丸太や竹ざおを渡し、2束のタマネギを2つに振り分けて吊り、貯蔵する。畑で茎をしおれさせてから結ぶと、吊るしたときに落ちにくい。

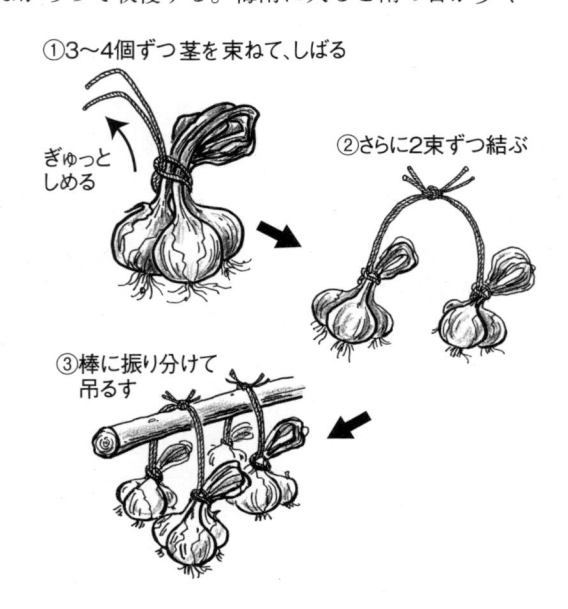

①3〜4個ずつ茎を束ねて、しばる
ぎゅっとしめる
②さらに2束ずつ結ぶ
③棒に振り分けて吊るす

有機農業を理解するためのブックガイド

谷口　吉光

　有機農業は農と食の近代化を批判し、それに代わるオルタナティブな農・食・社会を創り出す運動として発展してきた。したがって、土づくりや栽培の技術論だけにとどまらず、思想、流通、食生活、暮らし方、環境、政策など社会のあり方全般にオルタナティブな考え方を提起している。そこで、ここでも幅広い領域の本を紹介する（ただし、紙数の制限から、紹介できなかったものも多い）。なお、ここで紹介するのは単行本であり、雑誌には、日本有機農業研究会の『土と健康』や農山漁村文化協会の『現代農業』『増刊現代農業』（2010年5月から『季刊地域』）などがある。

1　「有機農業第Ⅱ世紀」を迎えて

①全国有機農業推進協議会『有機農業推進法関連資料集』（全国有機農業推進協議会、2008年）。
②中島紀一編著『いのちと農の論理―地域に広がる有機農業―』（コモンズ、2006年）。
③日本有機農業学会編『有機農業研究年報5　有機農業法のビジョンと可能性』（コモンズ、2005年）。
④本城昇『日本の有機農業―政策と法制度の課題―』（農山漁村文化協会、2004年）。
⑤農林水産省有機農業ホームページ。http : //www.maff.go.jp/j/seisan/kankyo/yuuki/index.html

　2006年12月に有機農業推進法が成立して以来、農水省が有機農業総合支援対策を始めるなど、有機農業は社会に広く認知されるようになった。有機農業は長い間地域の「点」の存在であり、国が有機農業を推進するという話は現実味がなかった。有機農業推進法の成立をもって日本の有機農業が「第Ⅱ世紀に入った」と言われるのは、この変化がそれほど大きかったことを示している。
　そこで、まず最近の有機農業をめぐる状況変化に関する本を紹介したい。有機農

業推進法に関しては、全有協①が推進法関連の資料集、中島②が推進法成立に尽力した「農を変えたい全国運動」の主張、日本有機農業学会③が推進法そのものの総合的検討、本城④が推進法以前の有機農業や食の安全に関する政策についてまとめている。農水省⑤は国がまとめた有機農業のホームページである。

2 有機農業の技術書

⑥涌井義郎・舘野廣幸『解説 日本の有機農法—土作りから病害虫回避、有畜複合農業まで—』(筑波書房、2008年)。

⑦稲葉光國『太茎・大穂のイネつくり—ポストV字型稲作の理論と実際—』(農山漁村文化協会、1993年)、『除草剤を使わないイネつくり—20種類の抑草法の選び方・組み合せ方—』(民間稲作研究所編、農山漁村文化協会、1999年)、『あなたにもできる無農薬・有機のイネつくり—多様な水田生物を活かした抑草法と安定多収のポイント—』(民間稲作研究所責任編集、農山漁村文化協会、2007年)。

⑧小祝政明『有機栽培の基礎と実際—肥効のメカニズムと施肥設計—』(農山漁村文化協会、2005年)、『有機栽培の肥料と堆肥—つくり方・使い方—』(農山漁村文化協会、2007年)、『有機栽培のイネつくり—きっちり多収で良食味—』(農山漁村文化協会、2008年)。

⑨西村和雄『おいしく育てる菜園づくりコツの科学(新装版)』(七つ森書館、2008年)。

⑩木嶋利男『コンパニオンプランツで野菜づくり』(主婦と生活社、2007年)。

⑪自然農法国際研究開発センター『自然農法の野菜つくり—無農薬・無化学肥料の実際—』(農山漁村文化協会、1990年)、『実際家の自然農法イネつくり』(農山漁村文化協会、1991年)。

有機農業では、「この1冊を読めば有機農業の技術がすべてわかる」というような体系的な技術書を書くのはむずかしい。なぜなら、有機農業は、原理に基づきながらも、地形や気象条件などの多様性を踏まえて生産者がその場その場で技術や資材を使い分けることが求められるからだ。そうしたなかで、涌井・舘野⑥は有機農業技術の原理に配慮しながら、土づくりから有畜複合農業までを総合的にまとめたすぐれた技術書である。

これまで有機農業の技術研究は、民間の研究者と農業者の連携によって進められる場合が多かった。有機稲作については、民間稲作研究所の稲葉⑦や小祝⑧がその代表である。有機野菜栽培については、西村⑨と木嶋⑩が手軽で読みやすい。自然

農法の技術を学ぶには、自然農法国際研究開発センター⑪がよい。

3　有機農業者によって書かれた本

⑫小川光『畑のある暮らし方入門―土にふれ、癒される生活―』(講談社、2004年)。
⑬尾崎零『自立農力―保障なき時代をどう生きるか？有機農業者からのヒント―』(家の光協会、2008年)。
⑭木村秋則『リンゴが教えてくれたこと』(日本経済新聞出版社、2009年)。
⑮大平博四『新編有機農業の農園―土作り・虫と出会う・消費者とのふれあい―』(健友館、1983年)。
⑯金子美登『いのちを守る農場から』(家の光協会、1992年)。
⑰星寛治『農からの発想―育てるということの意味―』(社会思想社、1994年)、『有機農業の力』(創森社、2000年)。
⑱川口由一『妙なる畑に立ちて』(野草社発行、新泉社発売、1990年)。

　有機農業の現実を知るには、農業者自身が書いた本を読むのがてっとり早い。農業者の考え方、生き方、技術、経営などが具体的(かつ個性的)に書かれているので役に立つ。小川⑫は福島県山都町(現・喜多方市)で有機農業をしながら新規就農者を受け入れてきた。尾崎⑬は「卒サラ」(脱サラでなく)して大阪で有機農業をやっているパワー全開の人生論。木村⑭は青森でリンゴの無農薬・無施肥栽培に成功するまでの壮絶な記録。大平⑮(東京都世田谷区)、金子⑯(埼玉県小川町)、星⑰(山形県高畠町)は、1970年代から有機農業に取り組んできたパイオニアたちである。異端児扱いされながら有機農業を続けてきた彼らの情熱と行動力には、いま読んでも引き込まれる。川口⑱(奈良県桜井市)は「自然農」を提唱している著者の代表作である。

4　有機農業の理論書

⑲カトリーヌ・ドゥ・シルギューイ『有機農業の基本技術―安全な食生活のために―』(中村英司訳、八坂書房、1997年)。
⑳岩田進牛『土は命の源』(創森社、1995年)。
㉑西尾道徳『有機栽培の基礎知識』(農山漁村文化協会、1997年)。
㉒熊澤喜久雄・西尾道徳・生井兵治・杉山信男『基礎講座有機農業の技術―土づ

くり・施肥・育種・病害虫対策―』(日本有機農業研究会編集・発行、農山漁村文化協会発売、2007年)。
㉓エアハルト・ヘニッヒ『生きている土壌―腐植と熟土の生成と働き―』(中村英司訳、日本有機農業研究会発行、農山漁村文化協会発売、2009年)。
㉔ハーバード・H・ケプフ『有機農業の栽培技術とその基礎―農業は有機体と共に仕事をおこない、有機体をつくる仕事である―』(河野武平・河野一人訳、菜根出版発行、紀伊國屋書店発売、1999年)。
㉕ミシェル・ファントン、ジュード・ファントン『自家採種ハンドブック―「たねとりくらぶ」を始めよう―』(自家採種ハンドブック出版委員会訳、現代書館、2002年)。

シルギューイ⑲は有機農業の原理から実践的アドバイスまで手際よくまとめている。岩田⑳、西尾㉑、熊澤ら㉒、ヘニッヒ㉓は、土壌肥料や防除を中心に有機農業の原理を研究者がわかりやすく教えてくれる。ケプフ㉔はドイツのバイオダイナミック農法の解説書である。ファントンら㉕は自家採種の必要性から作物別の採種法までていねいに紹介している。

5 有機農業に関する古典

㉖アルバート・ハワード『農業聖典』(保田茂監訳、コモンズ、2003年)、『ハワードの有機農業(上・下)』(横井利直・江川友治ほか訳、農山漁村文化協会、2002年)。
㉗J. I. ロデイル『有機農法―自然循環とよみがえる生命―』(一楽照雄訳、農山漁村文化協会、1982年)。
㉘レイチェル・カーソン『沈黙の春』(青樹簗一訳、新潮社、2001年)。
㉙福岡正信『自然農法わら一本の革命』(春秋社、1983年)。
㉚有吉佐和子『複合汚染』(新潮文庫、1979年)。

ハワード㉖とロデイル㉗は、健康な土づくりが農業の基本であることを明快に主張した有機農業の古典である。原本の出版はハワードが1941年、ロデイルが1945年と第二次世界大戦中であったことを考えると、その先見性に改めて驚かされる。農薬の危険性を初めて世界に警告したカーソン㉘も原本出版は1964年であった。
日本独自の有機農業・自然農法としては、世界救世教の創始者・岡田茂吉による自然農法の提唱(1935年)と、福岡正信の自然農法の試行(1937年)が、もっとも初

期の取り組みである。福岡㉙は英訳されて世界的に知られている。これらを除けば、日本における有機農業に関する著作の大部分は1970年代以降の登場である。なかでも、有吉㉚は有機農業に対する国民的な関心を巻き起こした。

6 日本の有機農業に関するガイドブック、概説書

㉛日本有機農業研究会編『有機農業ハンドブック―土づくりから食べ方まで―』（農山漁村文化協会、1999年）。
㉜天野慶之・高松修・多辺田政弘編著『有機農業の事典（新装版）』（三省堂、2004年）。
㉝荷見武敬・鈴木利徳『新訂有機農業への道―土・食べもの・健康―』（楽游書房、1980年）、荷見武敬『有機農業に賭ける』（日本経済評論社、1991年）。
㉞国民生活センター編『日本の有機農業運動』（改訂版、日本経済評論社、1984年）。
㉟保田茂『日本の有機農業―運動の展開と経済的考察―』（ダイヤモンド社、1986年）。
㊱波夛野豪『有機農業の経済学―産消提携のネットワーク―』（日本経済評論社、1998年）。
㊲桝潟俊子『有機農業運動と〈提携〉のネットワーク』（新曜社、2008年）。
㊳日本有機農業学会編『有機農業研究年報』（全8巻、コモンズ、2001～08年）。

日本の有機農業の概要を知るには、日本有機農業研究会㉛が便利である。有機農業の内容を127項目に分け、生産者・消費者・研究者が分担して執筆している。類似の本として天野ら㉜があるが、内容が1985年時点と少し古い。研究者による著作としては、荷見ら㉝が1970年代の総合的な研究書、国民生活センター㉞が有機農業に関するもっとも包括的な調査のまとめである。経済学者の本としては保田㉟や波夛野㊱などが、社会学者の本には桝潟㊲がある。また、日本有機農業学会㊳は日本唯一の有機農業専門の学術誌で、「食の安全政策」（第3巻）、「有機農業法」（第5巻）、「生態系と有機農業」（第6巻）、「有機農業の技術開発」（第7巻）、「有機農業と国際協力」（第8巻）など有機農業に関する最新の課題を多面的に取り上げている。

7 農と食の新しい価値観

㊴古沢広祐『共生社会の論理―いのちと暮らしの社会経済学―』（学陽書房、1988

年)、『共生時代の食と農—生産者と消費者を結ぶ—』(家の光協会、1990年)。
㊵足立恭一郎『食農同源—腐蝕する食と農への処方箋—』(コモンズ、2003年)。
㊶中島紀一『食べものと農業はおカネだけでは測れない』(コモンズ、2004年)。
㊷本野一郎『いのちの秩序 農の力—たべもの協同社会への道—』(コモンズ、2006年)。
㊸多辺田政弘・桝潟俊子ほか著、国民生活センター編『地域自給と農の論理—生存のための社会経済学—』(学陽書房、1986年)。
㊹多辺田政弘『コモンズの経済学』(学陽書房、1990年)。
㊺佐藤喜作『自給自立の食と農』(創森社、2000年)。
㊻荷見武敬・鈴木博・根岸久子編『農産物自給運動—21世紀を耕す自立へのあゆみ—』(御茶の水書房、1986年)。
㊼山崎農業研究所編『自給再考—グローバリゼーションの次は何か—』(農山漁村文化協会、2008年)。
㊽天笠啓祐・安田節子ほか『肉はこう食べよう畜産をこう変えよう』(コモンズ、2002年)。
㊾梁瀬義亮『生命の医と生命の農を求めて』(柏樹社、1978年。復刻版は地湧社、1998年)。
㊿竹熊宜孝『土からの医療—医・食・農の結合を求めて(新装改訂版)—』(地湧社、1983年)。
[51]澤登早苗『教育農場の四季—人を育てる有機園芸—』(コモンズ、2005年)。
[52]ジュールス・プレティ『百姓仕事で世界は変わる—持続可能な農業とコモンズ再生—』(吉田太郎訳、築地書館、2006年)。

　農業は農産物を食べてくれる消費者がいて初めて成り立つ。有機農業においては、消費者もまた有機農業の原理をよく理解し、市場経済とは違った価値観を共有することが求められる。その結果、有機農業運動からは「産消提携」「自給」「地産地消」「身土不二」「共生」など農と食の新しい価値観が生まれてきた。
　古沢㊴は「共生と協同」をキーワードに生産者と消費者の新しい関係づくりの方向を探求している。足立㊵は「食の主権者」としての消費者の自覚と行動を訴え、中島㊶は「生活型農業と地産地消」をベースにした農の復興を提示する。本野㊷は阪神・淡路大震災の経験から「いのちの秩序」に基づく「たべもの協同社会」の構想を語っている。
　有機農業から自給論に展開した系譜もある。多辺田ら㊸は実証研究を踏まえて市

場経済に代わる地域共同体の自給システムの可能性を提起し、多辺田はそれを㊹において集大成した。佐藤㊺は秋田県における農産物自給運動の経験を踏まえて、自給的暮らしの重要性を訴えている。1980年代の自給運動については荷見ら㊻に詳しい。山崎農業研究所㊼では10人の研究者・実践者が自給に関するさまざまな議論を提起していて、参考になる。天笠ら㊽はBSE問題をきっかけに肉中心の食生活を改め、飼料自給の有機畜産を提唱した。

有機農業と医療の関係も深い。奈良県の医師・梁瀬㊾は悲惨な農薬中毒患者の治療から有機農業を提唱するまでをまとめた渾身の記録である。熊本県の医師・竹熊㊿は医・農・食を貫く実践をわかりやすく語っている。

有機農業と教育に関しては、澤登(51)が大学での教育実践を通じて有機農業のもつ優れた教育力を説得的に語った。世界52カ国での調査をもとに書いたプレティ(52)は有機農業的価値観が世界で広がっていることを教えてくれる。

8　有機農業と生きものの関係

(53)桐谷圭治『害虫とたたかう―防除から管理へ―』(NHKブックス、1977年)、『「ただの虫」を無視しない農業―生物多様性管理―』(築地書館、2004年)。

(54)高橋史樹『対立的防除から調和的防除へ―その可能性を探る―』(農山漁村文化協会、1989年)。

(55)中筋房夫編『自然・有機農法と害虫(昆虫セミナー別巻)』(冬樹社、1990年)。

(56)日本有機農業学会編『有機農業研究年報6 いのち育む有機農業』(コモンズ、2006年)。

(57)宇根豊『田んぼの忘れもの』(葦書房、1996年)、『「田んぼの学校」入学編―いのちが集まる・いのちが育む―』(農山漁村文化協会、2000年)、『「百姓仕事」が自然をつくる―2400年めの赤トンボ―』(築地書館、2001年)、『天地有情の農学』(コモンズ、2007年)、『風景は百姓仕事がつくる』(築地書館、2010年)。

病害虫防除の視点から有機農業と生きものの関係について論じたものに、桐谷(53)、高橋(54)、中筋ら(55)などがある。これに対して日本有機農業学会(56)は、「いのち育む有機農業」という言葉を使って、農が元来生命系を豊かにするものであり、有機農業はそれを顕在化させたと主張する。また、宇根豊の一連の著作(57)は、生命系を豊かにする農業は農業技術の一部であるとし、そのような技術を含み込んだ新しい農学を提唱している。

9　有機農業と農業政策

(58)篠原孝『農的小日本主義の勧め』(柏書房、1985年、創森社、1995年)。
(59)吉田太郎『有機農業が国を変えた―小さなキューバの大きな実験―』(コモンズ、2002年)。
(60)福士正博・北林寿信・四方康行『ヨーロッパの有機農業』(家の光協会、1992年)。
(61)中村耕三『アメリカの有機農業』(家の光協会、1992年)。
(62)吉田喜一郎『地域社会農業の可能性（日本の農業130・131)』(農政調査委員会、1980年)。
(63)蔦谷栄一『エコ農業―食と農の再生戦略―』(家の光協会、2000年)、『持続型農業からの日本農業再編』(日本農業新聞、2000年)。
(64)蔦谷栄一『日本農業のグランドデザイン』(農山漁村文化協会、2004年)。
(65)足立恭一郎『有機農業で世界が養える』(コモンズ、2009年)。
(66)安井孝『地産地消と学校給食―有機農業と食育のまちづくり―』(コモンズ、2010年)。

有機農業的視点からの農業政策や国家政策論の先駆けは篠原(58)だろう。当時農林水産省の官僚だった篠原は「日本は鉱物資源小国だが農業資源大国だ」との認識をもとに、石橋湛山の「小日本主義」をもじって「農的小日本主義」「農業的自立国家」を提唱した。吉田(59)は中米のキューバが国をあげて有機農業に取り組んでいる実情を紹介し、篠原の主張が絵空事ではないことを例証している。

欧米における有機農業の政策は、福士ら(60)や中村(61)などによって紹介された。日本の実情を踏まえた議論として、吉田(62)の「地域社会農業」が重要である。蔦谷(63)は、地域社会農業の概念を踏まえながら、有機農業と環境保全型農業を「エコ農業」(持続型農業)として一体的に推進することを提唱した。蔦谷はその後(64)において「地域社会農業のネットワークで田園都市国家をつくる」という政策論を提案している。足立(65)は有機農業の生産性が慣行栽培より高いことを論証した。安井(66)は有機農業と食育を柱に30年にわたって進められてきた愛媛県今治市のまちづくりの記録である。

あとがき

　有機農業の技術的基盤を構築しようという機運が、ようやく生まれてきました。本書はその端緒として、有機農業技術会議が中心となり、有機農業に長く携わってきた関係者の方々に論陣を張っていただこうと企画したものです。私たちは本書を、有機農業技術の集大成に向けた方向性を決定する大事な第一歩として位置づけています。

　有機農業技術会議の誕生のきっかけは、2006年6月に茨城大学で行われた「有機農業の技術確立を進める全国ネットワーク」の会合でした（296ページ参照）。有機農業のさまざまな技術基盤をもつ皆さんを見て、ついにここまできたのかという感慨と、これからが本番だという期待感がふくらんだことを、いまもよく覚えています。この動きは今後も止むことはなく、より精緻に、そして広い民間技術として、まとまっていくでしょう。

　もとより技術とは、単に収量を増加させるための工夫や知恵の寄せ集めではなく、着実で確固たる収穫をあげるための基盤でなければなりません。そして、天候の不順や病虫害などに負けることのない、頑健な農産物の収穫を期待するものです。安定した恒常的な収穫をあげるための技術でなければ、永続可能な農業としての技術的基盤の保証にはなりません。その意味で、自給力を備え、食糧安全保障にいたる大切な基盤をつくらなければならないと思います。

　有機農業という言葉が知られていなかった1970年ごろ、農薬や化学肥料を使わない農業を始めた先達たちは、作物の生育が悪いうえに、雑草や病害虫の発生など苦難の連続でした。その後、有機農業技術を支える自然の仕組みを基本に、個人個人がそれぞれの栽培環境を活かす工夫を重ねていきます。それは、資材を多用し、画一化を図った慣行農業とは異なる技術開発の手法です。

　1990年代には、農薬や化学肥料の使用量を減らした環境保全型農業に国が着手します。けれども、農薬や化学肥料を使わない有機農業に無関心な状況は変わりません。その後、田んぼの生きもの調査などをとおして農業のもつ多面

的な機能に徐々に目が向けられるようになったものの、国や都道府県が有機農業の研究開発を行うまでには至りませんでした。しかし、2006年12月に有機農業推進法が制定され、現在では、国や都道府県は有機農業の技術開発に取り組む責務があるとされるに至っています。

　本書の執筆者たちは有機農家に足繁く通い、その田畑から学び、実践し、科学的視点で有機農業の一般化を試みてきました。作物、家畜、土壌、育種とそれぞれの切り口から、生き物の生きる力と、それを総合する場の変化として、有機農業技術を論じています。また、作物栽培を論じるときは、栽培する場をどう捉えるのかが大切です。有機農業には画一化した田畑には見られない生き物のはたらきがあります。慣行農業とは異なる場の形成をとおして、低投入型、低栄養生長型の有機農業の栽培体系が可能となるはずです。

　窒素肥料の製造には、全世界の石油エネルギー消費量の3％近くもの莫大なエネルギーを必要としています。約10年後ともいわれるピークオイル（世界の石油生産量の頂点）に対して、回答を出すときが迫っており、これも有機農業の課題として考えていかねばなりません。こうした問題提起も本書の目的の一つだとすれば、今後どのような波紋が生み出されるのか、期待がふくらんでいきます。

　最後になりますが、本書の執筆・編集に至る過程では、多くの方のご助言、ご協力を賜りました。第Ⅳ部第3章の2〜5は、執筆者・金子美登氏の研修生の経験をもつ小口広太さん（明治大学大学院）に、お手伝いいただいています。また、コモンズの大江正章さんには、刊行への強い意志をもって、編集・制作に携わっていただきました。そのご協力に感謝の意を表し、今後のさらなるご活躍を期待します。

　　2010年6月

　　　　　　　　　　　　　　西村　和雄（有機農業技術会議代表理事）

〈資料〉**有機農業技術会議の紹介**

有機農業技術会議とは

　本会議は有機農業技術の研究開発・体系化・普及と、地域環境の保全・回復に貢献できる農業者の育成を通じて、真に安全で安心できる食物や環境の実現に資することを目的として設立された民間の技術者組織です。

　公開セミナーの開催などを通じて、有機農業技術を普及するとともに、技術の体系化に向けた情報を収集しています。また、2008年度より有機農業推進団体支援事業を受け、有機農業への参入を支援する取り組みを開始しました。

　設立の呼びかけ母体は「農を変えたい！全国運動」で、「有機農業の技術確立を進める全国ネットワーク」として2006年6月27日に設立し、2007年9月26日に特定非営利活動法人（NPO法人）となりました。

有機農業の技術確立を進める全国ネットワーク

　新しい時代の農のあり方として有機農業への社会的関心と期待は高まっています。30年余の地道な取り組みを踏まえて、有機農業はいま飛躍的発展の好機を迎えています。有機農業が大きく発展することができれば、日本の農は変わり、日本の社会も救われていくでしょう。しかし、そのためには有機農業自身が技術の面でいま一歩の前進、いっそうの技術深化が不可欠だと考えます。個々には優れた技術実践はあるものの、それは有機農業生産者が共有する普遍的技術とはなりきれておらず、新規参入の希望者にとっても有機農業の学びやすい仕組みは作られていません。また、現場と結びついた技術開発の体制も作られてはいません。

　こうした状況認識を踏まえて、「農を変えたい！全国運動」は、その重要な実践プロジェクトとして「有機農業技術の確立」の課題を取り上げ、この課題の追求を志す人たちによる全国ネットワークを立ち上げることにしました。有機農業の技術確立にむけた全国ネットの構築は有機農業運動の長年の懸案でしたが、現実にはさまざまな難しさがあって実現されていません。しかし、この課題をいつまでも棚上げにしておくことはできません。「農を変えたい！全国運動」にこの課題を十分推進できる力があるなどとは考えてはおりませんが、どこかのセクターが呼びかけて不十分な体制であっても実践の口火を切ることが必要ではないかと考えました。

　今回の全国ネット構築への呼びかけを一つの契機として、有機農業技術の確立を進めたいと考えておられる幅広い方々がここに参画され、文字通り全国ネットワークの名にふさわしいイニシアティブある連携活動の体制が組み立てられていくこと

を期待しています。
全国ネットの呼びかけにあたって次の諸点を一応の確認事項とします。

有機農業の技術確立についての基本的考え方

- 農業は基本的には自然の恵みとして、また、いのちの育みとしてあることを認識し、自然と農業の共生の視点を技術論の基礎におきます。
- 作物・家畜のいのちの営みの生理生態的仕組みと種、品種等の特質の基本点をきちんと踏まえます。
- いのちの拠点としての土壌の重要な意義を認識し、その仕組みを理解し、安定的な活性化への技術を組み立てていきます。
- 作物・家畜・土壌・地域の自然をつなぐ能動的な要素として微生物や小動物の世界の重要性を認識し、その安定した活用への技術を組み立ていきます。
- 地域の風土的条件を重視し、それを恵みとして活かしていく技術方向を重視します。
- 地域農業の歴史的蓄積を評価し、そこから学んでいく姿勢を堅持します。

技術確立の方向性

- 食べものとしてのおいしさ、栄養価などの食べものとしての値うちの向上を追求します。
- 生育の安定性、圃場や作付け体系における落ち着きの良さなどを重視します。
- 総合的な意味での生産性の向上と経営の安定化を追求します。
- 圃場内、経営内、地域内循環の促進を重視します。
- 生産者の仕事の楽しさの向上を重視します。
- 地域の自然との共生を追求します。
- 地域農業が培ってきた伝統的あり方の保全を積極的に評価していきます。
- 小規模、兼業でも成り立つマーケティングのあり方を追求します。

技術確立推進運動の進め方

- 特定の権威に依存せず、是々非々を旨として、良いものは良い、まずいものはまずいと率直に評価していきます。
- さまざまな理論はとりあえず仮説として取り扱い、絶対化せず、しかも現実に役立つ理論形成に努めていきます。
- 技術の評価にあたっては客観性を重視し、あわせて結論を急がず、長期的視点からゆっくりとした評価に努め、なによりも現場での検証、交流を重視しま

す。
- 農法の違いによるいがみ合いを避け、相互の交流と学び合いの機運を育てていきます。
- 技術形成の場は現場だということをつねに念頭におき、技術を作り育てる農業者の力を広げていきます。
- 技術確立の場にも、調理技術者、加工関係者、流通関係者、地域関連業者、消費者等が適切な形で参画できるような仕組みをつくります。
- 技術確立の成果、失敗の経験などについて双方向的な情報流通の仕組みをつくり、活発なコミュニケーションを形成していきます。

〈http : //www.ofrc.net〉

◆ さくいん ◆

あ

- 合鴨水稲同時作 ………………… 30
- 合鴨農法 …………………… 28, 135
- アジア的循環農業 ……………… 15
- 医食同源 ………………………… 46
- 一代雑種（F1）………………… 178
- 遺伝資源（子）の多様性 ……… 26, 114
- ウインドレス（無窓式）鶏舎 …… 123
- 栄養生長 …………………… 176, 253
- 栄養生長型 ……………………… 177
- 液肥 ………………………… 11, 262
- MSA協定 ……………………… 192
- 温床 …………………………… 252
- 温湯消毒 ……………………… 228

か

- 開花結実期 …………………… 172
- 害虫 ………………………… 206, 220
- 可給態リン酸 ………………… 154
- 加工型畜産システム ………… 122
- 果菜類 …………………… 172, 252
- 過剰施肥 ……………………… 150
- カバークロップ ……………… 214
- 紙マルチ ………………… 260, 284
- 環境応答能力 ………… 106, 114
- 環境適応能力 ……………… 171
- 間作 ……… 155, 202, 236, 240, 243
- 寒冷紗 ………………………… 256
- 休閑期間 ……………………… 98
- 救荒植物 ……………………… 164
- 厩肥 ……………………… 99, 150
- 共生関係 ………… 153, 156, 224
- 共存的敵対 …………………… 209
- 菌根菌 ………………………… 153
- 近代（的な）畜産（システム）… 65, 120, 124
- 鞍つき ………………………… 187
- 茎葉繁茂期 ……………… 172, 175
- 原産地 ………………………… 250
- 研修生 ………………………… 9
- 光合成 ………………………… 88
- 耕作放棄 ……………………… 200
- 更新剪定 ……………………… 257
- 抗生物質 ……………………… 123
- 固定種 ………………………… 21
- 根菜類 …………………… 171, 266
- 混作（植）……… 175, 202, 214
- 根粒菌 ………………………… 250

さ

- 栽植密度 ……………………… 175
- 在来種 ………………………… 21
- 作型 …………………………… 79
- 三富新田 ……………………… 100
- CSA …………………………… 12
- C/N比（値）…… 44, 147, 149, 152
- 自家採種 ……………………… 170
- 自家受精 ……………………… 250
- 敷き草 ………………………… 175
- 資源の枯渇の壁 ……………… 64

自己間引き	167
自殖弱勢	181
自生野菜	164
自然共生的な成熟期	78
自然生え育種	184
収穫逓減の法則	72
従属栄養	86
宿主－寄生者の関係	208
硝酸態窒素	154
小・中規模型畜産	133
障壁（ブロック）作物	220, 272
食・エネルギー自給循環型	12
伸長期	171, 174
身土不二	67
巣播き	166, 188
成熟期	175
生殖生長	176, 253
生殖生長型	177, 179
生態系形成	73
生態的平衡	210
成長促進ホルモン剤	123
生物季節	246
生物(の)多様性	71, 76, 79, 145
生物のネットワーク化	205
生理生態的特性	179
相互作	202
草生栽培	180, 186, 198
草木灰	252

た

体質改善的な転換期	77
耐性菌	208
ただの虫	74, 210

堆肥	5, 40, 150, 197
太陽熱利用の土壌消毒	216
太陽熱を利用した除草	212
他家受精	250
多投入型技術	111
種採り	24, 277, 279, 283
多品目少量生産	15
多様な作付体系	250
団粒構造	93, 148, 157
地域に広がる有機農業	iv, 62, 77
地力	114
土づくり	73, 156, 160, 211
土の団粒化	93
低栄養	iii, 78
提携	3, 17
抵抗性昆虫	208
低投入	iii, 73, 78, 111, 114
低投入・内部循環	72
適期播種	238
敵対的共存	209
天敵	5, 74, 79, 145, 206, 220
天敵が棲みよい環境	258, 263
伝統野菜	21
田畑輪換	103, 199
独立栄養	88
土壌動物	140
土壌有機物	142
共育ち	167
トロトロ層	226

な

内部循環型の肥培管理	230
二次的自然	71

日本型畜産 ……………………… 129, 134
日本型の食生活 ………………………… 50
日本的な草地農業 ……………………… 131
二毛作 …………………………………… 103
庭 ………………………………… 94, 115

は

バイオガスプラント ……………………… 11
「放し飼い」養鶏 ……………………… 129
日だまり育苗 …………………………… 189
病原菌 …………………………………… 206
表土流出 ………………………………… 196
「風景化」の思想 ………………………… 55
プール育苗 ……………………………… 229
腐植 …………………………… 114, 149, 200
不織布 …………………………………… 260
普通畑作物 ……………………… 103, 192
腐葉土 …………………………… 252, 282
分解者 ………………………………… 89, 92
ボカシ(肥料) ………………………… 5, 152

ま

ミミズ糞 ………………………………… 154

モミ殻燻炭 ……………………… 5, 252

や

焼畑耕作(農業) ………………… 98, 200
薬食同源 ………………………………… 46
山地酪農 ………………………………… 134
有機 JAS 制度 …………………………… 81
有機農業推進法 ………… iv, 17, 62, 81
有機(質)肥料 …………………… 91, 155
有機物 ……………………… 86, 98, 145
有畜複合経営(農業) …………… 76, 79
有用微生物群 …………………………… 224
陽イオン交換容量(CEC) …………… 148
葉菜類 …………………………… 171, 274
幼苗期 …………………………………… 173
抑草技術 ………………………………… 224

ら

緑肥 …………………………… 155, 201, 278
鱗茎類 …………………………………… 282
輪作 … 36, 99, 103, 186, 201, 216, 235, 242
連作障害 ………………………… 197, 216, 250
露地育苗 ………………………………… 229

【著者紹介】

中島 紀一（なかじま・きいち）
1947年生。茨城大学農学部教授、有機農業技術会議副代表理事。主著『食べものと農業はおカネだけでは測れない』（コモンズ、2004年）、『いのちと農の論理―地域に広がる有機農業―』（編著、コモンズ、2006年）。

金子 美登（かねこ・よしのり）
1948年生。有機農家、全国有機農業推進協議会理事長。主著『絵とき金子さんちの有機家庭菜園』（家の光協会、2003年）、『有機・無農薬でできるはじめての家庭菜園』（成美堂出版、2008年）。

西村 和雄（にしむら・かずお）
1945年生。百姓、前京都大学講師、有機農業技術会議代表理事。主著『スローで楽しい有機農業コツの科学』（七つ森書館、2004年）、『おいしいほんもの野菜を見分けるコツ百科』（七つ森書館、2009年）。

星 寛治（ほし・かんじ）
1935年生。有機農家、農民詩人。主著『「耕す教育」の時代―大地と心を耕す人びと―』（清流出版、2006年）、『詩集 種をまく人』（世織書房、2009年）。

岩崎 政利（いわさき・まさとし）
1950年生。有機農家。主著『岩崎さんちの種子採り家庭菜園』（家の光協会、2004年）、『つくる、たべる、昔野菜』（共著、新潮社、2007年）。

古野 隆雄（ふるの・たかお）
1950年生。有機農家。主著『合鴨ばんざい』（農山漁村文化協会、1992年）、『無限に拡がるアイガモ水稲同時作』（農山漁村文化協会、1997年）。

本田 廣一（ほんだ・ひろかず）
1947年生。興農ファーム代表、有機農業技術会議副代表理事。共著『有機農業ハンドブック―土づくりから食べ方まで―』（農山漁村文化協会、1999年）、『有機農業研究年報Vol.6 いのち育む有機農業』（コモンズ、2006年）。

須永 隆夫（すなが・たかお）
1946年生。新潟医療生活協同組合木戸クリニック所長。編著『リハビリに生かす操体法―入院中から在宅ケアまで―』（農山漁村文化協会、2005年）。

宇根 豊（うね・ゆたか）
1950年生。百姓、元農と自然の研究所代表。主著『天地有情の農学』（コモンズ、2007年）、『風景は百姓仕事がつくる』（築地書館、2010年）。

明峯 哲夫（あけみね・てつお）
1946年生。農業生物学研究室主宰、有機農業技術会議理事。主著『ぼく達は、なぜ街で耕すか』（風涛社、1990年）、『都市の再生と農の力』（学陽書房、1993年）。

岸田 芳朗（きしだ・よしろう）
1953年生。岡山大学大学院自然科学科准教授、有機農業技術会議理事。主著『地方からの地産地消宣言―岡山から農と食の未来を考える―』（吉備人出版、2002年）、『生産者と消費者が育む有機農業』（筑波書房、2003年）。

藤田 正雄（ふじた・まさお）
1954年生。自然農法国際研究開発センター特別研究員、有機農業技術会議理事・事務局長。共著『土壌の事典』（朝倉書店、1993年）、『土壌動物学への招待―採集からデータ解析まで―』（東海大学出版会、2007年）。

中川原 敏雄（なかがわら・としお）
1949年生。自然農法国際研究開発センター研究部育種課長。共著『自家採種入門―生命力の強いタネを育てる―』（農山漁村文化協会、2009年）。

根本 久（ねもと・ひさし）
1950年生。埼玉県農林総合研究センター水田農業研究所長。主著『天敵利用で農薬半減―作物別防除の実際―』（編著、農山漁村文化協会、2003年）、『ひと目でわかる野菜の病害虫防除』（家の光協会、2009年）。

稲葉 光國（いなば・みつくに）
1944年生。民間稲作研究所理事長、有機農業技術会議副代表理事。主著『太茎・大穂のイネつくり―ポストV字型稲作の理論と実際―』（農山漁村文化協会、1993年）、『あなたにもできる無農薬・有機のイネつくり―多様な水田生物を活かした抑草法と安定多収のポイント―』（農山漁村文化協会、2007年）。

石綿 薫（いしわた・かおる）
1971年生。自然農法国際研究開発センター研究部生態系制御チーム長。共著『自家採種入門―生命力の強いタネを育てる―』（農山漁村文化協会、2009年）。

谷口 吉光（たにぐち・よしみつ）
1956年生。秋田県立大学生物資源科学部教授。共著『戦後日本の食料・農業・農村第9巻農業と環境』（農林統計協会、2005年）、主論文「有機農業の社会的発展と生協産直」『農業と経済』2009年4月臨時増刊号。

有機農業の技術と考え方

2010年7月20日 ● 第1刷発行

編者 ● 中島紀一・金子美登・西村和雄
編集協力 ● 有機農業技術会議
イラスト ● 高田美果

© Kiichi Nakajima, 2010, Printed in Japan

発行者 ● 大江正章
発行所 ● コモンズ
東京都新宿区下落合 1-5-10-1002
☎03-5386-6972 FAX03-5386-6945
振替 00110-5-400120
info@commonsonline.co.jp
http://www.commonsonline.co.jp/

印刷・東京創文社　製本／東京美術紙工
乱丁・落丁はお取り替えいたします。
ISBN 978-4-86187-058-3　C 3061

◆コモンズの本◆

〈有機農業研究年報 Vol.1〉
有機農業——21世紀の課題と可能性　　　　　　日本有機農業学会編　2500円
〈有機農業研究年報 Vol.2〉
有機農業——政策形成と教育の課題　　　　　　日本有機農業学会編　2500円
〈有機農業研究年報 Vol.3〉
有機農業——岐路に立つ食の安全政策　　　　　日本有機農業学会編　2500円
〈有機農業研究年報 Vol.4〉
有機農業——農業近代化と遺伝子組み換え技術を問う　日本有機農業学会編　2500円
〈有機農業研究年報 Vol.5〉
有機農業法のビジョンと可能性　　　　　　　　日本有機農業学会編　2800円
〈有機農業研究年報 Vol.6〉
いのち育む有機農業　　　　　　　　　　　　　日本有機農業学会編　2500円
〈有機農業研究年報 Vol.7〉
有機農業の技術開発の課題　　　　　　　　　　日本有機農業学会編　2500円
〈有機農業研究年報 Vol.8〉
有機農業と国際協力　　　　　　　　　　　　　日本有機農業学会編　2500円
地産地消と学校給食　有機農業と食育のまちづくり〈有機農業選書1〉　安井孝　1800円
有機農業の思想と技術　　　　　　　　　　　　　　　　　　　高松修　2300円
有機農業で世界が養える　　　　　　　　　　　　　　　　　足立恭一郎　1200円
食農同源　腐蝕する食と農への処方箋　　　　　　　　　　　足立恭一郎　2200円
食べものと農業はおカネだけでは測れない　　　　　　　　　　中島紀一　1700円
いのちと農の論理　地域に広がる有機農業　　　　　　　　　中島紀一編著　1500円
天地有情の農学　　　　　　　　　　　　　　　　　　　　　　宇根豊　2000円
いのちの秩序　農の力　たべもの協同社会への道　　　　　　　本野一郎　1900円
農業聖典　　　　　　　A・ハワード著、保田茂監訳、魚住道郎解説　3800円
有機農業が国を変えた　小さなキューバの大きな実験　　　　　吉田太郎　2200円
有機的循環技術と持続的農業　　　　　　　　　　　　　　大原興太郎編著　2200円
本来農業宣言　　　　　宇根豊・木内孝・田中進・大原興太郎ほか　1700円
菜園家族21　分かちあいの世界へ　　　　　　　　　小貫雅男・伊藤恵子　2200円
みみず物語　循環農場への道のり　　　　　　　　　　　　　小泉英政　1800円
農家女性の社会学　農の元気は女から　　　　　　　　　　　靍理恵子　2800円
フード・ウォーズ　食と健康の危機を乗り越える道　ティム・ラング他著、古沢広祐・佐久間智子訳　2800円
幸せな牛からおいしい牛乳　　　　　　　　　　　　　　　　　中洞正　1700円
教育農場の四季　人を育てる有機園芸　　　　　　　　　　　澤登早苗　1600円
耕して育つ　挑戦する障害者の農園　　　　　　　　　　　　石田周一　1900円
土から平和へ　みんなで起こそう農レボリューション　塩見直紀と種まき大作戦編著　1600円